U0630433

装修典范 08

商业风水

国际现代风水研究院院长　慕容子敬◎主编

山东电子音像出版社

风水对商业的影响

慕容子敬

我们生活在这个世界上，会受到天、地、震、巽、离、坤、兑、乾、坎、艮十种气场的影响，这些气场又在山脉、河流、道路、建筑、装潢、颜色等环境因素的影响下，发生增强、减弱、弯曲、变形等各种情况。同样，一个商铺也有它自己的环境命运，那就是风水对它的影响。了解了这些风水影响，接下来就是如何调整的问题了。

同一个人开的几个商铺，风水不一样，盈亏结果也就不一样。商铺风水直接影响人的财运，也就是说，人要改变命运，其中首要一点就是要找一个风水好的地方，其次再来考虑调整和改变风水，这是必不可少的，我们不可忽视风水对财运的影响。

首先，商铺风水要讲究的是命铺相配，即老板的命格要与商铺的五行相辅。其次，是业铺相配，即你在商铺中所从事的行业之五行要与商铺之五行相配。此外，还有命业相配，即命主之五行要与自己所从事的行业之五行相配。如果以上几点均能相配的话，那么就已经有60%的胜算了，而剩下的40%则是努力和诚心了。风水讲究有风有水，有水才有生命，有风才能播种，做生意的环境一定要让人感觉舒服，从善如流，和气生财，需要与风水相适应。如果不适应，就要去改变、去把握好的风水，这是生意成功的要件。商人身处急促变化的商业环境之中，对每项重大的商业决策都感受到压力，风水学可揭示未来的吉凶结果，从而减轻商人的压力。

风水讲究的是一种环境观，讲究人与建筑、环境的关系。商业风水学作为周易学的分支，其理论基础就是八卦和阴阳五行。祖先仰观俯察，远取诸物，近取诸身，发明了八卦，卦虽为八，却包罗万象。五行平和则祥瑞生，五行交战则不吉，完全符合要求的商铺风水是不多的。商铺风水调整的目的就是针对商铺的具体情况，利用科学的化解方法进行综合调整，最大限度地化解商铺的先天缺陷，化不利为有利，使商铺经营者不仅能享受到商业环境的舒适，更能享受到商运昌和、事业旺盛的喜悦。

目录
Contents

下篇 商业办公风水

第一章 商业办公择地要诀

上篇

商业风水基础知识

　　历史上第一次出现"风水"这个词是在晋朝的《葬书》上。一般认为这本书是由郭璞所写的，但也有不同的看法。在《葬书》中，对风水的记述如下："气乘风则散，界水而止。古人聚之使不散，行之使有止，故谓之风水。"也就是说，风水的关键就在于如何聚气。用象征的手法来说，风水就是要把地球的气占为己有。

　　从人类社会有商业开始，风水文化就以各种形式与商业文化共同发展，从最初的风水择地到室内外风水装修、装饰，风水学在商业活动中的运用随处可见。

- 风水的构成要素
- 古代商业风水概述
- 现代风水学理论

第一章 风水的构成要素

一直以来都有一种说法，即环境与人之间存在着一种奇异的类同性，这也就是中国最古老风水术的源头所在。

古代经典风水书《青囊海角经》对此说得最为清楚，文中是这样说的："山厚人肥，山瘦人饥，山清人秀，山浊人迷。山宁人驻，山走人离，山雄人勇，山缩人凝，山顺人孝，山逆人亏。"如果将这段文字分析成一个具体的关系式，就可以看出人与山之间的这种奇异的内在关联。

可见，地理环境对人的影响是无所不及的。但是，具体对应到每个人身上则又不一样了。如居住在同一间住宅中，兄弟之间都会出现"同屋不同命"的情况。其中的原因与古风水术中最为神奇的事物——生气有关。

风水的构成要素主要有以下几个：

一、阴阳

阴阳是一个远古的哲学命题，它是古人观察天地自然与人文世界的起点，也是古人推演万物产生与变化的基点。这个古老概念的形成来自古人对日月天象的观察与认识。

大家都知道，天与地、日与夜、光与暗、正与负、阴与阳等，它们看似相反，但又相互联系。《易经》云："天地交感，而万物化生。"即指阴阳二气掌管着万物的不断发展变化。因

阴阳八卦图

此，宇宙是由阴阳两种相反的气相辅而成，由阴阳的共同作用而产生所有的生命。这种阴阳法则可适用于自然界所有的现象。

1. 阴阳的发现与发展

其实，我国古人早就发现存在和统一于一切事物内部的截然相反的两种属性。如宇宙就是由天和地构成的，天是轻清向上，是无形的；地是重浊向下的，是有形的。一日是由白天和夜晚构成的，白天太阳升起，给人带来光明和温暖；黑夜太阳下山，月亮升起，给人以阴暗和寒冷。一日正是由太阳和月亮所代表的两种截然不同的属性所构成的。一年四季的变化，出现了寒暑的交替，也正是由于寒暑的交替，才给万物带来了生机和活力，引起了万物生长和收藏的变化。人有男女的不同，禽兽有雌雄的区别，正是这种性

别的差异，给人类和禽兽带来了性格、生活习性等方面的差别，并保证种族的繁衍，给世界带来了繁荣。其他的如山有高低，水有清浊，物有轻重，位置有上下、左右、前后、内外，方向有东西南北，运动有动静、升降、快慢、进退，时间有迟早，物体有大小，战争有攻守、胜败，生命有生死，等等。这些两种截然相反的属性或者现象，共存于一体之中而不能分离，构成一个相对独立的整体，是一种普遍的存在。世界上的万事万物正是由此而产生、而发展，并维持了世界的存在和延续。这既相互关联又相互对立的两种属性，古人以"阴阳"来表示。"阴阳"就从原来表示对阳光的向背的具象概念，转变为不再具有具体内容的抽象概念，而融入哲学的范畴。

阴阳学说在春秋时期形成，到战国时期得到了进一步发展。"阴阳"概念的抽象化，使之得到广泛的应用。任何事物或者现象都可以分为"阴阳"两个组成部分，就算是形成宇宙的原始物质——"气"，也可以分为阴阳二气，其清轻者为阳，上升以成为天；其重浊者为阴，下降以成为地。古人又进一步用"阴阳"对立统一的关系、"阴阳"运动变化的规律、"阴阳平衡"的概念来解释自然和社会现象，从此"阴阳"就成为自然界运动变化的根本规律。

对于自然界普遍存在着的相反相成、对立统一的现象，我国古代就有较为系统的认识。传说中的"伏羲氏八卦"就是对相反相成、对立统一普遍性的概括。《易经》用"一"爻和"— —"爻来表示相反相成、对立统一的双方进行推演，包含了很多的辩证法思想。在战国时期成书的《易传》，就把"一"爻和"— —"爻直接称之为阳和阴，这样就把阴阳学说与八卦理论合为一体，使阴阳学说中的辩证法思想得到进一步的充实，阴阳学说便成为更为完善的哲学理论。

2. 阴阳的基本内容

阴阳学说至少包括以下几个方面的内容：

（1）阴阳是存在于一体之中的

一方面，"阴阳"之间存在着对立性，又存在着统一性。也就是说，两个相互对立的属性之间，如没有统一性，就不存在"阴阳"关系，阴阳的双方只能存在于一个相对独立的整体之中。另一方面，只有当两个事物或现象之间发生了具体的联系，构成了一个相对独立的整体时，才能构成"阴阳"关系。

它包含四个层面的内容：

① 阴阳具有相对性，一方面"阴阳"本身就是一种相对的概念，相互依对方的存在而存在，且相互转化、相互为根；另一方面，阴阳是一个抽象的概念，而不是指一种具体的事物。

② 阴阳属性的规定性：在讨论问题的范围被确定以后，在这问题中所包括的双方，谁属于"阳"、谁属于"阴"是确定的，是不能更换的，比如研究物体的温度时，温度高的为"阳"，温度低的为"阴"。

③ 阴阳作为一种矛盾关系，具有矛盾关系的一般特性，但它属于矛盾关系的下位概念，只有表现在矛盾的相对性是无条件的、彻底的，而"阴阳"的应用是有条件的、受限制的。

④ 阴阳的可分性，即阴阳之中还可以分阴阳，并可一直分下去，其中仍包含"阴阳"双方。物体具有可分性，被分成的每一部分仍然具有相对

的完整性，这也说明了物体结构的层次性。

（2）阴阳是平衡的

阴阳的平衡是自然界的事物或现象维持稳定状态常见的方式和必要条件。阴阳平衡被破坏，事物或现象的稳定状态也随之消失。阴阳平衡是一种相对的平衡、动态的平衡、恒量的平衡，而且还是一种功能态的平衡。

所谓相对的平衡，即是说在阴阳之间，允许一定范围的不平衡，只要这种不平衡不足以危及事物或者现象的稳定性，它就仍属于阴阳平衡的范围。

所谓动态的平衡，具有两个方面的含义：一是说明阴阳平衡是在事物或者现象不断的运动中求得的，二是说明阴阳平衡的平衡位置或者平衡的范围，在事物或者现象的不同时期是不同的，不是固定不变的，阴阳平衡的位置随运动而发生相应的变化，出现涨落。

所谓恒量的平衡（即常数平衡），是说在一定的时期或者阶段，阴阳平衡的范围是个常数。高于或者低于这个常数，虽然阴阳是平衡的，但也是不正常的，只有在常数的范围内才是正常的阴阳平衡。

所谓功能态的平衡，指阴阳的平衡不仅仅是数量级的平衡，而主要是功能上的相当。系统的各个子系统或者各个部分要能完成维持稳定的任务，它们在数量和体积上是不同的，各种物质之间的功能状态也是不一样的，有的作用大些，有的作用小些，为了实现和取得功能上的协调和平衡，就不可能在数量和体积方面要求一致。这种功能上的平衡还表现在功能结构的耦合，即一个部分或者子系统的输出是另一个部分或者子系统的输入。这种功能态的协调和平衡，比之数量或

者体积上的相等，具有更为重要的意义。

（3）阴阳是处于不断的运动之中的

阴阳之间的对立统一的关系，既相互依存、互生、互根、互用，又相互对立、相互制约、相互斗争，这就会引起阴阳的运动。阴阳的运动形式表现为阴阳的消长变化和阴阳的转化；就事物和它与周围环境的关系而言，则表现为阴阳的升降和出入。

（4）阴阳相互包容

即阴中有阳、阳中有阴，阴阳是可分的，阴阳是互根的。

（5）阴阳转化的条件

当阴极生阳，阳极生阴，阴阳消长发展到极点时，才能引起阴阳的转化。

（6）阴阳的升降和出入

阳主升，阴主降；阳在上，阴在下。在上之阳必然下交于阴，这是由于阴气下吸之故；在下之阴必须上交于阳，这是由于阳气上蒸之故。阳气下降、阴气上升，引起阴阳的升降运动，导致阴阳的消长和转化，促成了事物的生长和收藏的变化。但是，任何一个事物，它虽然是一个相对独立的、相对完整的系统，但它总是生活在具体的环境之中的，是这个环境的一部分。因而，它既要对周围环境发生作用，周围环境也要对它发生作用，它必然和外界交换物质、能量和信息，这就是阴阳的出入运动。

（7）阴阳的整体平衡

阴阳的整体平衡正是建立在具体的阴阳不平衡的基础之上的。

（8）任何事物和现象都是由阴阳两个部分组成的

纯阴或者纯阳所构成的事物或者现象，都是

不存在的。

（9）阴阳的转化

阴阳转化是同一个层次阴阳消长的结果，阴阳消长又是低层次阴阳转化的结果，阴阳转化和阴阳消长是互根互制的。

3. 阴阳与商业的关系

人求精神气爽，商业也必须取得阴阳调和。在商业风水学中，有许多改善人与环境之关系的做法，其实质就是要调整整个商业环境的阴阳平衡，也就是使商业内外环境阴阳调和。具体来说，商业环境阴阳调和较为理想的分配比例应以阴四阳六为合（阳为十分之六，而阴为十分之四），阳比阴多为宜。

人要服从于阴阳，不得违背阴阳。南为阳，北为阴，故商铺朝南为阳、为吉。在商业风水学中，将商业建筑定为阴，将经营商业的人定为阳。这样，长时期工作在商业圈里的人便会在不知不觉中与商业形成阴阳平衡的关系。

二、八卦

八卦是神秘的符号，古人用以演绎万物、预测吉凶和未来。八卦的内容博大精深，对它的演绎启示了天地万物生存与发展的变化原理。

八卦是由阴阳派生出来的。《易·系辞》："易有太极，是生两仪，两仪生四象，四象生八卦。"

四象即太阳、太阴、少阴、少阳，八卦分别

是乾、坤、震、离、坎、艮、兑、巽。它们代表许多自然现象，乾为天，坤为地，震为雷，巽为风，坎为水，离为火，艮为山，兑为泽。以之推演，乾又可以作为君、宗、门、首、德等；坤又可以作为臣、城邑、田、宅、陆等；震又可作为主、坦道、蕃、左；巽为女、风俗、床；坎为江河、大川、渊、井、寒泉；离为户、牢狱、灶；艮为石、庙、宫室、穴；兑为妹、右、西等。

古时祖先们仰观俯察，远取诸物，近取诸身，发明了八卦。八卦中的乾、坤、震、离、坎、艮、兑、巽分别代表了西北、西南、正东、正南、正北、东北、正西、东南八个方位，八方对商业风水而言，含有某种特定的气运效应。

东方——这是太阳升起的方位，充满了生命和活力，含有发展、延伸、扩张等积极的意义。（如果这一方位的环境有变动，就会影响处于该地的商铺未来的发展。）

东南——做生意的人特别重视这一方位，因其象征着经营上财源广进、万事顺利。东南是巽，九星中是四绿木星，为文昌位，主文事。（如果这一方位的环境有变，上述好的效应就会受到波及。）

南方——这个方位象征着欣欣向荣、生气勃勃，表达着名誉、竞争、完美的欲望倾向，特别是赢取荣誉方面。（如果这一方位的环境有变，对本铺就有负面影响。）

西南——在商业上，这个方位代表成长、平稳、踏实，是典型的吉位。

西方——八卦上是兑位，兑为泽，泽就是水井的象征。从五行法则的道理来看，生水之地也是旺金的部位。因此，西方是获得金钱的方位，对商业极为有利。（如果西方环境变动，影响所及就会使该地铺位散财。）

西北——象征夏天成长的万物，在秋天变成果实，最后成熟。阴极也是延续下一代能量的源头，有活力的含义，故代表商业场所的气运。（如果这一方位环境有所缺失，就会造成负面影响。）

北方——在一天之中象征深夜，在季节上象征冬天，也是阴转阳的时期。对生物来说，有茁壮成长的含义，象征着生意的快速发展。（如果这个方位缺失，会使生意受阻滞。）

东北——在卦上位置是艮，象征着从晚冬到初春。自然方面代表山，内涵丰富，预示生意前景辉煌。（如果这一方位环境缺失，气运就会有负面影响。）

上面是有关商业风水八个方位的简要说明，如果以环境加以配合，就不难判断吉凶。由于环境位置以及状态各有不同，实在不可能事事平衡、处处相宜，只能想方设法寻找最佳平衡点。

三、五行

商业风水学认为"奥妙尽在五行之中"。山川形势有直有曲，有方有圆，有阔有狭，各具五行。

地理千变万化，关键在五行之气。金、木、水、火、土五种物质，揭示了万物的存在与消亡。人们以五行为生活之源，也以五行作为一种信念的寄托。

1. 五行的发现、发展

五行的概念，早在商周之时已经形成。古人发现，木、火、土、金、水这五种物质是人们

五行相生图

生活所不可缺少的，于是产生了"五材"的概念。《左传》说："天生五材，民并用之，废一不可。"意思是说，自然界给我们制造了五种材料，老百姓都加以应用，缺少一样都是不行的。《尚书》也说："水、火者，百姓之所饮食也；金、木者，百姓之所兴作也；土者，万物之所资生也，是为人用。"也就是说，水、火是百姓的饮食之所必需的；金、木是百姓劳动、兴建所依赖的；百姓赖以生存的万物，都是靠土来生长的，这些都是被人们所利用的。古人认识到木、火、土、金、水是人们生活所必需的，人们日常生活的用具也是用这些物质制成的，如生活中的瓦罐，就是用土加水，再用火烧制而成；房屋就是用木、土、水三者制成；打猎或者耕作的工具，则是用木和金制作而成的。根据这些实例，古人便也总结出，自然界的万物也是由这五种基本物质所构成。正如《国语》所说："故先王以土与金、木、水、火，杂以成百物。"即早先的圣贤用土和金、木、水、火揉合在一起而制成各种各样的东西。这样，就把木、金、火、水、土当成构成自然界万物的基本"元素"，这当然是不可能解释自然界规律性的认识，反映了古人对自然界规律性认识的艰辛历程。也正是基于这种错误的认识，才产生了以后的正确的认识。

古人逐渐地把金、木、水、火、土这样五种基本的具体的物质，抽象成五种属性。所以《尚书》曰："水曰润下，火曰炎上，木曰曲直，金曰从革，土曰稼穑。"水具有滋润和下流的特性，火具有温热和上升的特性，木具有曲直生长的特性，金具有容易变化的特性，土具有生长庄稼的特性。从五种具体物质中抽象出它们的特性，作为金、木、水、火、土的涵义，这样，

"五行"的概念就完成了从具体物质到五种属性的哲学飞跃。

"五"是指金、木、水、火、土这五种属性；"行"是指这样的五种属性间运动和变化的规律性。五行学说认为，世界上的万事万物或者现象，其内部间都包括木、火、土、金、水这样五种属性，这五种属性间的相互关系（即相互的联系方式和运动状态）决定了事物或现象的发生和发展；事物或者现象之间的差异性，就是由这五种属性间的运动状态所规定的。

2. 五行学说的基本内容

五行学说的基本内容包括五行归类法、五行生克制化和五行乘侮。

（1）五行归类法

五行学说认为，世界是由具有木、火、土、金、水五种属性的物质所构成的，所以世界上的万物或现象都可以根据"五行"的属性归类。其主要的方法就是按照五行的属性，对可以相对独立的整体事物或现象的功能、形态、形成过程进行推理演绎、类比后，归类在五行之内。

（2）五行的生克制化

五行学说不仅是一种分类方法，更为重要的它是阐明事物内部运动一般性规律的学说。五行学说就是用生克制化的理论来阐明维持事物内部各个部分之间的平衡和协调，即维持事物的整体性、统一性和稳定性的具体方式。

古人把事物间的各种联系方式概括为"互利"和"互害"两种关系。在五行学说中把"互利"关系称为"相生"，把"互害"关系称为

"相克"。"相生"是表示事物之间相互资助、相互养育、相互促进的关系，即互生、互助、互根、互用的关系。"相克"是表示事物之间相互克制、相互制约、相互对立、相互斗争和相互控制的关系。

五行学说正是运用"相生"和"相克"的关系，来说明事物或者现象维持平衡和协调的机制。

五行的相生和相克均有一定的顺序，即按木、火、土、金、水的顺序依次相互资生。所谓

木 火 水 金 土

五行相克图

木生火、火生土、土生金、金生水、水生木；木克土、土克水、水克火、火克金、金克木。

相生的关系也表示为"母子"关系，即生我者为母，我生者为子。

相克的关系表示为"承制"的关系，即后者对前者承袭而又克制之意。又把"相克"称为"相胜"关系，即相加后必然能胜的意思。又把

被我所"克"者称为"所胜"，把"克"我者称为"所不胜"。

五行之中的每一"行"都要通过"生"、"克"的方式与其他四"行"发生联系，它既要受到其他"行"的制约作用，又要对其他的"行"发生制约作用，从而维护它们之间的相互平衡和协调，使五行成为一个有机的整体。正因为这个原因，五行成为了一个相当严密而又相当稳定的结构。

五行生克原理是一种势力消长的平衡关系，如果天地万物只生不减，或是只减不生，那是不堪设想的。故而相生相克就是一种自然调节，它的作用就是保持生态的平衡、稳定。

（3）五行的乘侮

五行的"乘侮"是指五行间的异常联系方式，它是由于五行间"量"的异常而引起的克制异常或克制太过的现象。所谓"乘"，又称"相乘"，即乘虚而袭之，是克制太过的表现。"侮"，又称"相侮"、"反侮"，是恃己之强、凌彼之弱、侮所不胜的现象，是一种克制的异常，主要表现反向克制。五行"乘侮"发生的原因有二，一是由于该"行"太过，超出了五行间平行所允许的波动的范围，出现了过盛。异常的过盛会导致它对所克制的一"行"进行过度的克制，即"相乘"；同时，也对克制它的一"行"进行"反克"，即"相侮"。二是由于该"行"过度衰弱，超出了五行平衡所允许的波动范围，出现了异常的不足。异常的不足，使该"行"对其所克制的一"行"无力克制，反而被"反克"，即"相侮"；克制它的一"行"，则因它的异常不足，出现了相对克制过甚，即"相乘"。

虽然五行"相生"和"相克"本身并没有反映事物的本质联系，但用"相生"和"相克"的方式来说明事物间的联系方式，特别是建立了"五行生克"的基本模式，确能反映事物之间相互联系的一般性规律，具有很大的科学价值。

五行学说的特殊意义，除建立了"五行生克"模式以外，另一方面表现在"五行"和"数"的关系。在对数的认识过程中，"二"是一个关口，"阴阳"就是以二为基数的"二分法"。"五"也是一个关口，"五行"则是以"五"为基数的"五分法"。在自然和社会中，事物间的相互关系归结起来只有"利"和"害"两种关系，以"五"为基数建立起来的模式是表示这两种关系的最基本模式。任何大于或者小于"五"而建立起来的模式，都不能构成表示这两种关系的最简明的基本模式。

前面已经介绍过五行的相生相克规律，只有如此循环反复地运动变化，才能使万物生减平衡。风水就是通过方位所包含的生克变化关系，判测吉凶，作出相应调和，使之不能对立相克。

由于木生火，木和火有亲和相生的潜存效应，所以属火的烹饪业如酒家、饭馆，便可以开设在书店、木器、家具铺旁边。反之，建筑、古玩店就不能与之靠近，因为木有克土的效应，会使从属于土性的建筑和古玩店的气质受到遏制，不利风水。

火生土，由于火和土有亲和的相生效应，所以属土的建筑公司可以开设在属火的餐厅、饭馆旁边；反之，饮料店、水族馆之类属于水性的，就不适合。

土生金，由于土和金有亲和力而相生，因而凡属金的店铺都可以和古玩店、陶瓷艺术品商行为邻。反之，金铺绝不能与以火为主的酒楼、饭馆挤在一起，金为火熔，于风水不利。

金生水，是由于金和水有亲和效应，所以以

风水 知多一点点

※电脑与五行生克

在家庭中，电脑尤如一火物，影响着每一个人。首先要留意，坏掉的电脑绝不适宜放在家中，理由是坏的电脑会放射辐射磁场，干扰及伤害家中人员。当启动电脑时，电脑会出现一个桌面，这电脑桌面极重要。假如使用者需水，将桌面换成水的图画和颜色，每次使用电脑时，桌面正好为其用神，便可平衡电脑所带来的负面影响。使用者需金的话，将桌面换成雪山；使用者需要木，可找来花草树木；需要火者可将桌面换成火红色，便火上加火。

水性为主的饮料店、水族馆可以与金铺、锁店、保险箱店毗邻，却不宜跟以土为主的建筑业紧靠为邻，因为金、水相生，土、水相克。

水生木，水和木有亲和力，所以以木为主的图书业、中药行可以和咖啡屋、果汁店为邻，而不能开设在金铺旁边。原因就是水、木相生，而金、木相克。

四、气

气通常是指一种极细微的物质，它是构成世界万物的本源。商业风水学借用了气作为全部商业风水理论的核心与活动的准则。

气在古代是一个很抽象的概念。唯心论者认为它是客观精神的派生物，唯物论者认为它是构成世界本源的元素。但二者普遍认为，气无处不在，气构成万物，气不断运动变化。

《老子》云："万物负阴而抱阳，冲气以为和。"宋代张载在《正蒙·太和》云："太虚无形，气之本体，其聚其散，变化之客形尔。"

气是商业风水中一个很重要的概念，有阴气、阳气、土气、地气、生气、死气、母气、脉气、聚气、纳气、乘气等。气是万物之源，气变化无穷，气影响人的祸福。人要避死气、乘生气，就得请专业人士"理气"。"理气"十分复杂，要结合阴阳、五行，进行实地勘察，从而找出"旺象"，才能得到"生气"，有了"生气"才能富贵。

商业风水学以气为本源，它分化出阴阳（两仪），又分出金、木、水、火、土五种物质（五行），这些物质的盛衰消长都有一定的规律。掌握了这些规律，利用它们来选择商铺的地址，改善商铺的内外装修，并以之为经营参考，就能求得生意兴隆、财源广进。

如果说环境与人之间存在着一种奇特的对应关系，也许这种对应关系只是表面上的，但却是古风水术的源头所在。古人就是通过这种环境与人的奇异对应才发现了真正的风水学。

那么，人与环境之间通过哪一种方式才能达到这种奇妙的对应呢？

即：环境→？→人的命运。

对古人来说，上面确实是一个难以解开的疑团。正如他们种植柑树时，可能会发现凡是土壤为红色的地方，柑树都会生长得很好，而其他颜色的土壤生长就要差得多了。事实上，这一现象几百年前的人们就已经发现了，而到了现代，我们才能运用现代科技分析出红色土壤含有较多铁与钾是适合柑树生长的主要因素。

风水同样如此，在发现环境与人的命运之间存在的这种奇特对应关系时，最重要往往也是最困难的问题就是去发现这种关联的内在途径。

后来，古人又通过反复研究，终于发现联结环境与人的命运之间的最重要一环——生气。

即：环境→生气→人的命运。

这就是说，在环境中存在着一种奇特的生气。那么，这种独特的生气又是什么呢？

在当代，许多专家和学者都曾研究过这个问题，并提出了"铁离子"、生物磁场等方面的假说，但直到目前为止，尚没有一种假说能得到科学的验证。

事实上，世界上存在着两种认识生气的途径：其一，就是通过科学，使用各种先进的仪器来寻找并证实生气究竟是怎样一种物质；其二，就是通过长时间的感受，即用人体去探测生气的存在。已知的是，生气是一种促使生命出生与成长，并存在于环境之中的无形的能量。

同理，可以认为：

环境中生气充足=人体状态好=身体健康=命运好

环境中生气缺乏=人体状态坏=体弱多病=命运差

所以，当人们知道如何改变自己和他人的命运时，就不需要花费力气去研究命运的趋向，而只需要去研究环境中生气的状态即可。

我们常说碰运气，运气好坏似乎不是我们所能掌握，然而实际上运气的由来是阴阳五行彼此相生、相克，循环运作所产生的效果。个体本身的五行与四周环境的五行交互影响，便产生了"运气"。

"五运"，就是木、火、土、金、水五行于天地之间阴阳升降的循环运作。而"六气"，则是指五行间阴阳相配的消失与生长，而形成的岁时节气。

所以天地之间的万事万物，都是处在五行循环、运气的范围之中。天地万物都是从无到有的，而这个从无到有的运作过程就是"相生"与"相克"，相生与相克互相配合则又产生和、会、刑、害、生、泄以及制化等作用。

第二章 古代商业 风水概述

在古代，商业界有句俗语："要想做好生意，必须遵循八个字，即诚信、仁义、理智、堪舆。"此话正是晋商和徽商提倡和遵循的经营理念，也是我国传统商业文化的核心内涵。遵循"诚信、仁义、理智"去经商，在中国商业历史上造就了许多"百年老店"；而按照"堪舆"要求去选择店址，又给商人创造了一个"环境舒适，情景协调，内外通顺，店客满意"的经商之道。由此可知，堪舆是古代商业中极其重要的一部分。

一、古代风水与商业

古代风水讲究"藏风聚气"，商业风水更讲究"聚人气、留财气"。因此，能藏、能聚、能留的地方，才是旺地。

和风拂面，会让人感到惬意，狂风急吹则会令人非常之不舒服，因此，"风和"之地才不会气散，才能作为安身之地或经商之地。这与现代建筑观念是雷同的，一个好的建筑师必定会算好建筑物的风系数，一定会考量生活和经商环境，不会让人生活在"狂风疾吹"的环境中日日受苦。

"风和"之外，还讲究"日丽"。好的商铺必须光线好，空气流通，防止阴暗和阴气过重，这种"日丽"的理论，也适用于现代择地。

古人建商铺、选商铺时还须观"人气"。

即首先看该地是否繁华，交通是否方便，是否能形成商业气候。其次还要考量商业用房的内部格局，是否光亮、通风；房内储藏室和厕所是否设在屋子中心，因古代商业风水尤其忌悼"秽物藏中"。

除此之外，古人选商铺时还会先看看四周环境，是否有街巷、尖碑、庙塔、古塔等直冲，交通是否便利等等。

综合而言，风和、日丽、人气、房屋格局、交通和冲煞等六个要点就是古代风水中选择商铺的基本理论。

二、古代商业理论

中华历史源远流长，上下五千年，历经多个朝代更替，有过汉唐的盛世，也有晚清的末落。作为一种重要的社会活动，商业伴随着人类社会的发展走到了今天，有过"丝绸之路"的辉煌，也有过郑和七下西洋的壮举，诞生了"徽商""晋商"等著名商业团体，也出现了吕不韦、沈万三等足以影响中国历史进程的巨商，可见商业同样历史影响深远。

细品古代商业典故，从中不难看出，每个成功商人或多或少都有自己的商业守则，从天时、地利、人和，到诚信、善德，无不闪现着我们祖先的智慧光芒。

古代商业招财元宝

1. 天时

《易经·乾卦》曰："先天而天弗违，后天而奉天行。"讲的是在天机发生之前能揭示出它的运行变化过程，天道自然依此运行，不敢与人的先知先觉相违背；而一旦天机发生，人们的一切活动都要符合天时，抓住机遇，只有"奉天行"，才能有所作为。

诸葛亮在隆中与刘备分析天下大势时说："曹操比于袁绍，则名微而众寡，然操遂能克绍，以弱为强者，非惟天时，抑亦人谋也。"意思是曹操以小胜强，战胜袁绍，固然是天时使然，同时也是曹操谋略高于袁绍所致。

古人认为"商机"就是"天时"，"经营"就是"人谋"，往往只要商人抓住了商机，又配合了很好的经营策略，很快就会发展起来，成为富翁。

改革开放以来，深圳、珠海、上海、天津等城市的发展，都是利用了国家政策扶持的"天机"，抓住了"机遇"，再通过自身不断地努力，最终成为全国经济发展的排头兵。在现代社会中，政策、机遇就是"天时"；人的努力、智慧和技术，就是"人谋"，二者结合就会有好的成果。

2. 地利

相比天时，地利又更显重要。

古人有云"因人而市"，指的就是有人的地方就会有潜在或现实的需求，可以发展相应商业。自古以来，在小贩中流传着一种说法，大意就是"宁在闹街摆地摊，不在深巷开商铺"，可见地理位置对商业的影响。

在汉唐时期，古都长安一直是一个重要的物资集散地，集中反映了当时农业生产发展和

誉、声名是靠平时的所作所为积累的，而他人给予好的评价，这也就是水到渠成的事情。"

成功的商人平时勤于为善、助人、不卖假货、童叟无欺，日积月累，周围的人自然对他报以尊重，给以信任。在不知不觉、自然而然中，他就获得了人气和名望，也就创造了人和的条件。所以，人气要想聚起来，必须靠自己的日积月累。

徽商是中国历史上最负盛名的商业团体，曾经有"无徽不成商"的说法，在徽商中流传着这么一段话："生意失败，还可以重新再来；做人失败，不但再无复起的机会，而且多年的名声，将全部付之东流。"也就是说，没有了名声，也就没了人气，就没了人和，失了人和，生意怎么能成功呢？

商业的繁荣盛况。原因是山环水抱、平原坦荡，使长安地区成为一个偌大的风水宝地。风水学说是我们祖先的一种传统环境观，其实从现代环境地理学观点来看，无论是地形、气候、土壤，还是水利条件，长安都是很利于农业生产和商业流通的，当时的长安周边河流纵横，有"八水绕长安"之说，交通非常之便利。

3. 人和

古人认为"人是天地万物之灵"，人的宝贵之处就是具有思想和创造力。

相比天时和地利，人和显得尤为重要，我们都知道愚公移山的故事，在不占地利的条件下，愚公硬是通过自己和子孙世代的努力，搬掉了门前的大山，促成了地利，这就是人和的力量。

有种说法是："人活在世间，他的名望、名

4. 善德

世人都想学善，究竟怎样才算从善呢？我们可以从上善若水、厚德载物这两个成语上得到启示。

老子在《道德经》中说："上善若水。水善利万物而不争，处众人之所恶，故几于道。居善地，心善渊，与善仁，言善信，正善治，事善能，动善时。夫唯不争，故无忧。"说的就是最高的善像水那样，水善于帮助万物而不与万物相争，它停留在众人所不喜欢的地方，所以接近于道。上善的人居住要像水那样安于卑下，存心要像水那样深沉，交友要像水那样相亲，言语要像水那样真诚，为政要像水那样有条有理，办事要像水那样无所不能，行为要像水那样待机而动。正因为他像水那样与万物无争，所以才没有烦恼。

《周易》中说："地势坤，君子以厚德载物。"说的就是人有聪明和愚笨，就如同地形有高低不平，土壤有肥沃贫瘠之分。农夫不会因为土壤贫瘠而不耕作，君子也不能因为弟子愚笨不肖而放弃教育。天地间有形的东西，没有比大地更厚重的了，也没有东西不是承载在大地上的。所以君子处世要效法"坤"的意义，以厚德对待他人，无论是聪明、愚笨还是卑劣不肖的人都应给予一定的包容和宽忍。

理解了这两个成语，也许我们也就知道什么叫与人为善了。

5. 诚信

百年老店"同仁堂"有条古训，叫作"修和无人见，存心有天知"。讲的是在无人监管的情况下，做事不要违背良心，不要见利忘义，因为你所做的一切，上天是知道的。

《辞源》曰：诚者，即真心实意。古代的晋商和徽商，都是真心真意做实事和守信、守法、守德的生意人。他们都非常注重商业交往中的"诚信度"，因为他们深知诚信度越高，人气才会越旺，才会有人和，生意才会更好。《徽商规略》中告诫说："逐宗逐件，须要来清去白，不可因无人看见，即爱小私积分毫。欲起此心，即想曰不可自欺也。立心如此，何等正大光明，自然一心在正路上，用功夫何不能成立？既能成立，何止万倍之利。虽有紧急要务，不妨告禀本东支取应用，不得私取分毫应己之急也。"明代徽商吴一新有一句经典名言，那就是："宁奉法而折阅，不饰智以求赢。"他坚持虽五尺童子也不以为欺，真正做到了诚信经营，最后发了大财。

第三章 现代风水学理论

风水学经过一千多年的发展，特别是到了现代，吸收融会了古今中外各门科学，包括地理学、星象学、景观学、建筑学、生态学、人体生命学、美学、伦理学等，以及宗教、民俗等方面的众多智慧，最终形成了内涵丰富、综合性和系统性都很强的独特理论体系，这就是现代风水学。

一、现代风水学的择地原则

现代风水学理论关于建筑选址的最高指导原则是：天地人合一。这种指导原则不急功近利，不随政治变迁和经济发展变化而变化。在具体操作技术方面，它要求在选择居住、工作地址时，要选择蕴气藏气的地方。为达到聚气的目标，要非常注意自然环境与人造环境各要素之间的相互关系。

在中国历代王朝的开国时期，都会有一些顶尖的易学风水大师作统帅的军师或幕僚。而不管是现代人，还是古代各行业的大商家、大企业家，也都有类似的人员作幕僚，但是他们在幕后却鲜为人知。风水对人与事物的影响是不容忽视的，这是人们从生活与顺境、逆境中总结来的经验。为什么在同样的水平、同样的背景、同样的实力、同样的客观环境下有人可以事半功倍，有人却事倍功半，甚至无功而返，负债累累？这涉及到所谓"天时、地利、人和"中的问题，也就是所谓的风水问题。

风水学实际上就是集合地球物理学、水文地

质学、宇宙星体学(星象学)、气象学、环境景观学、建筑学、生态学以及人体生命信息学等多种学科加以总结的一门综合性自然学科。其宗旨是通过谨慎周密地考察来了解、顺应自然环境，有节制地改造和利用自然，以创造出良好的生存与居住环境，从而达到天人合一的至高境界，赢得最佳的天时、地利与人和。

综合起来，现代风水择地主要有以下十大原则：

1. 整体原则

风水理论是将环境作为一个整体系统，这个系统以人为中心，包括天地万物。该系统中的每一个要素都要相互联系、相互制约、相互依存、相互对立、相互转化，而风水学的功能就是宏观地把握和协调各要素之间的关系，从而优化结构、寻求最佳组合。整体原则是风水学的总原则，其他原则都要从属于这个原则，以整体原则来处理人与环境的关系，这是现代风水学的基本要点。

2. 因地制宜

因地制宜是务实思想的体现，即根据实际情况采取切实有效的方法，使人与建筑适宜于自然，回归自然。根据环境的客观性，采取适宜于自然的生活方式，返璞归真，并使建筑与环境达到天人合一的境界，正是现代风水学的真谛所在。

3. 依山傍水

山体是大地的骨架，水域则是万物生机的源泉。依山的形势可分为两类，一类是"土包屋"，即三面群山环绕，南面敞开，房屋隐于万树丛中；另一种形式是"屋包山"，即成片的房屋覆盖山坡，从山脚一直延伸到山腰。古代都城的选址就十分讲究"傍水"，而这也是风水学最基本的原则之一。没有水，人就难以生存。考古所发现的原始部落，几乎都在大江、大河流域的附近，这与当时的狩猎、捕捞、采摘等生活方式是相适应的。

4. 地质检验

风水学对地质是十分讲究甚至是挑剔的，因为地质影响人的体质，这并非危言耸听。现代科学已经证明了地质对人体至少有以下三个方面的影响：

第一，土壤中含有的微量元素锌、硒、氟等，在光合作用下放射到空气中会直接影响人的健康。由特定地质生长出的植物，对人的体形、体质和生育都有影响。

第二，潮湿、腐败之地是细菌的天然培养基地，是产生各种疾病的根源；潮湿腐烂的地质条件，会导致人患关节炎、风湿性心脏病、皮肤病等多种疾病。

第三，地球是一个被磁场包围的星球，人虽然不能很明显地感觉磁场的存在，但它时刻对人起作用。强烈的不利磁场不但能致病，也可以伤人，会使人产生头晕、嗜睡或神经衰弱等症状。

5. 观形察势

形是指单座的山头，势则是指起伏的群峰，认势唯难，观形则易。风水学很重视山形地势，提倡把小环境放入大环境中考察。任何一块宅地表现出来的吉凶，都是由大环境所决定的，犹如中医切脉，从脉象的变化就可知道身体的一般状况。以大环境来观察小环境，便可知道小环境受到的外界制约和影响，诸如水源、气候、物产和地质等。只有形势皆完美，宅地风水才会完美。

6. 水质考察

风水学理论主张考察水的来龙去脉，通过辨析水质、检测水的流量来优化水环境。土质影响水质，从水的颜色又可以判断水的质量，由于泉水是通过地下矿石过滤的，其中含有大量的微量元素和矿物质，不管是用来口服、冲洗或者沐浴，都有益于健康。

7. 坐北朝南

坐北朝南是对自然现象的正确认识。中国人讲究顺应大道，得山川之灵气，受日月之光华，颐养身体，陶冶情操，地灵方出人杰。由于中国的地理位置，坐北朝南的房屋一般阳光比较充足。阳光可以取暖，同时也参与人体维生素D的合成，可预防佝偻病的发生。阳光中的紫外线具有杀菌作用，还可以杀灭经呼吸道传播的多种疾病。多晒太阳还可以增强人体的免疫能力。

8. 适中居中

适中是一种阴阳平衡，讲究不大不小、不高不低，尽可能互相调和，使之接近至善至美。居中则要求突出中心，布局整齐，使附加设施紧紧地围绕中轴。

9. 顺乘生气

风水学理论提倡在有生气的地方修建城镇房屋，这叫作顺乘生气。只有得到生气的滋润，植物才会欣欣向荣，人类才会健康长寿。风水学理论认为，房屋的大门为气口，如果有路、有水环曲而至，即为得气，这样便于交流，可以得到信息，又可以反馈信息。如果把大门设在闭塞的一方，谓之不得气。得气有利于空气流通，对人的身体有好处。宅内以光明透亮为吉，以阴暗潮湿为凶。只有顺乘生气，才能称得上贵格。

10. 风水改造

人们认识世界的目的是改造世界为自己服务。人们只有改造环境，才能创造优化的生存条件。风水是可以改造的，通过对地形、地势及建筑的选择和改造，可以使城市和乡村的风水格局更为合理，也更有益于人们的健康长寿和经济的发展。

二、现代风水学中的方位

方位是实践风水中相当关键的一环。方位所具有的能量是看不到的，但是它却有着巨大的影响力。结合自身的愿望，将吉祥物品放在相应的方位，并灵活运用自己的幸运方位，就可以得到好运。

1. 风水八方位概述

风水实践成功的关键是灵活运用方位，即核对建筑物的"八大方位"（北、东北、东、东南、南、西南、西、西北），并最大限度地发挥这八大方位所具有的能量，以此增强运气。

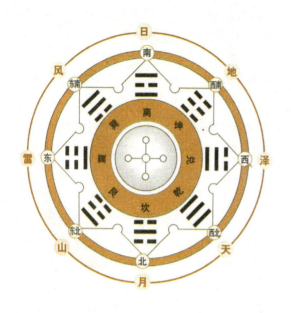

（1）北方位

北方在八卦上是"坎"的方位，象征着地面上的坑洼和洞穴，暗示着运气低落，具有冷、忧、病、暗等不好的意义。在五行中，北方位代表水，所以这个方位如果被不干净的东西污染，凶作用的表现就会极强。北方在一天当中代表的是寂静的深夜，在季节代表的是正冬，在植物中代表的是地里的种子，因此北方也隐藏着世代交替、力量再生的方位意义。

（2）东北方位

东北方在八卦上是"艮"的方位，象征着高山。因为山可以阻挡风，所以具有"使运气停滞"的意义，同时暗示了向新的方向发展的状态。此外，东北方是阴阳之气交替进入的方位，所以具有新陈代谢的意义。这个方位如果是吉相，使用者就会得到意外的援助，而且能够逢凶化吉。

东北方位禁止被不干净的物品污染。这个方位如果有凸出或是凹陷，就会扰乱运气。 东北方也是太阳诞生的神圣方位，在一天当中代表黎明，在季节中代表初春，在植物方面代表的是刚刚开始发芽的种子。

（3）东方位

东方在八卦上是"震"的方位，具有"震动"的意思，表示所有活动的开始；同时，因为东方是植物生长所依赖的方位，所以也象征着"前进"。如果东方位是吉相，那么使用者的活动力、意欲就会升高，在事业、兴趣等方面就可以崭露头角；相反，如果东方是凶方位， 那么使用者的能量就会被夺走，生活会变得懒散，学业和事业方面的烦恼也会相继增加。

东方位在时间上代表的是早上5点到7点，在季节上代表的是春季。

（4）东南方位

东南方在八卦上是"巽"的方位，代表风，暗示着有各种各样的"情报运"。因为风可以呼唤阳气，所以东南方又是"吉报降临"的方位。如果这个方位是吉相，那么使用者在商业、交际、事业、婚姻等方面就会取得良好的结果；相反，如果是凶相，就容易迷茫，在工作和人际关系上也会遭受失败。此外，东南方还是吸收能量、整理形态的最好方位，隐藏着"整顿事物"的运气。

东南方在时间上代表的是上午8点到10点，在季节中代表的是爽朗的初夏，在植物方面代表的是嫩叶，在人生方面代表的是体力、智力最充实的青年期。

（5）南方位

南方在八卦上是"离"的方位，象征着熊

熊燃烧的烈火，能够使能量达到顶点。所以，这一个是光明的方位，左右着名誉、声望、发明、艺术等运势。南方位相当于人体的头部，如果这个方位是吉相，人的头脑就会清晰，女性会才貌兼备。

南方是具有太阳能量最强的方位。在一天当中，它所表示的时间是中午11点到下午1点，在季节中代表的是盛夏，在植物方面代表的是生长最旺盛的时期，在人生方面代表的是体力、智力充足的壮年时期。

（6）西南方位

西南方在八卦上是"坤"的方位，具有"孕育五谷能量的大地母亲"之意，隐藏着丰收的运气。同时，西南方位还是阳气和阴气交替进入的场所，所以会让积累至今的东西发生变化。此外，这个方位还具有沉默、勤劳、努力等性质。

西南方在时间上代表的是太阳开始向西倾斜

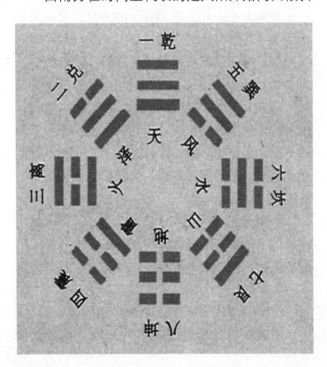

的下午2点到4点，在季节上代表的是残暑，在人生方面代表的是人的成年时期。

（7）西方位

西方在八卦上是"兑"的方位。从字的表面来看，"兑"就像开口言笑的人，象征着喜事和家庭的和睦。同时，西方还象征秋天的收获——在春天播下的种子经过长时间的生长，结出了果实。此外，西方还具有饮食、金钱、魅力、装扮等方面的缘分。因为这个方位充满了阴气，所以要吸收阳气加以协调。西方也意味着经历辛苦后的充实感，有助财运、恋爱运、结婚运等。但如果这个方位是凶相，人就会变得懒惰，并且会养成浪费的习惯，对恋爱运和结婚运十分不利。

西方是太阳沉落的方位，在一天当中代表的是下午5点到7点，在季节中代表的是收获的秋季，在植物方面代表的是成熟的果实。

（8）西北方位

西北方在八卦上是"乾"的方位，代表领导者，所以也是储备活力和财力的方位，象征着威严，具有领导其他人的力量。

西北方关乎领导者的运势和财力，更深深关系着所有人的储财运（从古至今，西北都是建仓库的最好方位）。这个方位如果是吉相，则代表使用者可以担任要职，可以通过自己的努力得到权威、尊重和发展。

西北方在一天中代表的是晚上8点到10点这段时间，是储蓄明日所需体力的时间段；在季节上，代表的是为冬天储备收获物品的晚秋；在植物方面，代表仓内储存的谷物；在人生方面，则代表晚年。

2. 八方位吉凶风水

（1）北方风水

是十二地支中的"子"方位，万物由此而生，也就是说这一方位是阴阳的交会点，是"事物的起点"，五行呈水。

吉相风水：该方位是阴阳交接的地方，代表能够获得财运。

凶相风水：影响身体健康，生活有困扰。

（2）东北方风水

这一方位很重要。只要小心谨慎且处理得当，就会成为一个大吉大利的方位。

吉相风水：该方位五行属土（指"山上之土"），而土有亲人、朋友的意思，所以代表与亲戚、朋友的关系很好，且发展顺利。另外，土多可成山，寓意可发一笔横财。

凶相风水：代表与亲戚、朋友的关系越来越淡薄，事业发展不顺利。

（3）东方风水

是十二地支中的"卯"方位，代表明亮、生机勃勃的景象。这是活动的好场所，具有挑战的力量。

吉相风水：这一方位充满了蒸蒸日上之气，使人能向着既定的远大理想奋勇前进。由于该处能源（太阳光）充沛，因此让人做起事来干劲很足，且拥有正确的判断力和决断力，所说的话具有一定的号召力，并能够得到大家的信任。

凶相风水：经常遭受突发事件及偶发事故的侵扰，经常撒谎，对自己所说的话不能负责，身体状况也不好。

（4）东南方风水

在八卦上，一般称东南方为"巽"，而从十二地支来说就是"辰"方位与"巳"方位。东南方一般被看作风的出入口，无论什么事都讲究一个"齐"字，即齐备之意。因此，有时候该方位就成为商人所特有的方位，它可以使其事业繁荣旺盛、财源滚滚。

吉相风水：代表人际关系好，社交广泛，信誉好，还代表家庭幸福美满、身体健康。

凶相风水：不相信别人，自以为是，因此也得不到别人的信任。

（5）南方风水

这一方位是十二地支中的"午"方位。由于南方是日照最强的方位，所以给人的印象也如同一团燃烧的火。

吉相风水：头脑聪明，具有正确的判断力，由于感觉敏锐且自我表现欲望很强，所以有吸引众人的魅力，能够拥有很高的地位，并且名与利二者可以兼得。这一方位对政治家、实业家、艺术家及设计师等特别适合。

凶相风水：很容易与周围的人发生纷争，与人的离合聚散表现得特别明显，容易喜怒无常，极易偏向一方。如果是政治家的话，注意要避免与别人发生纠葛。

（6）西南方风水

在五行中，这一方位与东北方一样属于"土"方位。虽然同是土，但这里却是"大地之土"，有孕育万物之意，从十二地支来说该方位是"未申"方位。

吉相风水：热心于自己的事业，努力地完成每一件工作，由于拥有超强的忍耐力，所以个人地位会扶摇直上，良好的体力也会使之奋发向上；在事业上，不论是经商，还是开公司，经济效益都会稳步上升。

凶相风水：没有事业心，对承诺过的话不能信守，运气越来越差。

（7）西方风水

西方位在一年之中属九月，即有秋季的意思。秋天是收获的季节，所以总带有一股难以诉说的欢乐之情。

吉相风水：由于该方位代表的是收获，所以在金钱上很富足；在交际方面，能够胸襟坦荡、宽厚待人，所以人缘很好。

凶相风水：会被经济上的苦恼所纠缠，爱慕虚荣。

（8）西北方风水

在十二地支中，属于"戌亥"方位。这一方位有"上天"的意思，是一个倍受尊敬的方位。

吉相风水：拥有丰富的人力与财力，在社会上总是居于领导的地位，倍受周围人的尊敬。

凶相风水：容易发生车祸，经济上也因此而可能有巨大损失。

3. 如何正确标出八方位

为了了解建筑物风水，必须正确标出八个方位。由于最基础的方位是北方，所以，首先来看看如何确定北方位。

正确的北方应该是磁针所指的北方。一般很容易犯错的是，人们把地图上标的"北方"认为是真正的北方，其实这是不正确的。地图上的"北"与磁针所指的"北"是有角度差的，而且随地域的不同，偏差也不同，所以不能过分依赖地图，必须用磁针来正确地指出北方。

北方用十二地支来表示，就是子方位。因为在子、丑、寅、卯、辰、巳、午、未、申、酉、戌、亥十二地支中，子是起始支，"子"的意思并不单指"老鼠"这种动物，它本来的意思是指事物的始端、阴阳的交接点。"子"是一个会意字，其来源是"终了"的"了"字与"一"字相交而成的。如果把"子"看作是适合大自然变化规律的冬至来考虑的话，就很容易明白了。所谓冬至是指一年中夜最长、昼最短的一天，换一种说法就是阴暗时间最长、光明时间最短的一天。以冬至为界限，光明渐渐变长，于是冬至就变成了阴阳的接点。把这一点看作"子"的话，就容易理解"事物的始端"这一意思了。

定出北方后，我们再来考虑如何定出八个方位。有两种办法可以实现方位的确定：一种是用透明片上画有方位的罗盘（静态的）在平面图上定方位，一种是用运动着的指示方位罗盘来定方位。这是最常用的两种定位方法。以自己所住房屋为中心，画出东、南、西、北四个方向线，然后再以中心为顶点，以四线为一边，向左右各画15度角的另一边，这样在四正方位上就形成了四个30度角。而相邻的两个四正方位间又各有一个60度的角，这就形成了四隅，也就是东南、西

古代商业招财元宝

南、西北、东北四个偏方位。如此一综合，八个方位的定位就全部完成了。

三、现代风水学中的色彩

色彩原本是看不见的，它是由自然界中存在的"气"汇聚而成，并且周围的所有色彩都可以通过"气"的运动给予人们极大的影响，这也是风水所要考虑的。

1. 古代色彩与五行

天地万物都以五行分配，颜色配五行就为五色，即青、赤、白、黄、黑五种颜色。青色，相当于温和之春，为木叶萌芽之色；赤色，相当于炎热之夏，为火燃烧之色；黄色，相当于大地之土，为地气勃发之色；白色，相当于清凉之秋，为金属光泽之色；黑色，相当于寒冷之冬，为深渊无垠之色。简言之，就是木为青色，火为赤色，土为黄色，金为白色，水为黑色。

青、赤、黄、白、黑五色，在中国古代就具有特殊的意义。

青色：永远、平和。

赤色：幸福、喜悦。

黄色：力量、富有。

白色：悲哀、平和。

黑色：破坏、沉稳。

因此，中国古代的建筑对颜色的选择十分谨慎，如果是为希望富贵而设计的建筑就用赤色，为祝愿和平与永久而设计的建筑就用青色，黄色为皇帝专用，白色不常用，黑色除了用墨描绘某些建筑轮廓外，也不多用。故而，中国古代的建筑以赤色为多，在给屋内的栋梁着色时，以青、绿、蓝三色用得较多，其他颜色很少用。

2. 现代五行颜色的含义

（1）现代五行颜色的色系及形状

木色	青、绿	木形	长
火色	红、橙、紫	火形	尖
土色	黄、啡	土形	方
金色	白、金、银	金形	圆
水色	黑、灰、蓝	水形	曲

（2）五行颜色的化煞作用

遇到金煞时，可用克金的火色，即红色、紫色；也可用泄金的水色，即黑色、蓝色。

遇到木煞时，可用克木的金色，即白色、杏色；也可用泄木的火色，即红色、紫色。

遇到水煞时，可用克水的土色，即黄色、棕色；也可用泄火的土色，即黄色、棕色。

色；也可用泄水的木色，即绿色、青色。

遇到土煞时，可用克土的木色，即青色、绿色；也可用泄土的金色，即白色、杏色。

遇到火煞时，可用克火的水色，即蓝色、绿

方位	五行属性	五行寓意	最佳颜色	运气
北	水	具有使不良之气流动的作用，是掌管爱情和性的方位	粉色、乳白色、水蓝色	恋爱运、财运、依赖、保守秘密能力
西北	金	掌握事业运和援助运的方位	奶油色、淡桃红色、灰褐色	出人头地运、事业运、提升地位、得到帮助
西	金	表示丰富和快乐的方位	淡黄色、粉色	财运、恋爱运、商业运、希望
西南	土	表示像稻田一样的低势土地，是土气最强的方位	嫩草色、淡黄色（白色和淡灰褐色搭配）	家庭运、健康运、不动产运、安定、努力
南	火	掌管美丽和智慧的方位	黄绿色	人气运、美丽运、智慧和直觉感、艺术、离别
东南	木	促进发展、吸引缘分的方位	橙色和薄荷绿	结婚运、恋爱运、旅行运、香气
东	木	太阳升起的东方，象征着朝气和发展运的方位	红色、蓝色、水蓝色	事业运、发展运、学习运、情报、朝气、声音
东北	土	表示高山，象征大的变化和继续的方位	白色、红色	后继有人、不动产、储蓄运、转职、搬迁、良好的变化

中篇

商铺风水

  风水讲究有风有水，有水才有生命，有风才能播种。做生意的环境一定要让人感觉舒服，从善如流。如果风水不能与自然相适应，就要求变，去把握好的风水，这才是生意成功的关键。

  本篇将从风水择地、商铺室内外装修装饰、风水改运等方面阐述现代商铺风水的基本常识，以达趋吉避凶、经营致富的终极目的。

- 现代商铺风水择地概述

- 商铺朝向、选址风水

- 商铺装饰设计风水

- 利用风水起店名、选开张吉时

- 店门风水

- 商铺风水养鱼

- 常见商业店铺风水运用

- 商铺风水宜忌

第一章 现代商铺风水 择地概述

好风水商铺能创造良好的经商环境，赢得最佳的天时、地利和人和，达到商业经营的至高境界。商业经营成功的首要条件就是选个风水宝地，商铺的风水选址主要在于选择一个能保证经营者精力旺盛、招迎顾客、利于买卖、能让生意兴隆的好环境。选择经商的店址，也俗称"选码头"，"码头"的好坏，直接关系到商铺经营的好坏，对经商者来说十分重要。

一、商品分类

现代商业专家，按顾客的购物行为把现代商品分成以下四类，大致如下：

1.日常用品

包括人们日常生活中的必需用品，如食品、粮食、蔬菜、副食品、烟酒、饮料等。因每日使用消耗必不可少，故须经常购买补充，属短期商品。这类商品因顾客在平时反复购买中，对所购商品品种、质量、包装、厂家、价格等方面，已较为熟悉，所以，消费者一般不愿意花费过多的时间去挑选、比较。日用品商店需要一定的商业环境和位置，以保证方便购买，这是日用品业务的特点。故此，日用品商店的位置应离居民区很近才对，适合发展小型超市和便利店。

2. 选购品

这种商品一般是购物周期较长的商品，如鞋袜、帽子、服装和床上用品，等等。消费者在购买时比较注意挑选，对品种、式样、花色等有不同的需要，且往往在购买前就形成预想或特定的要求，愿意花一定的时间去挑选、比较，并从反复挑选中寻找自己满意的商品。因此，需要有商业中心、百货商场和大中型超市，来满足其需要。这种商业环境往往是人群汇集的商业区，且交通便利。

3. 特殊品

特殊品即人们在生活中一次购买后，可以较长期使用的高档耐用品。如高档家具（红木或硬木家具），家用电器（电视机、冰箱、洗衣机、空调等），高档录像机、数码相机、手机，以及电脑、手提电脑等等。这些商品因价格高和技术含量大，购买者一般在选购时相当慎重，并且非常重视商品的厂家和品牌，以及商家字号，因此，那些具有声誉的名牌老店和有名气的专营店更会获利。

4. 高贵品

高贵品也是人们一次购买后，较长期使用的商品，但因价格昂贵，人们往往在选购前经过多次咨询和比较，才能下决心购买，尤其是首选名

牌产品，并对厂家、品牌、性能、质量要求苛刻。如汽车产品即是，人们在购买前要仔细挑选并且要试车，故场地要大，因此汽车行业的选址一般在城市与郊区的结合部为最适宜。尤其购车后还要有更多的服务，汽车4S店的形式最好。因为4S店既有场地、有技术，又有资金，维修服务又很到位，所以购车者最好的去处应是汽车"4S"专业店。

通过上述四类不同商品的购买活动规律，可以看出人们的购物周期、购物心理、购物活动范围，以及购物活动范围所要求的基本市场环境。因而，按消费者不同的购物需求来组织相应的市场环境和商业服务设施，就是"新风水理论"的选址原则。

二、现代商业择地理论要点

日本商业专家声称的"要想发挥商业优势，必须形成商业磁力吸引点"，就是中国人"天人合一"理论的翻版。因为只有天时、地利、人和三个因素具备齐全的商业区，才会形成商业吸引力，才会促成供需两旺的商业市场。因而"新风水理论"的核心，就是选址要"人财两旺"。

1. 占据人群汇集场所

新风水理论认为：人烟稠密的街道、大量旅客汇集的车站和旅游观光的胜地等，都是人气

最旺的地方。只要有大量的人流通，就有"财气"。如上海的南京路，广州的北京路、上下九等处，都是人烟稠密的地方，是商业好风水。

间，是设店摆摊的最好时机。如在车站、体育馆和影剧院周围，开设冷饮店、热饮店、报刊亭、小书店和快餐店最为适宜。

2. 靠近人流必经之地

城市中的主要街道、重要马路的地下通道、廊桥等处，整日有大量人流通过，也是选址的重要对象。如北京西单商业街的地下通道和过街桥两处周围的商店就很火，人气很旺，财气也很高，是中、小型商铺选址经商的好地方。

3. 利用人群集中之时机

城市中利用市民转换车等候时刻，利用大型体育比赛和影剧院候场休息时刻，早晚上、下学或上、下班之时刻，以及午休就餐后的休息时

三、发挥地区有利条件，促成优势

新风水理论认为，好风水是人促成的。适应环境、发挥优势、发现机会，是现代营销观念的基本战略，也是促成好风水的主要思路。因此，注意发挥商店所在地的有利条件，形成优势，生成市场机会，是影响商店成败的重要因素。地区优势存在于多方面，就选址而言，大致可以考虑如下几个方面的优势：

1. 交通优势

如你的商店处于交通线的起终点、交叉点、转乘站，你就要研究和发现商机，为这些过往人群服务。

2. 领域优势

如你的商店处于历史名胜地或风景旅游区，就有"人文"和"自然"的优势，你就要想旅游者所想，千方百计为来这里观光的人服务好。

3. 传统优势

如你的商店开设在少数民族地区，你就要抓住这"特殊"的优势，把此地、此民族的特色物品展现给来这里的人们。要记住"民族的才是世界的"。

隆，因此商铺选址首要的一点就是选在人多气旺的地方。屋前开阔，才能接纳八方生气，故商铺门前应开阔。此外，商铺应坐北朝南，这样可以避免夏季的暴雨和冬季的寒风。

1. 取繁华，避偏僻

在市镇上，人流密集的地方就是繁华的地段。按照风水的说法，有人就有生气，人越多生气就越旺，有生气就能带来生意的兴隆。

从经济学角度来说，市镇上的繁华地段就是商品交易最活跃、最频繁的地方，人们聚集而来，很大程度上就是为了选购商品。将店铺选择在市镇繁华的地段开业，就可以将自己的商品主动迎向顾客，起到促销的作用，将生意做得红火。相反，若开设在偏僻地段，就等于回避顾客。商铺开张经营，而顾客很少光顾，就会使商

4. 建立营销特色

从经营产品本身的特性考虑选址。如从产品的独特性、专门性、时效性，及服务方式、价格、宣传广告等方面立意开发，树立营销个性，形成独一无二的特色，促使顾客登门。如天津王朝葡萄酒的广告词是"酒的王朝，王朝的酒"。日本丰田汽车在华的宣传广告词是"车到山前必有路，有路必有丰田车"。

总之，上述四点：是"新风水理论"的主要框架，对于建立具有吸引力的商业区位是有重要作用的。

四、现代商业选址标准

选择经商地址，要考虑的因素有很多。按风水的说法，有人就有生气，有生气才可能生意兴

铺冷冷清清，甚至门可罗雀。按照风水学的说法，人代表生气，没有人光顾，商铺就缺少生气，生气少就是阴气生。生意不景气大多是因为阴气过盛，于风水不利。

在我国的大多数城镇，繁华的地段往往都是集中在"T"字形和"Y"字形的路口处，如果选择在此开店，就会受到来自大道上煞气的冲击；若不在此开店，又避开了有利于发财的生气。在这样的情况下，需要采用风水上的化解方法：

一是要求在"T"字形和"Y"字形路口开设的店铺前加建一个围屏或围障，或是将商铺门的入口改由侧进，以挡住和避开迎大路而来的风尘。

二是在店前栽种树木和花草，以增加店前的生气、消除尘埃。

三是尽管采用了以上的方法对商铺门前的生气与煞气进行了调整，但在此路段经营还有很大的灰尘。因此，还要注意多在门前洒水消尘，以保持店前空气的清新。另外，还要勤于清扫，及时擦洗店面的门窗，以清除沉积的尘土。

总之，在"T"字形和"Y"字形路口处经商要保持店内外的清洁，特别是对于要求讲究卫生的饮食、水果类店铺尤为重要。

2. 取开阔，避狭窄

人们在选择宅址时，讲求屋前开阔，能接纳八方生气，这与经商讲究广纳四方来客是契合的。按照这一原则，在选择商业地址时，应考虑店面正前方是否开阔，不能有任何遮挡物，比如围墙、电线杆、广告牌，等等。

店面门前开阔，可以使商业面向四方，不仅视野广阔，也使较远的顾客和行人都能看到店面，这种信息的传递叫做"气的流动"。有了气的流动，就会生机勃勃。从经商的角度来说，顾客和行人接收到了商品信息，就可以前来选购。

在商品经营活动中，可以说没有商品信息的

传递，就没有顾客，没有顾客就没有生意。如今商品广告的盛行，就是看中了在商品经营活动中商品信息传递的重要性。

利用店面作为商品交易的场所，是一种有固定经营场所的经营活动，这种经营缺乏一定的灵活性。因此，要使顾客上门，设计一个引人注目的门面是最基本的。门前有顾客，就有了生气。顾客越多，生气越旺，其结果就是生意越好。

选择在一个狭窄的地方开店，或者是店前有种种遮掩物，亦不利于商品的经营。店面狭窄，或是将商品经营活动局限在小地域和小范围之内进行，这种有限的经营空间不可能有大的经济收益，应该搬迁或改造。

对于店面狭窄或者门前受遮挡的商铺，改造的对策有四点：一是拆除店前的遮挡物，使店面显露出来；二是如果店面狭窄无法改变，就把店牌加大高悬起来，使较远地方的人抬头就能看到；三是通过电视、电台、报纸、广告牌等媒介

广泛地进行介绍宣传，尽量做到使顾客知道店铺的地址、经营的商品以及商品服务的特点；四是积极参加各种社会赞助活动以扩大知名度。

3. 取南向，避东北向

商铺在选址时，力求坐北朝南，其目的是为了避免夏季的暴风雨和冬季的寒风。经商地址的选择，也同样需要考虑避日晒和寒风，最佳的取向则是坐北朝南，即取南向。

作为经商性质的店铺，在进行经营活动时需要把门全部打开。如果店门是朝东西开，那么夏季火辣辣的阳光就会从早晨照射到傍晚，风水将此视为煞气。这股煞气对商业的经营活动是不利的。煞气进入店内首先受到干扰的是店员，店员在烈日的曝晒之下，很难保持良好的工作情绪。处在这样境况下的店员，必定心火烦躁，因而也势必对经商者视为"上帝"的顾客简单应付，甚至粗暴对待。如此这般，当然也就谈不上做成买卖了。

受到煞气干扰的还有商品。商品在烈日的曝晒之下会严重影响质量。如果商品存放不久即能卖掉，其影响还不大；倘若商品是久销不动，就非报废不可，结果是直接影响了收入。

顾客也会受到煞气的干扰。店铺内热气逼人，对顾客来说，不到迫不得已是不会登门的。商铺没有顾客，煞气就更重。

如果店铺朝北方，冬季来临也不堪设想。不管是刮东北风，还是刮西北风，都会朝着门户大开的店铺里钻。风水也视寒气为一种煞气，寒气过重，对人、对经商活动均不利。

五、不同地段的商业风水

不同地段的商业风水均有所不同。例如靠近天桥口的商铺，因天桥属水，天桥口的商铺如同水口位，故财运要比一般位置的商铺要好。而位于隧道口的商铺则不利积财，这是因为隧道为向下凹的地方，为引水走之地，商铺门向着隧道在风水上不利。

只要商铺选择坐北朝南，即取南向，就可少受朝东西向和北向所带来的一切季节性的麻烦和不利，其生意就有可能比前二者更好。如果是迫不得已，商铺非要选在朝东西向和北向的地址，就要采取措施来制止住夏冬两季所带来的煞气。在夏季，可在店前撑遮阳伞、挂遮阳帘、搭遮阳篷等，以避免烈日的直接曝晒。在冬季，则需要给店铺挂保暖门帘，在店内安装暖气设备，使店内温度回升，以造就一个适于进行正常经营活动的环境。这种调节寒暑的办法，风水上叫做"阴阳相克"，或曰"五行相胜"。

选择经商地址要考虑的因素还有很多，比如考虑选择一个带有吉祥意义的街名，或者是选择一个能给自己带来好运的门牌号码等来作为店铺的地址。这样的选择，除了能给经商者和顾客在心理上以某种安慰之外，还具有吉祥生旺的寓意。

1. 接近天桥口的商业风水

在人口稠密的大城市，天桥与隧道的建设都是不可避免的，而这一类疏导交通的建筑，以天桥风水对商业的影响最为直接。

从风水角度而论，阳宅以动为主，动则属水，天桥便属水，天桥口的商铺则如水口位，可以接水，财运确实比一般位置的商铺要好。

不过，在选择商铺时还要考虑到的是，这等水口位较其他位置财运要旺、要强，但若租金与其他位置相差太远，亦不可选。另外，水口位的商铺，除了最接近天桥的第一家可作为首选外，在水口位附近的其他位置也可作次选。

很多商铺都会向着天桥，而天桥对商铺会造成什么样的影响，便要视商铺的高度而定，商铺高度越高，越有利。

至于商业大厦、公司，居于较高的位置一般都较为有利。因为低层不论天桥反弓或抱身，都以不吉论，都属于犯"贴压煞"。

2. 接近隧道口的商业风水

位于隧道口的商业风水又如何呢？由于隧道为向下凹去的地方，亦为引水走之地，所以商铺门向着隧道，在风水上不利。

商铺向着行人隧道，不利积财；向着汽车进出的隧道，更加不聚财，因此在选择时要留意。但是，行人隧道若是通往地铁站的话，此隧道为疏导聚水局之气，商铺接近之，亦收到此气。水者管财，所以如商铺处在通往地铁隧道处，作吉论，主旺财。

3. 接近天井的商业风水

有很多大型商厦的商场部分设计成一个类似天井的造型，二楼以上的数层可围绕着栏杆凭栏俯望。从风水来论，不论商铺是在二楼，还是三

楼或四楼，只要门前向着一个天井，便谓之聚财铺。下方的平台便等于风水上的明堂，明堂便是聚水之堂。所以在挑选商铺时，能够向天井的比向着走廊的要佳。因为走廊只是窄长的水，亦等于只能够收得小小的财运。

第二章 商铺朝向、选址风水

商铺朝向的好坏取决于多方面的因素。首先，应根据商铺经营的生意和所属的行业，找到适宜的大门朝向。其次，应结合经营者的属相来选择商铺朝向。此外，应根据各行各业的吉方位，设计商铺入口、门厅等的位置。

一、影响商铺朝向风水的因素

商铺的兴衰主要取决于顾客，顾客是财源所在。顾客盈门，商铺就会兴旺发达，反之，商铺就要倒闭，所以商铺应做到"门迎顾客"。

商铺的门向还跟商铺的选址有很大关系，如商铺的选址为坐南朝北或坐西朝东，而顾客的聚集点也在房屋所坐朝的方向，那么商铺的门就只有设在朝北或朝东。如果是这样，那么商铺又犯了"门不宜朝北"的忌讳，在夏季商铺就要受到烈日的直晒，在冬季商铺就要受到北风的侵袭。在这种情况下，不妨运用阴阳五行相生相克的定律处理。如果是经营旅馆业的，在夏季除了在旅馆门前搭遮阳篷外，还可以在旅馆的前厅摆置一个大的金鱼缸，摆上若干盆景。金鱼缸属水，盆景属木，都可以起到使室内热气减弱的作用，而且人在暑天里看到一缸清凉之水，其中又有生机勃勃的金鱼，就会获得清新之感。

如果是有楼层的商铺，二楼是用作办公室，商铺的门朝向顾客，那来自商铺门口的噪音就有可能干扰到二楼的办公室。为了避免这种干扰，楼梯口不可正对着商铺大门。按照风水学的说法，将上楼的楼梯口正对着大门，聚集在大门口的煞气（噪音）就会直接顺着楼道进入二楼。理想的做法是将楼梯开置在侧面，楼口避开正门，由侧墙引阶而上。有可能的话，最好还是在大门和楼口之间放置一扇屏风，作为噪音的间隔层。

在街市上，常可看到一些利用原有的沿街房改建而成的商铺。这种商铺的房屋原来大多是作为住宅使用的，大门上方往往没有伸出来遮阳、遮雨的预制板或平台。这样的商铺，门虽然开向了顾客，但也不利于顾客的出入，应在大门的上方搭出一个遮阳篷。有了这样一个遮

阳篷，在夏季就可以避免商铺受到烈日的曝晒了。在雨季，还可避免商铺被雨淋湿。否则，商铺门前无遮无挡，在烈日之下热气逼人，顾客不耐酷暑，自然止步；在阴雨之下湿气袭人，顾客当然也不会来。

二、各行各业的吉方位

人说"三百六十行，行行出状元"，经营生意不同，所属行业也不同，商铺朝向的选择亦不尽相同。现介绍各行各业的吉方位如下，以供参考。

餐饮业：餐厅、咖啡店、酒吧等关键在于北方，若在北方建大堂则吉，东南方有凸物则生意兴隆。烤肉店、炸鸡店等用火多的生意，厨房在东或南方为吉，倘只是用火则南最佳。

食品店：鱼店、海产品批发店应把厅建在东南、东、南方位，用陈列台或箱子等掩盖正中线、四隅线更吉。加工食品店在南、东南方造凸物为吉。南、西摆商品陈列台、客人用的椅子等即可，入口最好设在东南、南、东方。

果蔬业：把新鲜的货品摆在北、南方则生意兴隆，入口设在东、东南、南、西北方为吉。

面点业：西点面包店把入口置于东南、东、南为吉，但开闭门不可在正中线、四隅线。至于糖果公司，则东南与南有凸物为吉。

家具业：家具店、木材加工厂在东南、北、西方造凸物为吉。倘若西南与西面有入口，则应使用陈列台等堵塞。

电器业：电器店、水电店将厅的门建在东、南、东南方为吉。

钟表店：可在东、北、西北方任一处造凸物。若规模大则造二方位的突物，即使小店也要造一方位的凸物。出入口若在东、东南、南方为大吉位，即使在西亦为吉相。此种行业宜选择东侧与南侧二方位有道路经过的东南角地块。

摄影业：东南、东、南、西四方位有入口为吉。从店的中心看照相馆，柜台若是在西北、东南方，则经营稳定。

纸业、制药业：药店的入口若在东南、东、南方为吉，但要避开正中线、四隅线。若在西北造凸物，门在东、东南、南为佳。

杂货店：把柜台置于西北、东南、南、北任一方位即可。

园艺店：将入口设于东、东南、南为吉，设于西北也可。

服饰店：入口在东南方为大吉，其他依次是东、南、西北方。

三、经营者属相与商铺朝向

关于商铺的朝向问题，人们还常常以经营者的生肖属相来确定，这种方法值得借鉴。

属相	店门朝向宜忌
属鼠的人	宜：坐东向西方、坐北向南方、从西向东方
	忌：坐南（未山）向北方
属牛的人	宜：坐北向南方、坐西向东方、坐南向北方
	忌：坐东（辰山）向西方
属虎的人	宜：坐东向西方、坐南向北方
	忌：坐北（丑山）向南方、坐西（申山）向东方
属兔的人	宜：坐北向南方、坐南向北方、坐东向西方
	忌：坐西（酉山）向东方
属龙的人	宜：坐西向东方、坐北向南方、坐东向西方
	忌：坐南（未山）向北方
属蛇的人	宜：坐北向南方、坐南向北方
	忌：坐西（酉山）向东方
属马的人	宜：坐东向西方、坐西向东方、坐南向北方
	忌：坐北（子山）向南方
属羊的人	宜：坐北向南方、坐南向北方、坐东向西方
	忌：坐西（戌山）向东方
属猴的人	宜：坐北向南方、坐东向西方、坐西向东方
	忌：坐南（未山）向北方
属鸡的人	宜：坐北向南方、坐南向北方、坐西向东方
	忌：坐东（辰山）向西方
属狗的人	宜：坐南向北方、坐西向东方、坐东向西方
	忌：坐北（丑山）向南方
属猪的人	宜：坐北向南方、坐东向西方、坐南向北方
	忌：坐西（戌山）向东方

四、各行各业商铺选址和经营要点

1. 中式小餐厅

以写字楼、办公大楼人员为消费对象者，宜设在同一大楼的三、四、五层，方便各公司员工的用餐及老板们宴请客人。

以一般老百姓为消费对象，宜设在交通要道或知名的娱乐场所附近，例如知名的影剧院、台球中心、儿童娱乐园等附近。

中餐的消费者多是中、老年者，不宜设在学校附近。

中式餐厅的商铺设计，以华丽为主，颜色主体可采用金色和黄色搭配，具有富贵之气。既适合中、老年人就餐，又适合商业上的应酬。

2. 西式餐厅

西式餐厅最适合设在商业闹市区，以二楼为最佳。因为闹市区人流量大，极需要一个歇脚场所。西餐厅的消费额当是大多数人所能负担的，如此生意一定会很不错。

西餐厅的顾客多为年轻的一辈，应当设在学校附近，尤其是专科以上的学校附近会更好。这样的西餐厅应在薄利多销的方式下经营，一定会成为同学们课余的聚会场所。

3. 小吃店

小吃店宜设在夜市的首尾或火车站附近。夜市中的基本客户属于中、低层收入人士；而火车站附近，大多数是等火车的人士。这些小吃店无论日市或夜市，生意都会很不错。

小吃店也可以设在中、小学校附近，以面食馆等最为适宜。

还可以设在办公楼、写字楼林立区，作为一般职员的用餐场所。

4. 水果店

水果店是一项小本经营的行业，最适合的地点应该是火车站、长途汽车站，以及轮船码头。

需要看望病人的地方，也是开设水果店的好地方，如医院、疗养院，以及养老院附近。

经营高档水果的水果店，宜开设在高档小区的进出口附近，以及繁华马路的巷子口。

5. 食品店

目前，食品店最热门的品种就是保健食品、冷冻食品和儿童食品，这些商铺应选在人口密集的住宅区内。开办这类食品店比较辛苦，从早忙到晚，并要与各类顾客打交道，利润虽然不大，但收入稳定。

6. 中小型副食蔬菜自选商场

中、小型自选商场，是指建筑面积800平方米至3200平方米的综合性生活商店。主要经营加工精肉、乳制品、熟食、饮料类、小食品、冰激凌、成品精肉、鲜鱼、冷冻鱼虾、干咸品、土产品、水生植物、青菜、水果及干菜制品等。选址应该在城市区域性的商业区。居民街区与居民街区相接的区域，其中心位置都可以设置中型的自选商场和小型自选商场。

7. 小型超市

小超市一般设在居民区，以食品和日常生活用品经营为主。由于商品具有"自取"式的购买特点，刺激了人们的消费，相应扩大了人们对商品的需求和消费量。

8. 便利店

便利店的选址应该在居民社区，消费群体比较稳定。它的服务内容包括：销售各类日用品、冷热饮料食品，代售彩票、演唱会票、体育比赛票，代销报纸、杂志，提供各种充值服务，设立公用电话，卖邮票、电话卡，免费打气，代充煤气等业务。

9. 美容理发店

家庭式理发室：是理发的最简陋的形式，一般可开设在巷底或街底，一般理发者为老人和儿童，以及低收入者。

普通理发店：往往有一二间较体面的门面，设施较好，卫生条件令人满意，而且理发师的技术较高，大多数有固定的客户，一般设在中、高

档的居民区附近，以及机场、码头火车站和长途汽车站附近。

高级美发美容店：宜设在闹市区和高档居民区，以及涉外区。因为价格较贵，一般人不敢问津。对低收入者来说，相反会有排斥感。

10. 小奶茶吧

奶茶吧是一个冷热天均宜的行业，是小白领和大专院校学子们的最好休闲场所。最好在写字楼和办公楼，以及涉外商务机构的附近开设。它的经营品种和蒙、藏的奶茶不一样，它是全部西方化了的。如西瓜奶、赤豆南瓜奶、多维奶、灵芝奶、猕猴桃酸奶、豆浆酸奶、赤豆酸奶等，这些品种为时尚人群所喜好。

11. 咖啡店

在闹市区的中心位置，以逛街的群众为主，在经营上可采取中等经营方式，面积不宜太大，但环境要雅。

闹市区中"闹中取静"的地方，且有较大的停车位，可以经营大型咖啡店。一般长期客户为洽谈业务的商户，以及情侣。这种咖啡店还经营西式快餐和西式点心，年轻人也可以选择就餐。如星巴克和上岛咖啡就是这种咖啡店。

大学或专科以上的学校附近，可以设置有别于闹市区的咖啡厅，主要为学生和教师提供一个休闲的场所。价格要适中，环境氛围要讲究。

12. 金银珠宝首饰店

这类行业的商品，有保值、增值和储蓄的作用，故销售对象多为高收入的女士，以及中产阶级以上的人士。

繁华的商业区中段位置，是金银珠宝首饰店的首选位置。金字招牌和光亮灿烂的门面，以及美仑美奂的店堂，都会使人驻足观赏，易于提升商店的知名度。

同行业聚集之处，也是开店的好地方。尤其是新开的店，知名度尚不足，最好能在同行业较多的地区展示营业，吸引顾客。

低价值工艺品首饰的主要销售对象，是无经济能力、爱美的女学生或低收入女士。主要形式为精品店，因此这种商铺也应当选在闹市区，尤其是时尚女孩爱逛的街上。

13. 服装店

目前，服装店多选址在专业市场的铺位、大型商厦的专柜，以及服装一条街上。一般营业面积不需太大，小型服装店一般地说15~35平方米左右即可，中型的在45~100平方米左右，大型的也不宜超过350平方米。

服装店经营好坏关键在于进货。进货时看款式、看价格、看流行、看面料。一般款式新、价格低、面料好的流行时装才能卖得好。不少老板实行前店后厂策略，自己生产加工服装，利润更高。如果经营得当，在众多从事经营的个体户中，开服装店赚钱最快。

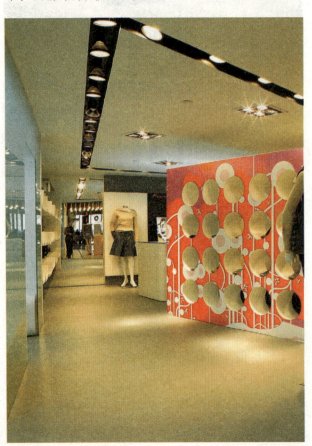

14. 鞋店

鞋店是专门卖鞋的商店，有综合鞋店和专营鞋店两种。鞋店应该首选在繁华、热闹的商业区开店，最好与流行时装店相邻，这样可以形成互补。鞋店的店面设计要典雅、清新，陈列商品要整齐划一。另外，鞋店还需要有质量和式样较好的试鞋椅，以及全身镜等设施。商铺大致还要有一半的空间作为储藏之用。还要注意一点：过时的鞋子和样品要及时降价出售，因为鞋子和时装一样，有很强的流行性。

15. 洗衣店

洗衣店的店址选择是否合适，直接关系到店铺的利润水平，甚至经营成败。好的店址可以使生意兴旺起来，反之则会使生意萧条下去，甚至倒闭。所以选择一个合适的店址非常关键。理想商铺应具备如下条件：

　　繁华商业区的商圈范围比较广泛，店铺的辐射力强，人流量大，营业额必然很高。可以开设较大型的洗衣店，但必须有技术力量和先进的设备作为前提。

　　大、中型新建居住小区，一般人口集中，洗衣需求比较旺盛，有稳定的客源，可以开设中、小型洗衣店。

　　城市中人流量最大的主要大道、较大的停车场旁边，可以考虑设立洗衣中心，将干洗、洗染、修补、改色等复杂项目合成一体，形成全面服务系统。

16. 婴儿用品店

　　现在独生子女家庭越来越多，孩子的健康成长越来越成为父母关心的头等大事，开一间婴儿用品店是个很不错的选择。商铺应当选在大、中型居民小区和儿童医院、幼儿园及儿童游乐中心附近。婴儿用品现在大约有30多个大类、上千个品种，有各种奶粉、奶瓶、纸尿裤、衣物、玩具、童车、童床、洗涤用品、睡袋、背带，以及保健品和儿童用非处方药品等。从这一点看，开一家婴儿用品店，保证商品种类齐全，会吸引更多顾客。

17. 玩具店

　　玩具市场，传统上是小孩子的市场；但随着科技的高度发展，电动玩具及电子游戏增多，青

少年人群也成了玩具市场主要的消费者。因此，玩具店的最适合地点，必须以儿童和青少年为中心，地点的选择原则如下：

　　避免在居民社区内设立。第一，市场不大。第二，孩子们的父母会担心孩子贪玩，而持反对态度。

　　以经营高级电动玩具及电子游戏为主的商店，宜设在闹市区，如超级市场内、商业中心内，以及著名的商业街上。

　　以普通智力玩具为主的商铺，宜设在书店附近、青少年活动中心附近，及大中专学校附近。在青少年购买能力所及范围内的玩具，销售量会很大。

18. 药店

　　居民区人口稠密的地方，或城镇中心位置，是设置药店的好地方。

　　闹市区中的药店，应以高档药品或补养品为主，而且大多数人会把这些商品当礼品送人，故此这种药店店面装饰要讲究豪华，但药店的营业面积不一定要很大。

　　药品超市的经营面积要大，最重要的是要有较大的停车场。往往药品超市的药品价格都低于一般的药店，故每日的人流量很大，这种超市最重要的问题是通风问题和防火问题，须解决好。

19. 装潢公司

　　为新房装修、旧房整饰的公司称为装潢公

司。一般而言，装潢公司只是一个门面而已。因为装潢公司所应允的工程，很多都是承包给专业的工程队伍施工，自己只从中赚取管理费和设计费用，以及相应的佣金；或者自己找一批工人来完成工程。所以装潢公司的地点，只不过是管理人员和设计人员所工作的地点，而施工队大都在工地。所以装潢公司的地点越醒目越好，越醒目就越能收到好的效果。

装潢公司应该选在市区"闹中取静"的区域，而且周围不能杂乱。如市区写字楼、办公大楼、文化区域内，是最好的选址。这些地点既相对安静又非常醒目。装潢公司门面设计，最好是"羊群里出骆驼"，与周围的建筑物不一样为好。这种"过头"的门面设计，往往会加深人们对公司的印象。另外，新社区中，适宜首批开张营业的行业，莫过于装潢公司或装饰材料行了。

20. 建筑材料行

建筑材料行开设的地点，关键在于交通的便利和经营场地的宽大。因为材料需要搬运，故交通工具的援助量需求很大。就行业而言，建筑材料行不需要设在市区，而以城市与郊区的结合部为最好。周围道路要通达，交通状况良好。为了业务上的方便，可以在市中心设个联络点，有个展示商品的门面为好。一般较大的建筑材料行，可以为顾客送货上门。

21. 家具店

家具是大件商品，需要一个很大的地方陈列展示，因此大多数老板租用场地经营。家具店最好的位置应该是商业街的首尾部位，因为这种部位便于进货、卸货和为顾客送货。

22. 电器店

开办电器专卖商店，必须有较丰富的专业知识，因为需要给顾客提供技术和使用上的指导。经营大件电器的商店，最好提供送货及安装服务。

综合电器商店：最好选在繁华的市区或商业街上，门前必须具备较大的停车场。而且商店的

面积要求比较大，一般中型规模在300~500平方米，最少也要200平方米。大型综合电器店商场要求的面积更大，如家电城。

单项的高级电器商店和音响器材专卖店：应设在繁华的商业街上，或有较高信誉度的名牌商厦内。

一般的小家电商品：面积不大，老百姓经常有需求，可以选择在成熟的大、中型居民区内，以及新建的大片区域的新居民区内。

23. 书店

书店是文化经营场所，一般应选在城市的主要街道上。例如北京的西单图书大厦，就设在繁华的西单商业街和西长安街的交汇点，书店的销

售额一直很不错。

文化教育区域是书店选址的另一选择。因为年轻的学生正在求知识阶段，他们是书店的基本客户。

切记，书店的消费群体主要为社会的中、上层人士，不可设在工厂附近和一些偏远的地区。

另外，餐饮店的地下室最不适合开书店，这种地下室会给人以杂乱和污秽的感觉。

24. CD与DVD商店

CD与DVD商店以青少年朋友为消费群体，由于它的销售对象比较固定，故其设立的地点也以"据点式"商铺为主。

设在娱乐场所附近。年轻人是精力最旺盛的群体，对于娱乐的需求自然比中年人更甚，因此各类娱乐场所出入的年轻人特别多。

电影院、演艺厅与音乐厅的附近，是CD与DVD销售量比较大的地方，因为那里喜欢文艺的人多，而且中、青年在其中居多数。

西餐厅、肯德基、麦当劳以及学校附近，也是青少年常出没的地方，可以在那里开一个小型的CD与DVD专卖店。

电器城附近也是开设CD与DVD专卖店的好地方，因为CD与DVD必须靠CD与DVD机器的辅助，才会发挥应有的功效，这两种产品兼有某种程度上的互补性。

总之，听觉和视觉某一方面的满足，常会刺激另一方面的需要，因而和文艺、戏剧、音乐场所相毗邻的CD与DVD专卖店的营业额，通常都很不错。

25. 乐器店

乐器行根据乐器种类不同，分为好几类，每一类都有所适宜的地点。

钢琴、风琴和电子琴，是较昂贵的乐器品种，有别于排列在街头巷尾的便利店。通常消费者都是中产阶级和白领阶层，购买时经常货比三家，在品质上和价格上寻求一个最适宜的购买点，因而店址的选择比较费心思。过热闹或冷僻的地点都不适宜。最好设在音乐院校的附近或高档社区旁边，就是选在热闹地区，也要寻求一个"闹中取静"的地方开业。如市中心区的雕塑公园旁或文化性的展览馆附近，等等。

出售吉他、笛、箫、胡琴、扬琴等乐器的商家，开设商铺的最好地点应该是戏院、书店和音乐学校附近。也可以设在商业中心的三、四层楼内，因为那较清静便于顾客挑选。

26. 照相馆

照相馆有一个特点是其他店铺所没有的，就是顾客一到店里，只要看到设备先进，加之服务到位、价格合理，钱就自然会到老板的腰包里。在这个基础上，地址选择显得尤为重要。较适合的地点有下：

风景区：这种地方的照相馆大多为小型照相馆，以拍摄为辅、扩印为主。故拥有先进快速的扩印设备极为重要。因为游览名胜古迹的人总要摄影留念，有不少人会希望马上扩印，先睹为快。故在其地开个以扩印为主的小照相馆，生意一定不错。

商业区：商业繁华区适应开设大型高级的艺术照相馆和专业婚纱照的影楼。设备好、技术好、场地大、交通便利、价格适中，是经营好的五个必要条件。

学校附近和兵营附近：以学生照和士兵照为主，由于学生人数和士兵人数众多，故以个人照和集体照居多。应该采取薄利多销的方式经营，会收到好的效果。照相馆开设也以中、小型为主。

27. 眼镜店

眼镜行业是一个技术性比较强的行业，售出的商品不但有矫正视力的功能，而且还是一种脸面上的装饰品，故价格较贵。如果是进口货或是玳瑁、钛金框，甚至是现代新工艺用于医学上心脏搭桥的最先进材质制成的眼镜架，那价格更昂贵了。故高级眼镜店的选址，选在繁华的商业区或著名的商业中心内；一般的眼镜店也应该选在大、中型的高档居住区、社区中心或学校附近。

28. 洗车店

洗车店是为轿车做美容的商店，店址应该选择在高、中档居民社区较集中的区域，因为这里是轿车集中的地方。一般的门面不能满足它的经营需要，因为洗车需要场地。所以商铺前面有没有停车位置，是至关重要的。洗车店不能设在繁华街市，只能设在它的边缘地带，应该是相对僻静的地方。

29. 律师事务所

律师是一种社会地位较高、受人尊敬的职业。因此选择地点时，应该避免和一些不被老实本分人看好、妨害社会善良风俗的行业相邻，如按摩院、洗脚房、洗头店、洗浴中心、歌厅、酒吧、舞厅，等等。因为邻近这些场所，会影响律师形象，降低民众对其的信任度。另外，律师事务所也不应当与法院和检查院为邻，应当尽量避嫌。

律师事务所所选的办公地点，应该是非闹市区的写字楼或办公大楼，最好选在二三层或高层大楼的四五六层，因为比较高的楼层有"不可亲和的神秘感"，这一点非常重要，往往可以吸引不少请律师的客户。

律师事务所不应设在一楼，因过往闲人较杂，缺少私密性。既费租金，又收不到效果。

律师事务所办公的地点，最好有多种类型的交通工具，并且四通八达。因为客户和律师之间的关系要协调，不是一次就能解决的，双方常常需要交换意见，因此安静的环境和便利的交通就很重要了。

30. 健身中心

健身中心一般设在高档社区内，以方便成功人士和白领阶层进行身体锻炼。大型的健身中心有：室内室外游泳池、网球场、室内篮球场、壁球馆、乒乓房、体操房、羽毛球馆、电脑跑台、多功能综合健身器、划艇练习器、健身单车，等等。

第三章 商铺装饰 设计风水

商铺能否吸引顾客，除了要讲求经营商品的质量和优良的服务态度外，商铺的外观设计也是很重要的。

一、商铺设计的风水原则

凡事都讲究协调、因地制宜、因势利导、适中等原则，这也符合人们的审美习惯。作为秉承顾客至上原则的商铺，为迎合人们的审美习惯，自然也不能例外。

1. 对称协调的原则

注重平衡是风水学的关键内容，必须深入了解这一内容的意义。什么是平衡的状态？左右对称就是典型的协调与平衡。人看到对称的东西，就会觉得很舒服、很平静。

在风水学上，无论是建筑物或是室内设计，都以采用左右对称的基本形状为佳。以建筑物来说，欧美住宅大部分是左右对称的。

当然，在现实生活的商铺设计中，或许很难一一地加以贯彻。但是，风水的基本原则是，无论怎么调整，都不能破坏协调。

2. 因地制宜的原则

因地制宜，即根据商铺环境的客观性，采取适宜的商业经营方式。中国地域辽阔，气候差异很大，商业经营方式随地域、气候不同而不同。根据实际情况，采取切实有效的方法，使人与商业经营相适宜，使商业经营与商业环境相适宜，尊重商业发展规律，天人合一，这正是商铺风水学的真谛所在。

3. 因势利导的原则

商铺风水学主张把商铺小环境放入社会、自然大环境中考察。千尺为势，百尺为形。势是远景，形是近观；势是形之崇，形是势之积。有势然后有形，有形然后知势，势位于外，形在于内。势如城郭墙垣，形似楼台门第。势是起伏的群峰，形是单座的山头。

从大环境观察小环境，便可知道小环境受到的外界制约和影响，诸如水源、气候、物产、国家商业政策等。任何一个商铺经营的好坏，都是由大环境决定的。只有形势完美，商铺才能获利。大处着眼，小处着手，必先后顾其忧，而后富乃大。

4. 适中居中的原则

适中就是恰到好处、不偏不倚、不大不小、不高不低，尽可能优化，接近至善至美。商铺风水学主张山脉、水流、朝向都要与商铺位置和经营方式协调，商铺的大与小也要与市场需求协调。商铺大客源少，不吉；商铺小客源多，不吉；商铺大门小，不吉。适中的原则还要求突出中心，布局整齐，商铺室内装饰和附加设施都要紧紧围绕经营重点展开。

5. 顺乘生气的原则

商铺风水学认为，气是万物之源。太极即气，一气积而生两仪，一生三而五行具，土得之

于气，水得之于气，人得之于气，气感而应，万物莫不得于气。

商铺风水学提倡在有生气的地方开设商铺，这叫做乘生气。只有得到生气的滋润，植物才会欣欣向荣，人类才能健康长寿，商铺才能财源茂盛。商铺风水学认为，商铺的大门为气口，此处生机勃勃、人流不绝即为得气，这样便于交流，可以得到信息，又可以反馈信息。如果把商铺大门设在闭塞的一方，谓之不得气。得气有助于空气流通和信息交流，对商铺经营者和顾客都有好处。

商铺风水学把商铺环境作为一个整体系统，这个系统以人为中心，包括天地万物。商铺环境中每一个子系统都是相互联系、相互制约、相互依存、相互对立、相互转化的。商铺风水学就是要宏观地把握、协调各系统之间的关系，优化商业结构，寻求最佳组合。

二、商铺外观设计的重要性

一件商品在市场上能否畅销，除了讲求商品的质量好坏和性能的优越与否外，还要讲求对商品进行有特色的包装。因为包装是展示在商品外表的一层装饰，顾客在柜台上选购商品时，首先看到的就是商品的外表。所以，商品经营者要通过这一层装饰来抓住顾客，提起顾客的购买欲。同样道理，商铺能否吸引顾客，除了讲求经营商品的质量和优良的服务态度外，商铺的外观设计

也是很重要的。那些经营效益好的商铺，外观设计大多具有特色，在它们的商品营销策略中，总有一条是关于商铺的外观设计的。这些商铺把商铺的外观设计看成是一个展示商铺的包装，所以它们能够占领更多的市场。

最好能围绕商铺所经营的主要商品，或者是针对商品的营销特色去进行商铺外观设计，其主要原则是要使顾客从商铺的外观就能猜测到商铺的经营范围，使之在商品的营销活动中起到宣传商铺和招揽顾客的作用。

人们认识一个事物，往往都是从认识其外观开始。商铺能从外观设计上赢得顾客，就等于把生意做成了一半。从某种意义上说，商铺的外观设计代表了商铺的形象。好的商铺外观能在顾客心中树立起良好的印象，使顾客来购买物品时感到踏实、可靠、可信，从而也就增强了该商铺在顾客心中的名望。反之，如果一个商铺的外观设计不谐调，看上去显得十分别扭，不仅招人评头论足，使人产生反感，也会损坏商铺在顾客心目中的形象，使顾客对商铺失去信任，当然顾客也就很少上门了。

对于外观设计不谐调的商铺，风水上属不利。商铺因外观设计的不谐调而失掉顾客，是最为可惜的。

三、外观造型与区域景致

在设计商铺外观造型时，除了考虑建筑本身结构比例的谐调性之外，还要注意使商铺的外

观造型与所处区域的自然景致相协调。 风水学认为，宇宙大地的万物都蕴藏着气，优美的山川景致表明生气盎然，相反，残垣断壁就是死气淤积。在山川美景中，气的流动顺畅；在残垣断壁的区域，气的流动则受阻。

按风水学的说法，在考虑商铺的外观造型与所处区域自然景致的关系时，应有意识地将商铺的外观造型与优美的自然景致谐调地融为一体。使商铺外观造型与区域景致相谐调，就意味着顺应了宇宙之气的流通，也就是将商铺融入了大自然的生气之中。商铺处在优美的自然景致之中，就拥有了丰富的生气，就能顾客盈门，生意兴旺。相反，商铺处在残垣断壁的恶劣的环境之中，就会导致生意经营惨淡。

从商品营销的角度来说，商铺有一个优美的景致作背景衬托，可使商铺在对外宣传时带给人们一个美好的形象。特别是从事旅游、酒店生意的商铺，坐落于优美的景色中，会迎来源源不断的观光游客。

有了优美的自然景致，还要考虑商铺的建筑是否与之相谐调。如果不注意这种谐调性，就等于失掉了所拥有的区域生气。 商铺建筑与自然景致不谐调，是指商铺的建筑与自然景致很不相衬，或者是十分别扭地出现在优美的自然景致之中。商铺的建筑与自然景致不谐调，就破坏了大自然原有的美感，好比在一幅优美的图画上出现了一个不应有的污点。按照风水的说法，就是商铺的建筑与区域自然之气不顺，扰乱了宇宙间的自然之气，使宇宙间的生气流通受阻。宇宙生气受阻带来的就是煞气的产生，使原有的生气变成了煞气。商铺建筑受到煞气包围，生意就会冷清。 另外，商铺建筑不谐调地出现在优美的自然

景致之中，也破坏了商铺对外宣传的形象，从而影响到生意。所以，不能将商铺置于残垣断壁的景致之中。

观察一个商铺的外观造型是否与所处区域的自然景致相谐调，最简单的一个方法就是在早晚的时候，从不同的视觉角度来观察商铺的外观是否有美感。特别是在有朝霞和晚霞的时候，看一看映衬在霞光之中的商铺的外观造型，是否与自然景致融成了一幅优美的画卷，如能达到这样的效果，就说明商铺的外观造型与区域的景致达到了最佳的谐调状态。 商铺与优美的景致相融合，就形成了商家所看重的"天时地利"。精明的生意人能借天地之利，达到财源茂盛的目的。

四、商铺外观的颜色搭配

建筑从某种意义上来说，就是色彩的建筑。没有色彩的建筑，就等同于一堆灰土。根据风水学的五行之说，天地万物是由水、火、土、金、木五种元素构成。天地万物都以五行分配，颜色按五行分配为五色，即青、赤、白、黑、黄五种颜色。青色，相当于温和之春，为木叶萌芽之色；赤色，相当于炎热之夏，为火燃烧之色；白色，相当于清凉之秋，为金属光泽之色；黑色，相当于寒冷之冬，为水，为深渊之色；黄色，相当于土，为土之色。简化来说，就是木为青色，火为赤色，金为白色，水为黑色，土为黄色。

白、青、黑、赤、黄五色，在古代还有如下意义：

白色：悲哀、平和、雅洁；
青色：永远、平和、雅洁；
黑色：破坏、沉稳、悲痛；
赤色：幸福、喜乐、活泼；
黄色：活力、富裕、帝王。

因此，中国古代的建筑师对颜色的选择十分谨慎：如果希望富贵而设计的建筑就用赤色；为祝愿和平、永久而设计的建筑就用青色；黄色为皇帝专用颜色，民间的建筑不能滥用，只能用于建筑的某个小部位；白色不常用；黑色除了用墨描绘某些建筑轮廓外，也不多用。故而，中国古代的建筑以赤色为多。在给屋内的梁着色时，以青、绿、蓝三色用得较多，其他颜色用得很少。

可见，人们对颜色所表现出来的已经不是一种简单的欣赏，而是将其作为一种蕴含着某种情感的寄托物，这反映了一个民族的信仰。

于是，在设计商铺外观的颜色时，就要注意使之与人们对颜色的传统观念相谐调，要使人们接受附设于商铺建筑外观的颜色。当然，随着现代文化的发展，人们对颜色的观念也已经有所变化。那么，作为商铺的经营者，就要主动去满足人们对颜色的需求，以颜色的清新、活力、美感来吸引顾客，来达到商品促销的目的。

要求商铺外观设计谐调，当然也包括着色的谐调。商铺外观设计颜色的不谐调，主要是指建筑涂了某种人们所忌讳的颜色，或者是在搭配颜色时给人们造成了视觉上不适应的感觉。商铺外观设计颜色的不谐调，会影响商铺的外在形象。

按风水学的理论，建筑颜色不正、色彩不谐调都带有煞气。商铺外观设计颜色不谐调，就使

商铺带上了煞气，有了煞气，则为不吉之相。另外，商铺外观设计颜色不谐调，就好似一个人穿了一件不伦不类的衣服，容易给人留下不好的印象，对这种情况应该加以避免。事实上，借助外观颜色美化商铺，借助颜色烘托商铺，这也是现代商铺营销的新方法。

五、商铺内部设计风水

选定了商铺地址与建筑后，有许多东西是不能变动的了，这就需要通过后天设计来弥补先天条件的不足。通过室内装修、装饰，可以修正先前不合理的建筑结构；通过各种设计手法，配合积极的风水能量，可以使商业行为更加有效。

1.商铺内部装修风水

按风水学的说法，光洁舒适就是有生气，反之，就是死气。要想让商铺有好的风水，在布置商铺的时候，应当摆放好厅堂和仓库里的货物、用具，使房屋通风顺畅，保持室内光洁舒适。阴暗和潮湿被看作一种煞气，对商铺的经营和管理很不利，在装修时务必要避免。

（1）室内装修风水宜忌

①宜光洁舒适：按风水的说法，光洁舒适就是有生气，反之就是死气。商铺的光洁舒适感，主要来自于两个方面。首先来自地面。可以说，对地面的感觉是顾客踏入商铺后得到的第一感觉。要使商铺地面光洁，首要的是选择表面光洁、方正、质量好的地板砖，以便做到

铺设整齐，并且要经常擦洗。风水学认为，对地面的装饰就是对生气的凝聚。地面生气的强弱，除取决于地板砖表面的光滑明亮外，还讲求地板砖的颜色。颜色在风水上具有重要的意义，一般而言，红色代表富贵吉祥，绿色代表长寿，黄色代表权力，蓝色代表赐福，白色代表纯洁。颜色的这些象征意义也反映了普通大众对颜色的喜好，因此可以将之作为选择地板颜色时的参考。另外，要使商铺的地面光洁，还要经常清洁地面，使之不留任何污迹、纸屑和瓜果皮，永远保持光洁照人。

其次来自墙面。要保持商铺墙面的光洁舒适，首先就要对墙面进行修饰。墙面的装饰材

料有很多，石灰、涂料、墙纸（最佳为清淡之色）、墙砖等都是常用的装饰材料。不论是用哪一种材料装饰，都一定要保证墙面颜色的明亮，因为明亮的颜色会给人带来光洁、舒适的感觉。另外，商铺的厅堂总免不了要牵线挂灯，为了保证墙面的整洁，要求在铺设灯线时，走线要整齐，避免灯线乱窜。当然，能把灯线布于墙体之内是最好不过的。同时，店员还要注意在日常工作中不得乱涂乱画，或者是贴一些不规整的标语和广告，这会使人感到不舒服。只有拥有一个光洁、舒适的经营环境，才可能赢得顾客，带来良好的经营效益。

②宜通风顺畅：风水讲求房屋的纳气，讲求房屋内部气的流动。商铺是一个人员密集的区域，是商品堆积的区域，所以也需要纳入新鲜的空气，需要有流动的气体。气体流动可以驱走浊气，带来新气。风水学上的"纳气"与"气的流动"，在一定的意义上都可以理解为通风透气。

商铺通风透气，对商品的保管和交易都是有好处的，这也是商铺装饰时要考虑的重要因素之一。

要使商铺纳气，即让大自然的新鲜空气进入店内，在装修时就要注意留有空气的入口和出口。一般来说，商铺都有一个敞开的大门，空气的进入不成问题。以下几种情况，可不必另辟空气出口：两面开门的气流走动，不用另辟空气出口；三面开门的气流走动，不用另辟空气出口；如果商铺是开一面墙，而且为扁平形状，气体的进出就很流畅，也不用另辟出口。扁平状单一开门的气流走动，不用另辟空气出口。但是，如果单开一门的商铺呈长方形，而且除门以外，也没有另外的窗户，就要在与门对应的另一方开一个出气口。因为此时的空气流动只在房屋的前一部分，后一部分的空气仍静止不动。风水学认为，这静止不动的气就是死气。在与门对应的方位开一个空气通道，就可以让死气变活，形成前后气的对流。

要使商铺做到通风透气，还要注意商铺厅堂内用具的摆设。摆设整齐的用具，使气在流动时不受阻碍，生气比较活跃。反之，零乱摆放的用具或高高低低，或混乱拥挤，或掺杂叠放，都会扰乱厅堂内的气流，造成一部分淤积不动的死气。为了避免死气的产生，对用具的高矮搭配、摆置的方向、位置都要讲求整齐，尽量少采用会阻碍气体流动的横式摆放。

存放货物的房间也要留有空道，便于气的流动和货物的检验提存。按照风水学的说法，堆放物品时留有空道，会使四周都有生气聚集。风水阳宅的纳气之说要求调整气流，使室内空气流通，并达到阴阳平衡。同样也可以利用这一学说来指导改良商铺内的空气流通，来规整用具与商品的摆设，从而形成一个良好的经营空间。

③忌阴暗与潮湿：阴暗和潮湿是不利于人类生活的两种环境。在风水中，阴暗和潮湿被看作

是一种煞气，对商铺的经营和管理不利，要尽力加以避免。

商铺在装修时要解决阴暗的问题，应根据空间面积的大小设计安装灯的盏数和位置，商铺的灯光效果要达到以下四点要求：

光线充足，使顾客在十米之内能清楚地看到物品；

光线分布要均匀，不能左明右暗，或者是东明西暗；

装置的灯所发出的光与色要和谐，避免出现眩光；

要避免灯光同一些具有反光性质的装饰品产生反射光线。风水学认为，这种刺眼的折射光线是一种凶光。

在考虑解决商铺的潮湿问题时，有三个方面的问题要检查：

检查商铺的通风透气性是否良好。商铺在通风不好时，停滞在商铺内的静气就会变成湿气，湿气的凝聚会形成水珠，成为潮湿的水源；

检查商铺的地面是否干净整齐。如果商铺的地面凹凸不平，就会藏污纳垢，这些污垢不清除，也会产生湿气，成为水汽的又一来源；

在春夏之季，应检查商铺的地面是否有回潮现象。这种季节性产生的回潮现象，虽然持续的时间不长，但湿气最重，因而对商品的损害也就最大。

要解决商铺潮湿的问题，除想方设法使商铺的通风透气性保持良好外，还可采用加窗或增加排气孔，或清除店中的多余杂物，或使物品与用具摆放整齐等方法。只有使店内的气流通畅，才能带走湿气。另外，还应设法保持商铺地面平整光洁，经常清扫地面，使其保持干爽、清洁。

避免商铺阴暗或潮湿，保持商铺明亮清爽，也是为了造就一个良好的经营环境，从而使商铺获得良好的经营效果。

（2）其他注意事项

商铺内的装饰和设计还应该注意以下几个问题：

①总服务台应该设置在显眼处，以便顾客咨询。

②商铺内布置要体现出一种独特的与商品相适应的气氛。

③商铺中应尽量设置休息之处，备好坐椅。

④充分利用各种色彩。墙壁、天花板、灯、陈列商品组成了商场的内部环境，不同的色彩对人的心理刺激不一样：以紫色为基调的布置显得华丽、高贵，以黄色为基调的布置显得柔和，以蓝色为基调的布置显得不可捉摸，以深色为基调的布置显得大方、整洁，以白色为基调的布置

显得毫无生气，以红色为基调的布置显得热烈。色彩运用不是单一的，而应该是综合的。不同时期、不同季节和节假日的色彩运用也应是不一样的。不同的人对色彩的反应也不一样，儿童对红、橘黄、蓝、绿反应强烈，年轻女性对流行色的反应敏锐。色彩运用得当，可以把商品衬托得更完美，甚至可以掩盖商品的缺陷。

⑤最好在光线较暗处设置一面镜子。这样做的好处在于镜子可以反射灯光，使商品更鲜亮、更醒目、更具有光泽。对此，有的商铺使用反射灯光，有的商铺使用整面墙作镜子，除了可以凸显商品的特色，还可以给人一种空间扩大了的假象。

2. 天花、墙壁、地板设计风水

要想商铺风水好、财运佳，使之为经营者带来良好的经济效益，在商铺室内装饰上就必须下工夫。本节为商铺室内天花、墙壁、地面等空间装修方面提供了有效的风水知识，并根据商铺的类型，详细地介绍了适宜于各类商铺的装饰风格及装修材料。

（1）天花设计

天花设计不只是把建筑物顶部一些不雅观的部分遮蔽起来创造室内的美感而已，还要与空间色彩、照明等相配合，形成优美的购物环境。

天花的设计首先要考虑天花高度问题。如果天花太高，上部空间就会太大，使顾客无法感受到亲切的气氛；反之，天花过低，会使店内的顾客无法享受视觉上、行动上舒适购物的乐趣。天花的高度要根据商店的营业面积确定，宽敞的商

降低，只需改变天花颜色就可以达到调整高度的效果。

其次是天花的形状问题。天花一般以平面为主，如果在上面加些造型变化，就会对顾客的心理、店内的陈列效果产生很大影响。除了平面天花板之外，常用的天花形状还有圆形天花板、波形天花板、船底形天花板和金字塔形天花板等。

再次是天花的照明设备。天花板应与一定的照明设备配合，或以吊灯和外露灯具装饰，或将日光灯安置在天花板内，用乳白色的透光塑胶板或蜂窝状的通气窗罩住，做成光面天花板。光面天花板可以使店内灯火通明，但可能会造成逆光现象，如与垂吊灯具结合，则可克服这个缺点。

最后是天花的材料。天花板的材料很多，常用的有各种胶合板、石膏板、石棉板、玻璃绒天花板、贴面装饰板等。装修时选择哪一种材料，除了要考虑经济性和可加工性外，还要根据商铺特点，考虑防火、消音、耐水等要求。胶合板是最经济和使用最方便的天花板材料，但防火、消音性能差；石膏板有很好的耐热、消音性能，但耐水、耐湿性能差，经不起水汽冲击；石棉板不仅防火、绝热，而且耐水、耐湿，但不易加工。在装修时，也可以不用各种装饰板，直接用涂铺法将各种材料粘，然后喷漆即可。

（2）墙壁设计

壁面作为陈列商品的背景，具有重要的作用。商店的壁面在设计上应与所陈列商品的色彩和内容相谐调，与商店的内部环境和外在形象相适应。壁面的利用方法一般有以下四种：

①在壁面上架设陈列台，用以陈列商品。

②在壁面上装置简单设备，用以悬挂商品及布置展示品。

店应适当高一些，狭窄的商店应低一些。一般而言，一个10～20平方米的商店，天花的高度在2.7～3米为好，可以根据行业和室内其他设计的不同适当调整。如果商店面积达到300平方米，那么天花的高度应为3～3.3米；1000平方米左右的商店，天花高度应达到3.3～4米。我国不少商店对天花的高度重视不够，有的小商店天花很高，又不进行装饰，使上部空间显得空荡荡，大大地影响了商店内部环境的美观，应当设法改进。另外，天花的颜色也具有调整高低感的作用。因此，其实有时并不需要特别把天花架高或

③在壁面上摆放一些简单的设备，作为装饰用。

上述各种方法中，第一种方法多为食品店、杂货店、文具店、书店、药店等商铺所采用；第二、三种方法多为各类服饰店、家用电器店所采用；第四种方法则为家具店等主要在地面展示商品的商铺所采用。

壁面材料的种类很多，比较经济的是在纤维板上粘贴印花饰面，这样具有便于拆卸、改装的优点。

（3）地板设计

地板在图形设计上有刚、柔两种选择。以正方形、矩形、多角形等直线条组合为特征的图案带有阳刚之气，比较适合经营男性商品的商店使用；圆形、椭圆形、扇形和几何曲线形等图案，带有柔和之气，比较适合经营女性商品的商铺使用。

地板的装饰材料一般有瓷砖、塑胶地砖、石材、木地板以及水泥等，可根据需要选用。主要应考虑的是商铺形象设计的需要、材料费用的多少、材料的优缺点等几个因素。那么首先应对各种材料的特点和费用有清楚的了解，这样才利于作决定。

瓷砖的品种很多，色彩和形状可以自由选择，瓷砖有耐热、耐水、耐火、耐磨等优点，并具有持久性；缺点是保温性差。塑胶地砖价格适中，施工较方便，还具有颜色丰富的优点，为一般商铺所采用；缺点是易被烟头、利器和化学品损坏。石材有花岗石、大理石等种类，具有外表华丽、装饰性好的优点，在耐水、耐火、耐磨性等方面亦比较好，但由于价格较高，只有在营业上有特殊考虑时才会被采用。木地板虽然有柔软、隔寒、光泽好的优点，可是易脏、易损坏，故对于顾客进出次数多的商铺不大适合。用水泥铺地面价格最便宜，但经营中高档商品的商铺不宜采用。

3. 柜台、货架设计风水

商铺的装修完成之后，接下来就应该摆放货柜、货架和收银台了。收银台是钱财进出之地，而货柜和货架则是商铺的主要设备，因此，它们的设计非常重要。在设计上，收银台的高度应适中，位置摆放应符合人们的行走习惯；货柜和货架设计应以实用、牢固、便利为原则，尽量为顾客选取商品提供方便。

（1）收银台

商业场所的柜台，不论是服务顾客的接待处还是结帐场所，其摆设位置须考虑方便性、客人流动线路的适应性，以利于服务顾客和结帐收

款，给顾客留下良好的印象。同时，最好能考虑到风水的原则，以收到事半功倍之效。

一般而言，服务性柜台人员要求亲切热心、服务周到，因此柜台宜摆放在进门最显眼的位置，如面对门口或在进门处的右边。而结帐柜台则应摆放在纳得吉运旺气的位置，如果商铺是当运旺铺，则结帐柜台可以面对大门口设立，否则便应设在大门两边的旺位上。

每个商铺的情况都不同。坐北朝南的，若开中央正门，无论服务或结帐柜台，都适合设在正对门口的正北方坎位位置。另外，收银台摆在右边西南方坤位也比较好。收银台是钱财进出之地，风水学上说商铺收银台应设在白虎边，也就是在不动方，才能守住入库的钱财，不可设在流动性大的青龙边，否则不利财气。同时这也是为了符合人靠右边行走的习惯。在不动方的柜台材料如果采用的是玻璃，则应该加以遮盖，可以选择安装窗帘或使用装饰板。

收银台高度要适中，过高有拒人于外的感觉，过低又有不安全感，适当的高度在110~120厘米之间。收银台内不可有电炉、咖啡壶之类的电器，因为收银台处一般都会有现金和帐簿，万一发生火灾或洒上咖啡之类，当然不好。放钱的保险柜应隐秘，不可以被人看到，但小金额操作的收银机不受此限制。另外，餐饮业进门处的收银台旁不可设有水龙头和冲洗槽。

（2）货柜

货柜是商铺的主要设备，是营业员出售商品的操作台，能容纳、储存和展示一定数量的商品。货柜有不同形式和规模，它的设计既要求实用、牢固、灵便，利于营业员操作、消费者参观，又要适应各类商品陈列的不同要求。普通货

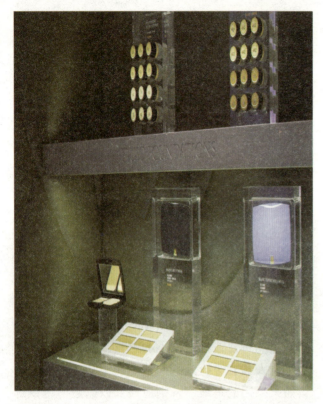

柜一般长为120～130厘米，宽为70～90厘米，高为90～100厘米，这样才能使顾客更直观地看到商品。

货柜的制造材料有玻璃、木材、金属、塑料等。工业消费品展示一般以玻璃柜台为主。玻璃柜台一般有全玻璃柜台、半玻璃半木制柜台和半金属半玻璃柜台，形式多样。设计和使用玻璃货柜应注意防尘、防磨损，并使之便于清扫、擦拭。通用货柜制作成本低、互换性好、使用方便，但是在布置商品时，会使人感到单调、呆板、缺少变化。为了使商品布置得美观且富于变化，很多商场采用了异形货柜，如三角形、梯形、半圆形以及多边形柜台。布置商品时利用异形货柜组合，不但可以合理利用营业场所面积，而且可以改变普通柜台呆板、单调的形象，为空间增添活泼的线条变化，因此受到商铺室内设计的普遍欢迎。

采用异形柜台时，要注意因地制宜，结合商铺室内格局来布置安排。一般来说，三角形柜台宜放置在商铺的角落位置，它占地少，能满足像饮料、食品、日用百货等商品的出售要求。众多的三角形柜台还可排成半圆形、圆形或扇形，给商铺内的总体布局带来美感。梯形柜台主要是为改变柜台与柜台之间衔接的生硬而设计的。在拐角处，普通柜台之间的衔接成90度显得生硬，且尖角易对人造成伤害；而采用梯形柜台，衔接就会比较自然，又能使营业面积被有效利用。半圆形柜台是为了充分利用营业面积以展示商品、使顾客充分看到商品全貌而设计制作的。多边形柜台是为了根据营业场所设计情况填补陈列商品的空档，或是为了迎合起伏变化的营业场所边线而设计制作的。若采用异形柜台，则要严格设计，计算好尺寸，按要求订做。必要时，还应考虑到几类柜台的互换性。

（3）货架

货架是用作陈列备售商品的设备，有不同的构造形式和规格，如单面货架、双面货架、单层货架、双层货架、多层货架、金属货架、木制货架等。货架设计应以便于保持陈列商品的整齐清洁、美观大方、易取易放，并能充分显示商品特点、保证正常销售需要为原则，还应根据商品的规格、正常储备量和营业场所的建筑条件等来设计不同规格和形式的货架。货架规格不宜过大，否则不易搬动和组装。货架一般高为180～190厘米，宽为60～70厘米。一般货架上面有三四层，下面设一个拉门，便于储藏商品。

近年来，国内许多商店对商场的货架进行了

更新改造，不但用材多样化，而且在造型方面也有新的变化。过去制作货架的材料主要是木材和玻璃，现在这两种材料已逐渐"让位"给新型的铝合金材料了。

4.财位催财风水

带动人气，招进财气，是一个商铺生意兴隆的重要因素。如何使自己的商铺人气更旺、财源广进呢？这里将简单介绍风水学上的财位催财，为你营造更好的商业风水提供实战参考。

所谓"财位"，风水学上有很多不同的说法：有人认为财位在大门的斜角位，有人认为财位在房内的三白位，即一白、六白、八白三个飞星位，等等。

"财位"对人们事业的发展有锦上添花的效果，也是人们最关心的风水基准，所以大多数人很讲究财位上的物品效应。一般而言，财位是在进门的左前方对角线上，此处必须很少走动，不能作为通道，否则影响财运。如果左前方的财位刚好是一个门，就要换成右前方的财位。有些房子因格局或设计关系而找不到财位，或是刚好在财位的位置上有大柱子，都属风水不佳。理想的做法是运用走道的隔间造出一个财位。

（1）财位"三宜"

①财位宜亮。财位宜明亮，不宜昏暗。最好有阳光或灯光照射，明亮则生气勃勃，对生旺位也大有帮助。

②财位宜生。所谓"生"，是指生机茂盛，

故应该在财位上摆放植物，尤其是以叶大或叶厚的黄金葛、橡胶树及巴西铁树等最为适宜。但要留意，这些植物应用泥土种植，若以水来培养则不宜。财位不宜种植有刺的仙人掌类植物，否则便会有反作用。

③财位宜吉。财位是旺气凝聚的地方，若在那里摆放一些寓意吉祥的物件，如福、禄、寿三星或是文武财神的塑像，有锦上添花的作用。

（2）财位"六忌"

①财位忌压。从风水学来说，财位受压是绝对不适宜的。倘若将沉重的货柜、书柜或组合柜等压在其上，便会影响商铺的财运。

②财位忌水。有些人喜欢把鱼缸摆放在财位，其实是不适宜的。因为这样无异于把财神推落水缸，变成了"见财化水"。财位忌水，因此不宜在那里摆放用水培养的植物。

③财位忌空。财位背后宜有坚固的墙，象征有靠山可倚，保证无后顾之忧，这样才能藏风聚气。反过来说，倘若财位背后空透(如背后是透明的玻璃窗)，这样非但难以积聚财富，还会泄气，于风水不利。

④财位忌冲。风水学最忌尖角冲射，财位附近不宜有尖角，以免影响财运。一般来说，尖角越接近财位，它的冲射力量便越大。所以在财位附近应该尽量避免摆放有尖角的柜台杂物。其实无论是为了风水还是为了顾客安全，都应该尽可能地采用圆角柜台。

⑤财位忌污。倘若厕所刚好位于财位，便不能使财位发生效用，于风水不利。此外，财位堆放太多杂物也绝非适宜，因为这会污损财位，令店铺财运大打折扣。

⑥财位忌暗。倘若财位缺少阳光，那便应该多安装电灯，借此来增加亮度，对旺财会大有益处。安装在财位的灯，一般来说，数目应以1、3、4或9为宜。 另外，财位上不可放置会发热的电器，如电视、电扇、电炉、煤气炉、电源线等；不可放人造花和干燥花；天花板上不可漏水；墙壁或地板油漆不可脱落或瓷砖斑驳。

5. 神桌摆放风水

在中国民间传统观念中，财神是掌管天下财富的神，倘若得到他的保佑，便可以财源广进、生意兴隆。中国人，尤其是做生意的，很多都喜爱供奉财神，最流行的便有"关帝武财

"关帝"是武财神，龙眉凤眼，手执青龙偃月刀，不单威武非凡，而且正气凛然，故此一般商铺大多奉为镇店之神，若是正对大门便有看守门户的作用。"地主财神"全名"五方五土龙神，前后地主财神"。在中国传统社会里，"地主财神"供奉在商铺内，与供奉在大门外的"门口土地"，一内一外，作为商铺的守护神。但现在很多大厦均不允许在公共走廊供奉"门口土地"，因此商铺内的"地主财神"便要身兼二职，必须面向大门来守护商铺了。

（2）观音的摆设

有很多人把观音与关帝放在一起来供奉，其实这并不妥当。上面曾经提到，关帝宜向大门，但观音不须如此。观音最宜"从西向东"，此外，因为观音清净无瑕以及戒荤腥，故此有三不

神"与"地主阴财神"。不论是什么财神或是菩萨，只要在财气位内坐镇，商铺生意必会较以前大有改进。因此，很多人为求心安理得，往往会摆放财神的像在商铺里，希望求取好兆头，有些人更是朝夕上香供奉。

依照习俗，摆放神桌有些宜忌需要注意：

（1）神桌应向大门

家中除了某些神像应该面向大门外，其余的则不需墨守成规。举例来说，"关帝"以及"地主财神"应该向着大门，其他则不必如此。

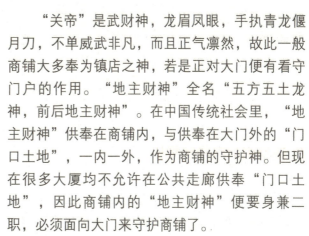

向：一不向厕所；二不向房门；三不向饭桌。倘若能够遵守这三种避忌，则不成问题了。请注意，观音只宜用鲜花及水果供奉，倘若与其他神像放在一起，那么其他神像亦不可用三牲拜祭。

6. 商铺中的电梯和楼梯

现在大多数商场都有二层甚至多层，不可避免地要使用到自动扶梯或楼梯，需要特别注意的是，不要将自己的商铺门直对着自动扶梯或楼梯。如果已经形成这样的格局，就要用货架尽量遮挡，使得顾客不要一进门就看见梯，这是风水中"喜回旋，忌直冲"的原则，不然的话，商铺里的顾客参观访问的多，慷慨解囊的少。

7. 声煞

现在许多商铺为了营造商铺的内部气氛，需要在商铺里播放一些音乐。需要注意的是：旋律优美、轻柔雅致的音乐，可以使顾客流连忘返，增加顾客在商铺里逗留的时间，从而增加顾客消费的可能性。但现实中，我们经常可以看到很多商铺里播放着震耳欲聋的音乐，甚至和隔壁商铺比声音谁更响亮。其实这样是非常不好的，震耳、刺耳的音乐在风水中称之为"声煞"，"声煞"使得人们自然而然地产生出烦躁的情绪，希望越快远离这种噪音越好，这就减少了顾客在店内逗留的时间，从而对商铺的经营会起到负面的影响。

六、橱窗设计风水

橱窗既是一种重要的广告形式，也是装饰店面的重要手段。一个构思新颖、主题鲜明、风格独特、手法脱俗、装饰美观、色调和谐的商铺橱窗，能够与整个商铺建筑结构、内外环境构成立体画面，起到美化商店的作用。

从整体上看，制作精美的室外装饰是美化销售场所和装饰商铺、吸引顾客的一种手段。如商铺门前的电子广告，它以新颖别致、变幻无穷的图像吸引顾客的注意力，即便不想买东西的人，也会在这种气氛中不知不觉地走进商铺。特别是商铺的橱窗，它就像商铺的一张脸，布置得好会

使人产生春意盎然之感。商铺橱窗引人注目，天长日久，自然美誉远播、名闻遐迩，顾客会越来越多。所以，精心设计的橱窗是现代商铺装饰的重要内容。

好的橱窗设计不是一味将商品堆积，而是追求主题突出，格调高雅，富于立体感和艺术的感染力。如纽约的大商店喜欢在橱窗里使用艺术雕塑式人物造型来配合商品的陈设，使整个橱窗在艺术装饰的烘托下显得层次分明，一目了然。

一般来讲，橱窗设计应注意以下方面：

橱窗横度中心线最好能与顾客的视线平行，这样整个橱窗内所陈列的商品就都展现在顾客视野中。

在橱窗设计中，必须考虑防尘、防热、防淋、防晒、防风、防盗等。

不能影响店面外观造型，橱窗建筑设计规模应与商店整体规模相适应。

橱窗陈列的商品必须是本商店出售的，而且是最畅销的商品。

橱窗陈列季节性商品，必须在销售旺季到来之前一个月预先陈列出来向顾客介绍，这样才能起到迎季宣传的作用。

陈列商品时应先确定主题，无论是多种多类或是同种不同类的商品，均应系统地分门别类，依主题陈列，使人一目了然地看到所宣传的商品内容，千万不可乱堆乱摆。

橱窗布置应尽量少用商品作衬托，除应根据橱窗面积注意色彩调和、商品高低疏密外，商品数量不宜过多或过少，要做到使顾客从远处近处、正面侧面都能看到商品全貌。富有特色的商品应陈列在最引人注目的橱窗里。

容易液化变质的商品，如食品糖果之类，以及日光照晒下容易损坏的商品，最好用模型代替或加以适当地包装。

橱窗应经常打扫以保持清洁，特别是食品橱窗。橱窗玻璃里面布满灰尘，会给顾客留下不好的印象，引起顾客对商品的怀疑或反感，从而使其失去购买的兴趣。

橱窗陈列需勤加更换，尤其是有时间性的宣传品以及容易变质的商品。每个橱窗在更换或布置时应停止对外宣传。

七、招牌设计风水

商铺招牌并不能决定和影响人的命运，更不能影响到子孙后代的祸福，但它可以影响到商铺的美观以及环境的和谐，从而影响到经营者的心态和商铺生意的兴隆与否。

对于经营者来说，仅靠好的方位难以解决经营问题，从根本上改变经营之道，再加上适合自己商铺的合理的构造布局，这才是招财的最好办法。同时，还要注意招牌色彩的搭配应与经营的商品相配合，使人一目了然、赏心悦目。招牌色彩协调，让人感到亲切可人，即使不买东西，也会有进去看看的欲望，这样的招牌不仅具有艺术性，而且具有旺财功能。

按规格，商铺的招牌可分为大、中、小三类，大者俗称"冲天招牌"，是一块长方形大木板，垂直竖立在商铺一侧的前方，高出铺面房檐；中者是在长方形木板上书写商品的特色，竖挂在店门两侧，字迹清楚，一目了然；小者是木板造型小巧玲珑，悬挂在房前屋檐下，上面书写商品名称，目的在于介绍所经营的商品、宣传商

八、商业色彩与照明风水

心理学家认为，颜色与心情的关系非常密切。红色会让人激动，蓝色则让人平静；心情郁闷的人容易从红色当中产生激情，而在蓝色中则会更加压抑和寂寞。

就商业风水而言，灯火就像一个小太阳，为生意带来能量，提振商业环境的气场。

布置良好的店铺室内照明其实并不困难，有时候只要运用一点常识就行了。例如，产品展览区和接待区域等要加强照明。

商业风水照明基本原则就是要避免形成阴暗区，所以不要使用单一的中央光源，而要用多组光源的组合。

品的特色和质量，以达到推销商品的目的。招牌的制作要新颖美观，文字的书写一般也应采用与匾额一样的方正楷书，不可使用一般人难以识读的草书和行书。介绍商品的文字要求简明扼要，通俗易懂。为了生动起见，可在招牌上使用多颜色的字体，还可以在招牌上贴商品宣传广告画，使之更具吸引力。

另外，为了使商铺的匾额和招牌真正起到装饰商铺和宣传商品的作用，最基本的一点要求是匾额和招牌上的字要使用正确，在书写时不能有错别字。

1. 色彩的五行属性

众所周知，世界上的万事万物，绝大部分是看得见、摸得着的，而能看见的事物都具有各种各样的颜色。把颜色用五行来归类：木属性的颜色为青色、绿色，火属性的颜色为红色、紫色，土属性的颜色为黄色、棕色、咖啡色，金属性的颜色为白色、金色，水属性的颜色为黑色、蓝色。知道了色彩的五行属性之后，即可将其应用到人们所从事的行业与风水的调整中去。

暖、愉快、吉祥、力量；黄色是光明、高贵、权威、长寿的象征，故古代宫中的服饰及宫殿装修的主色调都使用金黄色和朱红色，以表示高贵与权威。橘黄色也代表神圣，僧侣传统上都穿橘黄色的袈裟，以代表佛教的至高无上；绿色代表生命、春天、宁静与清新，室内配以绿色地毯和盆景，会使人心平气和等等。所以，在设置商铺色彩时，不仅要考虑经营空间的性质，还要按照人们的生活习惯、民俗、信仰、忌讳来考虑配色。

风水学讲究阴阳五行，所以在室内色彩使用上，要与空间的功能性质相合而不冲犯。木、金、火、水、土五行分别与青、白、红、黑、黄相对应，相合则相生，相悖则相克。如餐馆，主

2. 色彩与商业风水

室内颜色的调配很有讲究，只有对人体生理机能很有研究者才可以使用颜色来布置。否则，乱用颜色只会增加困扰，浪费金钱。在室内装修时，除了可选择红、黄、蓝三原色外，还包括许多其他的色彩。根据五行所代表的物质选用相生、相克的颜色，在风水学理论上是有充分依据的。

室内装修使用的色彩亦会影响商铺的风水。中国人向来视红色为最吉利的颜色，红色表示温

售食品，食品属于土，主色宜用黄，同时食品用火加水烹调，用金（炊具）操作，所以也可用红、奶黄等多种颜色配合；而时装店的主色则可用浅绿、奶白，并补充雅红、雅蓝。

简言之，商铺色彩必须根据使用功能的要求来选择，并与使用环境的风水要求相适合。重点要注意以下几点：

商铺色彩要有整体效果。

要考虑室内色彩与室内构造、样式风格的协调。

要考虑色彩与照明的关系，因为光源大小和照明方式会给色彩带来变化。

尊重和注意顾客的爱好与喜忌，并考虑顾客的心理适应能力。

选用装饰材料时注意了解其色彩特性。

3. 色彩对商机的影响

色彩会影响一个人的心理情绪，在这方面心理学家已有科学的研究结果。色彩对人的日常生活有很大的影响，它会使人感到兴奋、放松、愤怒、疲倦。

一般而言，红色具有强烈、活跃的特性；绿色有令人宁静舒适的感觉；黄色有使人觉得友善、快乐、理智、稳重的倾向；黑色对某些人来说令人沮丧不安，但也有人认为黑色是美妙的，有令人高深莫测的感觉；白色是较中性的颜色，使人感到纯净可爱；粉色常有令人丧失理智的感觉等等。

不同色彩会使人产生各种不同的心理反应，所以在商铺或办公场所的规划设计中，不要忽略

对色彩的选择。

至于应该如何选择颜色、调配色彩，大部分都是取决于个人喜好。每个人对色彩的喜好与其先天潜在属性有关，有些人可能并不是真正清楚，还有些人因为习惯或追求时髦而误以为自己喜欢某种色彩。如果细心观察研究，从个人对色彩的喜好分析，可以了解商业伙伴或对手的个性、嗜好和心理状态，以作为生意上知己知彼的重要参考，有助于商务谈判或商务拓展。

根据传统的五行学说，五行配有五色属性，五行既然包含了时间和方位，那么，时间和方位也有五色属性。在季节上，春木为绿色，夏火为红色，秋金为白色，冬水为黑色，四季土为黄色。在方位上，东方属木为绿色，南方属火为红色，西方属金为白色，北方属水为黑色，中央属土为黄色。

至于商铺有宅局五行，要选择生旺的颜色来调配才是有利，如果克泄便是不利。也就是说，选择的色彩要能对个人的精神产生舒适、加强、调和、疏导或刺激的作用。以下为各宅局的有利色彩：

乾宅（坐西北朝东南）宜以白色系或黄色系为主调。

兑宅（坐西朝东）宜以白色系或黄色（浅）系为主调。

离宅（坐南朝北）宜以淡红色系或黄色系为主调。

震宅（坐东朝西）宜以浅蓝色系或绿色系为主调。

巽宅（坐东南朝西北）宜以绿色系或夹有黑色系为主调。

坎宅（坐北朝南）宜以白色系或浅蓝色系、浅绿色系为主调。

艮宅（坐东北朝西南）宜以浅红色系或黄色系为主调。

坤宅（坐西南朝东北）宜以红色系或黄色系为主调。

由于各种行业的性质不同，所以必须针对其特征来选择适当的色彩，例如：需要汇聚人潮、热闹的场所，便需要选择较具兴奋性的颜色，这样可以帮助提振场内气氛，刺激顾客的消费欲望。根据色彩学的研究，男性较偏爱暖性色彩，女性偏爱冷性色彩，年轻人喜好暖色系，老年人偏重冷色系。暖色令人产生激励奋发的感觉，冷色会有冷静消极的感觉。商铺应根据自己的目标客户群来选择色彩。

4. 商业照明的形式

商业照明通常包括立面照明、广告照明、一般照明、重点照明和其他特殊用途照明，应结合商铺具体情况选择不同的照明方式、照明灯具和照明亮度。

（1）立面照明

各个商业建筑都有它普遍的商业性和各自的特征。对于各个商店的立面照明来说，除了如何将它的特征展现得更有艺术性之外，还应该有意识地将临街的立面和门厅照明设置得更明亮，令路人对商店有深刻的印象。此外，还需有渲染商店形象的广告照明，除了使人看到商店的外形美之外，更重要的是使人联想到商店环境的舒适、商品的丰富、接待的周到，这样才能起到招徕顾客的作用。

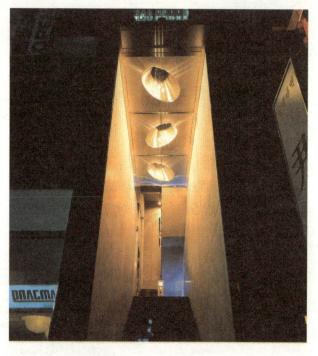

料及其色泽等）和商品内容确定。

根据商场所在地区的经济、电力供应和环境确定合适照度。为了使顾客对一些商品注目，可以使重点照明的照度增加几倍。照度高低必须慎重分析，要适合商铺的条件。应合理设计垂直照度，一般选用宽光束或蝙蝠型配光曲线的灯具。

一般照明的照度，主要是均匀度要好，以适应商品陈列方式和陈列场所的变动。若货架为长条式排列，则采用高效荧光灯具，灯具应沿两货架中间布置，避免主光束投射到货架顶上。

（4）重点照明

重点照明是为了把主要商品或主要场所照得更亮，以突出商品，激发顾客的购买欲望。照度应随商品的种类、形状、大小、展出方式而定，同时必须和商铺内一般照明相平衡。在选择光源以及照明方式时，不能忽视突出商品的立体感、光泽及色彩等。

（2）广告照明

商店立面照明是商店最有效的广告，但各个商店还有其名称和标志。对于名称和标志的照明，常采用下列方式：

多用霓虹灯将名称或标志逐笔逐画圈起来。在这里选用霓虹灯、长明灯，或多种颜色的灯轮换闪烁，或卷地毯式闪烁，让人们在很远处就能看见。

商店的名称或标志是实体的艺术雕塑的话，依其形状布灯，让灯光将名称或标志凸显起来，多用霓虹灯。

（3）一般照明

选用高光效的光源，如节能灯、荧光灯。选用高效率的灯具，如高效荧光灯具或其他高效灯具。光源的光色既要与商场空间协调，又要能将商品质感最确切、最真实地展示给顾客。此外，一般照明还要围绕商品周围的光环境（如装修材

重点照明的要点是：

重点照度是一般照度的3~5倍，具体随商品种类的特征而定。如金银首饰、工艺品取上限；一般大件、色泽一般、立体感不必加以突出的取下限，如床上用品等。

以高强光束突出商品表面的光泽，如饰物、工艺品、金银首饰等，多用石英灯。

以强烈的定向光束突出商品的立体感和质感，货柜（架）上的多用节能灯、石英灯，个别也用金卤灯。

利用光色突出特定部位或特有色泽的商品，如超市中的肉食和鲜果用偏红色的光线照射，会显得更鲜美。而服装，特别是儿童、青少年及女性服装，用相同光色照射，会增强其色泽和鲜艳感。

商铺某些主要场所需要造成某种特定气氛，或用灯具本身，或将灯具排列和内部装修协调地组合，使这些场所产生富有生气而又热烈的理想光线，对商品产生良好的照明效果，从而形成室内某种气氛。

（5）特殊用途照明

① 疏散照明：除专用疏散通道、疏散楼梯等设专用疏散照明外，一般商铺疏散照明兼作一般照明或兼作警卫照明，照度按国家规范为0.5LX，但更高一些（如2LX）更为合适。原因之一是商铺内人员高度密集；原因之二

是顾客对商铺内疏散路线完全不熟悉；原因之三是万一有灾祸发生，这里会比其余场所更易发生商品、展品掉下等危险。

② 疏散指示标志照明：商铺中的疏散指示标志灯和出口标志灯，人站在商铺的任何位置，至少能看到（除柱遮挡外）一个。灯具宜沿疏散路线或出口处高位布置，一般定为2~2.5米，以避免高货架的遮挡。

③ 安全照明：在收款处、贵重商品处和必要部位应设带蓄电池的应急灯。当主要照明灯熄灭后，这些应急灯能在0.5秒之内亮起来。

④ 警卫照明：营业场所清场后，为确保安全，应设有警卫照明。警卫照明多兼用于疏散照明。

下面是商铺内具体位置的照明选择及作用：

位置	作用
收银台照明	满足操作要求
展示橱窗照明	打动顾客，使用白色强光或彩光，通过均匀、饱和的照明吸引过路者
展示柜照明	照亮玻璃柜内或敞开货柜和货架上的商品
周边照明	帮助限定商品销售空间，并提供沿墙展示必要的竖向照明，使空间整体上感觉更大，目的是将顾客从主要通道吸引到销售区
天花板照明	拓展了空间，提升了天花高度，并通过长长的、没有阴影的、没有中断的光形成的线条，创造开阔感和空间感
试衣间照明	应清楚展示商品的形式和纹理，使商品颜色真实自然
配套空间照明	满足照明要求
指示照明	方便顾客购物

5. 不同商业空间的照明设计

不同商业空间的照明设计各有特点，但必须遵循以下两点：首先，商品的可见度和吸引力是十分重要的，对特定物体进行照明，可以提升它们的形象，使之成为注意力的焦点。其次，为了吸引顾客，商店必须创造一个舒适的光环境，优质的照明能够激发情绪和感觉，进而提升商店的品牌。

（1）大堂、门厅的照明设计

光源应以主体装饰照明（装饰灯具、与装修结合的建筑照明）与一般功能照明结合设计，应满足空间功能的需要并要体现装饰性。

总体照明要明亮，照度要均匀。光源以白炽灯、低压卤钨灯为主。照明方式应采用不显眼的下射式照明（如筒灯、射灯等）。

应设置调光装备，或采用分路控制方式控制室内照明，以适应照明的变化（如白天与夜晚室内照度不同）。

可设置壁灯、地灯和台灯等照明，以改善顶部照明的不足，同时也可以丰富空间层次。

服务台的照明要亮一些，在厅堂中要醒目，所以局部照度要高于其他地方。为了避免眩光，服务台的照明方式应以让顾客看不到光源为宜。

楼梯的照明要以暗藏式为主，避免眩光，但又要有足够的照度。可把光源设置在扶手下、台阶下或墙角处，对楼梯直接照明。

走廊的照明要亮些，照度应在75~150LX之间。

走廊的灯具排列要均匀，以嵌入式安装为宜。光源应采用白炽灯。如果层高较大，可采用壁灯进行照明。

大堂内休息区域的照明不要太突出，并应避免眩光。光源可设置在台面上（如台灯）或用地灯。

标志的照明不应突出，以只照亮标志为目的，可选用射灯、灯箱等。

大堂、门厅的照明，宜在总服务台或总控制室进行集中控制。

主要楼层、楼梯、出入口、交通要道等，都要设置应急照明灯。

（2）旅馆内的照明设计

旅馆应少设吸顶灯、吊灯，应按功能要求设置多种不同用途的灯，如床头灯、落地灯、台灯、壁灯、夜间灯等。光源以采用白炽灯为主。

床头的照明灯具要在就寝和看书时没有眩光和手影，而且开关要在伸手范围内。床头的照明灯具宜采用调光方式。旅馆的通道上宜设有备用照明。 旅馆照明应防止不舒适的眩光和光幕反射。写字台上的灯具亮度不应大于510cd/m²，也不宜低于170cd/m²。

旅馆穿衣镜和卫生间内化妆镜的照明，其灯具应安装在视野立体角60度以外，灯具亮度不宜大于2100cd/m²。卫生间照明的控制宜设在卫生间门外。 旅馆的进门处宜设有切断除冰箱、通道灯以外电源的开关。

（3）餐厅的照明设计

餐厅环境中的照明设计要创造出一种良好的气氛，光源和灯具的选择性很广，但要与室内环境的风格协调统一。首先，为使饭菜和饮料的颜色逼真，选用的光源显色性要好；其次，在创造舒适的餐厅气氛中，白炽灯的使用要多于荧光灯；另外，桌上部和座位四周的局部照明，应有助于创造出亲切的气氛，因此在餐厅设置调光器是必要的。餐厅内的前景照明可在100LX左右，桌上照明要在300~750LX之间。

一般情况下，低照度时宜用低色温的光源。随着照度变高，就有趋向于白色光的倾向。对照度水平高的照明设备，若用低色温光源，就会感到闷热；对照度低的环境，若用高色温的光源，会有阴沉的气氛。为了很好地看出饭菜和饮料的颜色，应选用定色指数高的光源。

风味餐厅是为顾客提供具有地方特色菜肴的餐厅，相应地，室内环境也应具有地方特色。在照明设计上可采用以下几种方法：采用具有民族特色的灯具；利用当地材料进行灯具设计；利用当地特殊的照明方法；照明与建筑装饰相结合，

以突出室内的特色装饰。

特色餐厅、情调餐厅等，室内环境不受菜肴特点所限。环境设计应考虑给人以幽雅的感觉和气氛。为达到这种目的，照明可采用各种有特色的形式。

快餐厅的照明可以多种多样，建筑化照明的各种照明灯具、装饰照明及广告照明等都可运用。但在设计时要考虑与环境及顾客心理相协调。一般快餐厅照明应采用简练而现代化的形式。

（4）多功能厅、娱乐场所的照明设计

多功能厅为宴会和其他功能使用的大型可变化空间，所以在照明选择上应采用二方或四方

连续的、具有装饰性的照明方式。装饰风格要与室内整体风格协调。同时采用调光装置，以满足不同功能和使用上的需要。灯光控制应在厅内和灯光控制室两地操作。多功能厅内应设置足够的插座。

酒吧、咖啡厅、茶室等照明设计宜采用低照度，并可调光，桌上可设烛台、台灯等局部低照度照明。但入口及收银台处的照度要高，以满足功能上的需要。

室内艺术装饰品的照度选择可遵循下述原则：当装饰材料的反射系数大于80%时为300LX；当反射系数在50%~80%时为300~750LX。

屋顶旋转厅的照度，在观景时不宜低于0.5LX。

第四章 利用风水起店名、选开张吉时

店名是一个店铺的标志，有时也是一个店铺经营的商品特点的反映。在风水学中，店名又往往被看成是与店铺经营成败攸关的重要名称。而新店开张营业的时间对店铺日后的经营状况也有一定的影响，选择吉时开张营业已经成为商家普遍认可的做法。

一、起店名

店名要简明易懂，上口易记，除非有特殊需要，不要使用狂草字或外文字母。

商家起店名，常见有两种方法：一是以文字搭配五行相生相克的原理，二是按用字笔画的阴阳进行选用。

1.按五行相生相克原理起店名

这种方法是将一些店名的常用字按五行分为五类，然后选择其中的字，按相生相克的原则进行搭配，相生的为吉，相克的为凶，最后选用相生的字为店名。

水	火	木	金	土
富	度	贵	商	营
凰	堂	关	生	宇
红	乐	广	司	安
福	金	宫	厦	无
壁	店	孔	厂	望

风水学认为，五行相生的吉利店名用字的组合类型是：

水+木	水滋养木生长
木+火	木使火更旺盛
火+土	火使土纯净
土+金	土保护金
金+水	金使水宝贵

风水学认为，五行相克的不吉利店名用字的组合类型是：

水+火	水使火熄灭
火+金	火使金熔化
金+木	金将木穿透
木+土	土将木覆盖
土+水	水将土冲毁

按照风水的说法，商家一定要避免使用相克的字组合店名，以免风水不利。

2.按字笔画的阴阳起店名

此方法是选用一些字，按笔画数的单与双附以阴阳属性，然后按阴生阳的定律选取店铺名的用字。判定字的阴阳的方法是，笔画为单数的字为阴，笔画为双数的为阳。如果选用作为店名的字是一阴一阳，即一个字的笔画为单数，一个字的笔画为双数，而且这两个字是按先单数后双

数，即先阴后阳的顺序排成的店名，就是吉利的店名。属于吉利店名的排列还有阴－阴－阳和阴－阳－阳等。反之，不吉利店名的排列是阳－阴和阳－阴－阳。

店铺的字号，除了要突出店铺的特色并配合店主的阴阳命理之外，大多数店主还希望取一个能令生意兴旺发达的字号。

从购物者的角度来说，旧时人们采购物品时，多注重店铺字号的吉利性，往往舍近求远。因此，有的店铺就因字号的吉利字眼而声名远播，生意兴隆起来。于是，一般商家都喜欢在店铺的字号上别出心裁，大做文章，希望招财进宝，一本万利，大发鸿财。

一般来说，民间店铺字号的用词用字，总在乾、盛、福、利、祥、丰、仁、泰、益、昌等吉利的字眼上打圈子。经营文物、古玩、书刊、典籍、文房用品、医药等行业的店铺字号，多取带有典雅之意的字，其他行业的店铺则多选以吉利的字。

在我国店铺的字号中，除了带吉利意义的字号外，还有些以怪取胜的字号，如天津的"狗不理"、上海的"天晓得"，南京的一家著名膏药店，字号为"高黏除"，用这些怪字号当然也是为了招徕生意。

还有一些以地名或者老板姓名为字号的店铺，如"乔家大院"。旧时，在一些中外通商口岸地区，如上海、广州、天津、南京还出现一些带洋化、欧化和半殖民地气息的店铺字号。

当然，好的字号还得有好的经营管理手段作为辅助，取得人们的承认和信赖，才能拥有广泛的社会信誉，使生意兴隆。在我国的许多老字号中，如中药店"同仁堂"，帽店"盛锡福"，鞋店"内金升"、"载人舟"，烤鸭店"全聚德"，涮羊肉馆"东来顺"，画店"荣宝斋"，以及三大笔庄——北京的"李福寿"、上海的"胡开文"、沈阳的"胡魁章"，都是以其优异的经营管理方式赢得了人们的世代尊崇。

二、选开张吉时

关于吉祥文化的内容十分广泛，中国人不仅对动物、植物、颜色、方向、房屋造型等，附会以吉凶的说法，而且对数字也有种吉凶的说法。

在风水中，数字被认为是含有特殊意义的。2、5、6、8、9、10是吉利的数字，"2"意味着容易，"5"意味着五行的谐调，"6"代表财富，"8"意味着致富，"9"是长寿之意，"10"指美满。因此，"289"其意义就是"容易长期致富"，或者"生意长期兴隆"。"4"在风水中是不吉祥的数字，特别是广东话里，"4"字的发音听起来像"死"，因此"4"意味着灭亡和死亡。如"744"就是一个不吉利的数字，意指"肯定死亡"或"生意不成"。

中国人喜欢数字中的偶数，认为这表示成双成对，避免孤独感。在奇数中，"3"听起来像广东话中的"生"一字，但不认为是特别吉利。然而，也有些人偏偏喜欢用"3"，如"7373"中就有两个"3"，认为此组数字有"肯定生存"的意义。其间，大部分数字被附以吉凶含义，多源于数字与汉字的拼音，将数字与汉字字音相通，把相应汉字的字意作为数字的字意，如常见的"8"被看成是汉字"发"，"9"被看成"久"，"6"被看成"路"和"又"。这几个数字的组合，因与民间的发财观念相契合而最受人们的欢迎，如"168"，汉语的谐音是"一路发"；"8888"，汉语的谐音是"发发发发"，因此，在民间，有这几组数字的汽车牌、电话号码、门牌号，都被认为是吉利号码，能给人们带来吉祥好运。

人类社会和自然社会有其本身发展变化的规律，从来不会因为某种数字的关系而改变其进程。人们办事讲求吉利日期，只是一种信仰观念，一种对求财欲望的慰藉。所以，对于经商者来说，不必对此加以刻意追求，更不值得花数万元购得这种慰藉，只有认认真真地把所经营的生意搞好，才能真正发财。当然，选择一个别具意义的日期为商铺开张，求个吉利，也未尝不可。

对吉利时刻的选择，是人们对吉祥数字的又一种附会，认为选在某一吉利的时刻为落成的商场剪彩，或者为商铺的开张鸣炮，或者为大桥通车剪彩等，就能使生意兴隆，事业发达。一般来说，人们将新商铺开张的时刻，大多选择在上午。因为在风水看来，上午空气新鲜，太阳从东方升起，对新店开张来说，是一个极好的兆头。在上午的吉利时刻中，常被选中的数字是"8"和"9"，也就是借喻所经营的商铺能"发"和"久"。如有的商家把新开的商业大厦的鸣炮剪彩时间定在上午的8时8分8秒这一时刻，借喻商业大厦从此以后能"发发发"；有的生意人把新商场开张的时刻，定在上午9时9分9秒，借喻商场从此时开门，就能生意长久，商场长盛不衰；也有的经商者将新商铺开张迎客的时刻定在上午的11时8分正，借喻商铺此后"日日发财"。

人们对吉祥数字的追求，特别是商人对吉利日期和吉利时刻的追求，源自商品市场的激烈竞争。虽然商人不辞辛苦已有所成就，但仍感以后的商道上风云莫测，于是就想借助于信仰支撑，借助于"神灵"的保佑，以求得紧张心理的调节，求得精神上的鼓舞。

第五章 店门 风水

店门是店铺的入口，也是店铺的"脸面"，因此店门风水的好坏对店铺的经营非常重要。总的来说，店门以宽敞为宜，店门宽敞可使顾客更容易接触商品；门前应避开不吉祥的建筑物，好使店铺有一个空气清新、视感良好的环境；此外，在大门的设计方面应当注意美观和通畅。

一、店门的风水禁忌

大门前不可有臭水沟流过，门口地面也不可有积污水的坑洞。大门宛如一个人的颜面，如果有污水则会给人肮脏的感觉。形象不佳，生意自然难以开展。

开在二楼的店铺楼梯口不可狭窄拥挤，否则会产生压迫感，使客人不愿光顾。理想的楼梯应该宽阔，这样不仅看起来心里舒畅，而且还较为安全。

店铺的门向应避免正对着一些风水上不吉祥的建筑物。风水上所说的不吉祥的建筑主要是指如烟囱、厕所、殡仪馆、医院等建筑。这些建筑或是黑烟滚滚，或是臭气熏天，或是有人号哭、病吟，由不吉祥的建筑带来的这些气流，风水上视之为凶气。如果让店铺的门朝着不吉祥的建筑而开，那些臭气、号哭、病吟的凶气就会席卷而来，必然是食客少至，旅客稀少。而且，对于经营者来说，常处在这样的环境中，于运气不利。

当然，在为店铺选址时就应避免在这种不吉祥的区域开业。如因其他缘故要设于这种区域，开门时就一定要避开这些不祥之物，选择朝有上乘之气的方向开门，大门后面最好再安放一扇屏风，对煞气作以阻隔。

风水强调阳宅开门应避开不祥物，从另一个意义上讲，就是强调人的工作和生活需要有一个空气清新、视感良好的环境。在良好的环境中，才会精神愉快，智力的发挥也最好，做事的成功率自然就高。

为了方便顾客进出，有些店铺会开两个门，

二、店门宜宽敞

店门是店铺的咽喉，是顾客与商品流通的通道。店门每日迎送顾客的多少决定着店铺的兴衰。因此，为了提高店铺对顾客的接待量，店门不宜做得太小。

店门做得过小，按风水的说法就是缩小了店铺的气口，不利于纳气，使气的流入减少、减慢，从而减少了店内的生气。对于经商活动来说，作为出入通道的门做得过小，就会使顾客出入不便，如果顾客还要提商品的话，就会碰碰撞撞，很可能会损坏已卖出的商品。狭小的店门，还会造成人流拥挤，拥挤的人流就有可能使一些顾客见状止步，也会因人流的拥挤发生顾客间的争执以及扒窃事件，最终影响店铺正常的营业秩序。因此，最好是把店铺的店门加宽。店铺的店门加大，也就是扩大了风水上所谓的"气口"，

就便利性而论是有利的，但从风水角度而言，除了少数的情况外，"两门相对"主财运不聚，所以即使要开两个门，也不宜相对。

店铺门前向着的若是由下层向上移动的自动电梯，便称为"抽水上堂"，也属于吉利论，主旺财。反之，店铺门前若是向着通往下一层的扶手电梯的话，则为"退财水"，又名"卷帘水"，即是将门前之财水卷走，为不聚财之相。

因此，在设计店铺时，可将店门向着上行的扶手电梯，但不宜向着下行的扶手电梯。

大气口能接纳大财，避免其他不应有的事件发生，从而保证店铺良好的营业秩序，使业绩蒸蒸日上。

大的店门，还可以将商品更好地展现在顾客面前，方便顾客选购。扩大了店门，就等于拆除了店内商品与店外顾客之间的隔墙，使陈设在店内的商品直接展向街市，使街道上的行人举目即可看到，使陈列于店内的商品形成一个实物广告，无形中就做了广告宣传。扩大了店门，柜台就成了宣传的橱窗，而且这个"柜台橱窗"更灵活，既可看又可进行买卖交易。橱窗全部拆除，代之以柜台，将店铺全面向顾客敞开，从店铺投资的效益来说，就是在不用扩建店铺的基础上，扩大了店铺的经营空间和营业面积。

店门宽敞的意义在于，使顾客更大范围、更方便地接触商品。按照这个原则来讲，更进一步的做法就是组建让顾客能自己提取商品的自选商场。在自选商场里，众多的商品摆在眼前，顾客接触商品就更自由，可以不需经过营业员之手就可以拿到商品。

实践证明，能让顾客更广泛地接触商品，按自己的意愿自由地取舍商品，可以提高店铺的营业额。这也是"店铺店门宜宽敞"所要达到的效果。

三、店门的其他注意事项

显而易见，店门有吸引人们视线的作用，并使之产生兴趣，激发"进去看一看"的参与意识。至于怎么进去，从哪进去，就需要商家做正确的引导。店门设计的目的就是告诉顾客这些相关的信息，使顾客一目了然。

在店面设计中，供顾客进出门的设计是重要的一环。将店门安放在店中央，还是左边或右边，这要根据具体的人流情况而定。一般大型商场的大门可以安置在中央，小型商场的进出部位安置在中央则不妥当，因为店堂狭小，会直接影响了店内实际使用面积和顾客的自由走动。小店的进出门应设在左侧或是右侧，这样才比较合理。

店门应当是开放性的，所以设计时应当考虑到不要让顾客产生"幽闭"、"阴暗"等不良心理，从而拒客于门外。明快、通畅、具有呼应效果的店门才是最佳设计。

店门设计还应考虑店门前路面是否平坦，采光是否充足，噪音大小及太阳光的照射方向等问题。

第六章 商铺风水养鱼

如果选了个好的商铺，并且避开了煞气，从风水角度做好了装修，那么，这个商铺就算有了成功的前提，剩下的就要靠本人的经营策略了。然而，如果因为环境的变化等原因，出现了不利于生意的气场，而我们不可能再对商铺进行迁址或重装修时，那么饲养风水鱼就显得非常必要了，通过好的风水鱼饲养，可调整和扭转整个商铺的风水气场，收到增财、转运的效果。

一、商铺风水鱼缸的位置

风水是一门专业性极强的学科，同时，它又是辨证的。煞气太重，难免破财，但没有煞气，又缺少了开拓力。所以风水学的要求是将财气和煞气搭配到一个最合适的程度，而并非把所有好的东西搬到一起就是好风水。

有时候，我们会觉得非常奇怪。有些商铺装修得非常不错，货品齐全，价格便宜，地段又好，但就是没有生意；而有些时候，看上去很不起眼的店铺却生意兴隆，这究竟是为什么呢？其实，原因在于商铺风水有优劣。商铺选址，关键在于风水要好，能令生意蒸蒸日上。选择合适的位置能为商铺带来兴旺的人气，并且能带来财运。有很多地方是不可以选作商铺位置的，如以下位置就不宜选择：低洼之地，前高后低之地，

前大后小之建筑，道路尽头之建筑，南方有高大之建筑（如果南方有山就不要紧，如果有高大建筑则不行），架空在水上的建筑；正门窗口正对大树以及电线杆、电线变压器之类。这些地方因为煞气太重，不宜安置商铺。

万一商铺选择在这些不利的地方，就要充分发挥风水鱼缸的作用。此时，鱼缸的安放一方面要招财进宝，另外一方面还需要能挡住外来的煞气，因此，对于鱼缸的安放，选择一个合适的位置是非常重要的，务必注意阳宅方位。下面是对鱼缸设置的分析，不妨一起来了解一下。

1. 酒店

酒店的鱼缸不应该设在财位。《风水学》认为"水为财，山为丁"，酒店的鱼缸水多，又在

不停地动,"动则吉凶祸福生",所以,酒店的鱼缸位置对酒店的财运有着十分大的影响,应当十分重视。财位与店铺店门的位置刚好相对,也就是后玄武位。

2. 饭店

很多饭店都会在店面中放置鱼缸,可以用来招财、镇煞。一般而言,饭店的鱼缸镇煞的作用更大,大多应该放在凶方或放在朝向凶方的位置。另外,还要注意以下两点:鱼缸中的水面总高度不要超过180厘米,因为水位过高有"灭顶之灾"的说法;鱼缸中要用活水,而且水要从最上面向下流动。

3. 百货店

百货店的商品种类繁多,如摆放不合理则容易变成一个杂乱无章的"杂货店",可用空间狭小。为了避免出现这样尴尬的局面,首先应该在货架上下一番功夫,穿行道也要有适当的面积,营造出简约、流通的氛围,形成一个良好的商业空间。

若在百货店设置风水鱼缸,可以选在刚进门的位置,有化解外煞的作用,但不宜太大;也可以选在角落处,因为平常那里的客流量小,在这些位置养风水鱼,可以吸引客人的注意力,增加被关注的机会,达到招财的目的。要注意的是,鱼缸应尽量大一些。

4. 车行

有的车行和车展中心会设置一个非常大的鱼缸,而且大多是在进门的位置,这也是为了化解屋外直冲大门的煞气。

另外,作为交通工具的汽车,虽然必不可少,但也算是一种吉凶难料的物品,所以,用养风水鱼来化煞,可以说是一个很不错的办法。

5. 服饰店

服饰店的风水鱼缸宜小不宜大,因为服饰店本身就是一个静态的艺术空间,吸引人目光的就是这种静静的美,千万不可以大的鱼缸来招财。虽然别致的大鱼缸也会吸引他人的眼球,但有喧

宾夺主之嫌。服饰店可放一小小的淡水缸，最好是小金鱼缸，这样不会产生冲突的感觉，才能与静静的环境融为一体。

二、适合商铺的风水鱼品种

　　商铺的风水鱼，在品种上也有很多选择，如果是常规生意的商人，那商铺中宜养些生性温顺、能和睦相处的鱼，热带鱼与金鱼均可。

　　就金鱼而言，金是钱财的代表，而金鱼的体型像个大元宝，看起来显得特别吉利。当然，如果是做偏门生意的，则应该饲养口大齿利、凶猛易战的鱼，以取这类鱼的杀气来壮胆威和气势。总之，商铺养鱼宜选择那些在生意和运势方面有积极风水寓意的鱼儿。本节为你推荐的都是淡水

鱼和海水鱼，读者也可根据个人需求选择其他品种，只要能达到招财改运的目的即可。以下是目前市场上主要的商铺风水鱼品种：

1. 天子蓝

　　形态特征：原产于南美的亚马逊河，最大体长25厘米，体型如圆盘，体表以淡蓝色为基色，并微微带黄色，眼圈为黄色，尾鳍半透明。

　　饲养要点：适宜水温为20～28℃，喜欢微酸的软水，对水质要求较高，若水质变化可能会造成鱼体的不适。属于杂食性鱼类，喜欢吃红虫及丰年虾，也可喂食人工饲料。胆子比较小，很容易受到惊吓。

　　风水寓意：至尊象征，备受宠爱。

2. 红富士

　　形态特征：原产于南美的亚马逊河，最大体长25厘米。圆盘形，体表黄色，背鳍、腹鳍、头

部后面呈红色，头部、腹部为白色，有少许浅蓝色细纹，尾鳍半透明。

饲养要点：适宜水温为20～28℃，喜欢微酸的软水，对水质的变化特别敏感，水质若出现问题，会造成鱼体异常，导致鱼体颜色变黑，喜欢吃红虫及丰年虾，也可喂食人工饲料。胆子小，很容易受到惊吓。

风水寓意：红火富态，兴旺自在。

3. 黑日光灯

形态特征：原产于巴西，最大体长4厘米。纺锤形，稍侧扁，尾鳍呈叉形。身体中部自吻

部至尾鳍基部有一上（银色）一下（黑色）的条纹，鱼鳍为透明状，除尾鳍外，其余各鳍均带有黄色。

饲养要点：可以喂食浮起型的饲料，适宜水温20～26℃，个性温和，富有协调性，喜欢群居生活，喜欢成群活动，能与其他鱼混养。属于杂食性鱼类，可以喂食薄片饲料或鲜活饵料。

风水寓意：照耀前程，远大光明。

4. 七彩神仙

形态特征：原产于南美的亚马逊河，最大体长25厘米，被誉为"热带鱼之王"。体型有如圆盘，体表上有红、淡蓝、白色的纹路。对水质的变化特别敏感，水质若出现问题，会造成鱼体异常，导致鱼体颜色变黑。

饲养要点：适宜水温为20～28℃，喜欢微酸的软水，对水质要求较高。喜欢吃红虫及丰年虾，也可喂食人工饲料。胆子小，容易受到惊吓。

风水寓意：七彩人生，和和美美。

5. 黄金

形态特征：原产于南美的亚马逊河，最大体长25厘米。圆盘形，全身均为明亮的黄色，在头部、背鳍、腹鳍上有少数的浅花纹。

饲养要点：适宜水温为20～28℃，喜欢微酸的软水，对水质的变化特别敏感，水质若出现问题，会导致鱼体颜色变黑。喜欢吃红虫及丰年虾，也可喂食人工饲料。胆子小，很容易受到惊吓，可在水族箱中布置一些石洞造型以供其藏匿。

风水寓意：黄金在手，富贵不愁。

一起混养。适宜饲养水温为26℃，水质要求不高，繁殖水温26～27℃。主要以小型活饵为食。

风水寓意：金银满怀，不发都难。

7. 钻石灯

形态特征：原产于委内瑞拉，最大体长6厘米，呈纺锤形，稍侧扁，尾鳍呈叉形。随着成长，全身会出现金属的光泽，鱼鳍也会变大，十分漂亮。

饲养要点：容易饲养，适宜水温20～26℃。会吃水草，可喂食薄片、颗粒饲料。雄性间会为

6. 金曼龙

形态特征：原产于马来半岛、泰国、印度，最大体长15厘米，属斗鱼科，是蓝曼龙鱼的变种。身体呈椭圆形，体色金黄，眼睛为红色，各鳍都是银白色，并布满了金黄色的斑点，鳃盖的后半部分在光的照射下金光闪闪。

饲养要点：此鱼性情比较温和，能与其他鱼

了交配和领地而发生争斗，它们的争斗方式是张开自己的鳍向对方炫耀，甚至展开攻击。这一类型的鱼类同养，数量不宜超过5只。

风水寓意：海洋之心，独拥奇珍。

8. 红太阳

形态特征：原产于东南亚，最大体长4厘米，全身为红色，各鳍边缘为透明状，无色。其尾巴若是半圆的就是母红太阳，反之则是公红太阳。

饲养要点：此鱼比较容易饲养，但对水质要求较高，因此在饲养时要注意保持新鲜的水质，可稍微加一点盐以适宜其生长。属于杂食性鱼类，食量较大，每日应喂养多次，可喂食薄片或颗粒状人工饲料。

风水寓意：阳气十足，生机勃勃。

9. 蓝摩利

形态特征：原产于马拉威湖，最大体长20厘

米，属于出类拔萃的慈鲷科。以淡蓝色为底色，全身布有横向的黑纹，头部有蓝色的闪光斑点。随着逐渐长大，额头会隆起。此鱼雄性的体形要比雌性略大一点。

饲养要点：此鱼的生命力很强，非常容易饲养。适宜饲养水温为25℃，可喂食薄片、颗粒等人工饲料。此鱼一般生活在岩礁区，故可在水族箱中布以岩礁供其适应。

风水寓意：护主肉身，邪魔不侵。

10. 黑孔雀

形态特征：原产于委内瑞拉、圭亚那、西印度群岛等地，雄鱼最大体长5厘米，雌鱼7厘米。体形修长，后部侧扁，有漂亮的尾巴，鱼体通体为黑色，极富神秘感。

饲养要点：娇小玲珑，性情温和，活泼好动，适宜水温22～24℃，喂食红线虫、水蚤及干饲料均可。可与性情温和的小型鱼种一起混养。可在鱼缸中种植水草，铺一些小石子供其栖息、玩耍。

风水寓意：暗夜光芒，幸福追随。

12. 蓝眼灯

形态特征：原产于西非的高原湖泊水域，最大体长3厘米。体态娇小，体表透明，呈淡淡的黄色。眼睛上方好像擦着金属蓝的眼影，在黑暗中会发出迷人的蓝光，故俗称为女王蓝眼灯。

饲养要点：容易饲养，适宜饲养于水温24～28℃、pH值7.0的鱼缸中。此鱼性情温和，喜群体行动，可喂食薄片性饲料，也可喂以人工饲料及小型活饵。

风水寓意：激发气能，增强宅运。

11. 企鹅灯

形态特征：原产于南美洲亚马逊河流域，最大体长8厘米。体细长而侧扁，全身以银灰色为基色，体侧有一条黑色的粗条纹，从鳃盖后起至尾柄基部，尾鳍下叶有黑色纵带。

饲养要点：性情温和，容易饲养。喜欢群居生活，喜欢成群活动，能与其他鱼混养。适宜水温为22～26℃的弱酸性或重型软水。属于杂食性鱼类，食蚊子幼虫和其他活饵，也可喂以人工饵料。

风水寓意：气度包容，和气经营。

13. 紫印

形态特征：原产于印度洋、太平洋的珊瑚礁海域，最大体长10厘米，呈椭圆形，体色鲜红，两侧鳃盖后方各有一个紫色红印，上边到达背鳍基部，下边到达腹鳍，格外明显。鳃盖淡紫色，下颌乳白色，臀鳍有蓝色花纹。雄鱼体表有紫印，雌鱼无紫印。

饲养要点：可喂以冰冻鱼肉、丰年虾、水

蚯蚓、海水鱼颗粒饲料等，饲养的适宜温度为26~27℃。

风水寓意：大权在握，步步提升。

14. 紫雷达

形态特征：原产于印度洋及太平洋珊瑚礁海域，最大体长7.5厘米。体形与雷达相似。前半部分为白色，后半部分是灰色，背鳍和腹鳍为紫色与红色，其他部分由为黄色渐变到橘黄色，吻部为紫色。

饲养要点：栖息在珊瑚礁区较深的砂砾地带，在鱼缸中要增添可供躲藏的设施。容易接受

人工饲料，可喂食各种饲料。适宜水温26℃，海水比重1.022，水量50毫升的水族箱。

风水寓意：察言观色，随机应变。

15. 透明灯

形态特征：原产于南美北部，最大体长4厘米。此鱼体态娇小，体表为透明状，但腹部前端为鱼白色，鳃盖附近有金色的斑点，背鳍、腹鳍稍带一点红色。因其体表为透明色，而且色泽似灯管放出的光，故称为"透明灯"。

饲养要点：易饲养，喜弱酸性软水，适宜水温22~26℃。鱼性温和、活泼好动，喜群居生活，能与其他鱼混养，可喂食薄片状人工饲料或红虫、线虫等动物性饵料。

风水寓意：光彩四射，与人为善。

16. 三角灯

形态特征：原产于泰国、马来西亚、印度尼

流，最大体长4厘米。体侧线上方有一条从眼睛到尾柄的蓝色带纹，背部以后转为黑色，下方臀鳍前为银白色，后为鲜红色。眼黑色，眼眶银蓝色，镶有黑边。各鳍透明，且背鳍、臀鳍、尾鳍上有红色图案。

饲养要点：典型的底层鱼，对饲养环境要求比较高，适宜水温22~24℃，喜弱酸性软水。性情温和，可喂食鲜活饵料及人工饵料。

风水寓意：穿梭世界，多智运财。

18. 樱桃灯

形态特征：原产于亚洲斯里兰卡，最大体长4厘米，又名"樱桃"。体表为淡红色，背部为褐色，各鳍均透明，浅红色，群养时煞是好看。

饲养要点：容易饲养，喜在水的下层游动。喜弱酸性软水，适宜水温为22~26℃。性温和、活泼好动，喜欢群居生活，能与其他鱼混养，可喂以薄片状的人工饲料或红虫、线虫等动物性活饵。

风水寓意：玲珑可爱，善解人意。

西亚，最大体长5厘米。纺锤形，稍侧扁，尾鳍呈叉形。身体中部自腹鳍至尾鳍基部有一块黑色的三角形图案，鱼鳍为透明状，颜色很多，有的呈玫瑰红与蓝色的混合色。

饲养要点：性情温和，适宜与其他品种的小型热带鱼混养，以吃动物性饵料为主。对水质要求较严，水温20~26℃为宜，必要时还需在水中添加一些腐殖酸。

风水寓意：平衡至上，多元经营。

17. 红绿灯

形态特征：原产于南美洲亚马逊河上游支

19. 金玉满堂招财

形态特征：原产于越南、泰国、马来西亚等地，最大体长15厘米。椭圆形，体色为淡红色，并布满了金色的斑点，眼圈为红色。此鱼俗称"旺财锦鲤"，被视为属兔之人的风水鱼，可弥补兔属相的少财命象。

饲养要点：性情温和，容易饲养，可与性情相当的鱼种一起混养，适宜水温22～26℃，水质要求不严，但不可频繁和过量换水。

风水寓意：多子多福，富贵盈门。

20. 大吉大利招财

形态特征：原产于越南、泰国、马来西亚等地，最大体长15厘米，椭圆形，体色为暗黄色，各鳍透明，背鳍和腹鳍前半部分为黑色，鱼体中间偏下方有一块从鳃盖到尾鳍基部的黑色条纹，且是由粗变细。

饲养要点：性情温和，容易饲养，可与性情相当的鱼种一起混养，适宜水温22～26℃，水质

要求不严。不可过于频繁或过量地换水，以免水温突变而引起鱼体病变。

风水寓意：吉利双收，招财进宝。

21. 黄金雀

形态特征：原产于非洲东部的马拉威湖，最大体长10厘米，又称"黄金鲷"。幼鱼体表带有蓝色。雌雄鱼体完全不同，雄鱼为金黄色，雌鱼是暗青色。

饲养要点：生命力强，容易饲养，适宜水温25℃，喜好弱碱性（pH7.6以上）的硬水。最好饲养于深度为60厘米以上的水槽，并于水槽中以

岩石、流木布置。对饵料并不挑剔，可喂食人工薄片和颗粒饲料。

风水寓意：金榜题名，福运将至。

22. 荷兰金凤凰

形态特征：为七彩凤凰鱼在荷兰改良的品种，最大体长5厘米。体表有浅蓝色的金属光泽，头部和胸鳍基部附近呈黄色，眼圈为红色，各鳍均为橘黄色，体表及鳍上有艳蓝色小斑点，在水草缸中看起来色彩很美丽。

饲养要点：杂食性，喜食水蚤等活饵，也吃人工动物性饲料。适宜水温20～30℃，水质为弱酸性软水。胆怯易受惊吓，性情温和，繁殖期间可能会争夺领地。

风水寓意：点点金光，钱银不缺。

23. 玻璃扯旗

形态特征：原产于南美洲亚马逊河流域，最

大体长5厘米。鱼体瘦小、光滑、透明，体形纤细，侧扁，背鳍尖旗状，黑色，尾叉形。

饲养要点：此鱼性情比较温和，容易和其他鱼一起混养。水质要求较高，水要保持清澈透明，适宜水温23～26℃，较能耐低温，在15℃水温中也能生活，但体色透明度会减弱。宜投喂细小型饵料，且要注意饵料品种多样化。

风水寓意：细水微澜，引财入室。

24. 红孔雀

形态特征：原产于委内瑞拉、圭亚那、西印度群岛等地，最大体长雄鱼5厘米，雌鱼7厘米。

体形修长，后部侧扁，有漂亮的尾巴，背鳍和尾鳍上为红色，雌鱼的颜色比雄鱼逊色。

饲养要点：此鱼娇小玲珑，性情温和，活泼好动，适宜水温22～24℃，可以喂食红线虫、水蚤及干饲料等。可与性情温和的小型鱼种一起混养。可在鱼缸中种植水草，铺一些小石子供其栖息玩耍。

风水寓意：活跃气氛，改良环境。

25. 金环招财

形态特征：原产于越南、泰国、马来西亚等，最大体长15厘米，椭圆形，体色浅黄，腹鳍变异成两根长长的丝鳍，鱼体边缘有一圈金黄色，因此得名"金环"。

饲养要点：性情温和，容易饲养，适宜水温22～26℃，水质要求不严。不能够过于频繁或过量地换水，每次换水的量把握在整缸水的1/10～1/15左右，以免水温突变而引起鱼体病变。

风水寓意：招财进宝，福泽有余。

26. 黑铅笔

形态特征：原产于巴西，最大体长6厘米，长条形，背部为褐色，腹部接近鱼白色，身体侧线下方有一条从吻部到尾叉的黑条纹。

饲养要点：容易饲养，可喂食薄片饲料或线蚯蚓，适宜水温24～28℃，性情温和，喜欢群居，爱追逐，会向斜上方游动，但胆子较小，容易受惊吓，受到惊吓会跳跃。饲养时鱼缸上最好加盖，鱼缸中可以水草等做造景。

风水寓意：团队效应，共谋富贵。

27. 电光丽丽

形态特征：原产于印度、东南亚，最大体长8厘米。体态优美，鳃盖上有一大块蓝色斑，鱼体上有红、橙、蓝三色组成的斜条纹，各鳍均饰有红、蓝、灰色斑点，并镶有红色的边。是中层鱼，但喜欢躲在水草中。

饲养要点：个性温和，能够与其他鱼混养。容易饲养，适宜水温为24～26℃，可喂食鱼虫

或干饵料。比较喜欢老水，因而每次换水都不要过量。

风水寓意：美艳大方，守财于世。

28. 头尾灯

形态特征：原产于南美北部，最大体长5厘米。体细长而侧扁，全身几近透明，上眼圈为橘黄色，尾基部有一个金色光亮斑点，在光线照射下犹如两盏游动的灯，因此而得名。雄鱼的体形比雌鱼更细长。

饲养要点：容易饲养，适宜水温为22～26℃。喜欢群居生活，能与其他鱼一起混

养。杂食性，爱吃薄片状的人工饲料，但要注意所喂食的饲料应偏向植物性。

风水寓意：好头好尾，一以贯之。

29. 彩虹鲨

形态特征：原产于泰国，最大体长12厘米，流线型，身体为黑色，鳍和尾巴为红色，因为将红黑两种经典色糅合在了一起，显得很大气。幼鱼体色是很浅的混合色，接近成鱼时呈青灰色，各鳍均呈红色。性情活泼，喜欢集群游动。

饲养要点：对水质要求不苛刻，适宜水温22～26℃。杂食性，以缸底残存的饲料和草上的藻类为食，摄食量较大，体格健壮，容易饲养。要用大型水族箱，加盖防跳。

风水寓意：大气端庄，护心养性。

30. 银光斑马

形态特征：原产于印度，最大体长5厘米。身

体细长，尾部稍侧扁、尖，臀鳍较长，尾鳍呈叉形。此鱼鱼体为红色，有银色的细条纹，眼圈为银色，各鳍均为透明的淡黄色。

饲养要点：容易饲养，适宜水温24～26℃。属于杂食性鱼类，可投喂植物性饲料，也可喂食动物性饲料，红线虫、水蚤等活饵是其最爱。个性温和，可与体积小的温和鱼类一起混养。

风水寓意：同心协力，以和为贵。

31. 七彩马甲

形态特征：原产于婆罗洲、马来西亚、泰国，最大体长15厘米。呈圆盘形，侧扁，尾

鳍浅叉状。体表以褐色为基色，散布着珍珠状的斑点，前胸为鱼白色。从吻端经眼睛至尾基部，有一条不太明显的黑色纹路。腹鳍为金黄色，呈须状。

饲养要点：性情温顺，能与其他鱼混养。对水质也没有苛刻的要求，容易饲养。喜欢栖息在浓密的水草中，可喂食线虫、水蚤及人工饲料。

风水寓意：调和五行，各行皆宜。

32. 金四间

形态特征：原产于印尼，最大体长6厘米。体高侧扁，似棱形，背鳍高，在背上中部，尾柄

短，尾鳍呈深叉形。体表基色浅黄，鳞片带金色，从头至尾有4条垂直的金色条纹。

饲养要点：杂食性，但爱吃鱼虫、水蚯蚓等活饵料，也可喂食人工饲料。活泼好群聚，成鱼会袭击其他鱼，特别爱咬丝状体鳍条，不宜和有丝状体鳍条的鱼（如神仙鱼）混养，宜同种群养。

风水寓意：金光闪闪，财富满满。

三、商铺风水养鱼实例

任何一位生意人都希望他的商铺客流不断、生意兴隆，商铺生意的好坏除了与经营有关之外，风水的力量也不可小视。

古人认为：好的风水藏风蓄气得水，以得水为上。气总处于流动之中，很容易被风吹散而打破平衡，但遇到水便会停下来，因此水可以起到使气运流通平稳、循环往复的功效，也就是可以留住风水。若水中有吉物，则可以更好地调整气运流通的缓急，保得风水之地灵气不散。

所以，从风水学上看，设置一缸活泼可爱的风水鱼，是使商铺兴旺的有效手段。

鱼是水中灵物，无论是色彩斑斓的热带海水观赏鱼，还是姿态各异的热带淡水观赏鱼，它们在鱼缸中自由地游弋，成为商铺里一道亮丽的风景线。

但是，在商铺里设置风水鱼缸，怎样搭配几尾色彩鲜艳、美丽多姿的风水鱼，并使其催生强大的风水能量？答案是主要根据鱼儿的风水寓意和颜色暗示的能量来决定，另外，鱼的数目也应该有所考虑。下文将为你提供一些参考方案。

1. 龙银钱币

● 人气指数　★★★★★★

● 鱼只组合　天子蓝、红富士、黑日光灯、七彩神仙

● 风水大师精讲　在鱼的数量上，建议您用九只，且不要把其他小鱼算进去。

例如：七彩神仙鱼与日光灯鱼混养，只要算七彩神仙鱼的数量即可。有此一说：如果把七彩神仙鱼当作龙银钱币，则日光灯鱼即是龙银钱币的闪光，两者相得益彰。

古代的文人墨客喜作游鱼图，且都是题名为"九如"。何为九如？古书记载，诗经有云："天保定尔，以莫不兴，如出如阜，如冈如陵，如川之方至，以莫不增。如月之恒，如日之升，如南山之寿，不崩，如松柏之茂，无不尔或承。"此诗中共有九个"如"字，且都是吉利语，因"如"与"鱼"同音，不少人就画九条鱼，题名为"九如"，作为吉利挂画。从上可知，养鱼的最佳数目是九条。但如果鱼缸过小，养不了九条这么多，则可养三条或六条，因三是"三三不尽"之意，六是"六六无穷"之义。

2. 客似云来

● 人气指数　★★★★★

● 鱼只组合　黄金、金曼龙、钻石灯、七彩神仙、金环招财

● 风水大师精讲　这组鱼全部是由淡水鱼组合而成。淡水鱼是观赏鱼中品种最多、分布最广、养殖历史最悠久、产量最高的鱼类。因其容易饲养，在风水鱼中也备受青睐。热带淡水观赏鱼较著名的品种有三大系列。一是灯类品种，如红绿灯、钻石灯等，它们小巧玲珑，美妙俏丽，若隐若现，非常受欢迎；二是神仙鱼系列，如黑神仙、芝麻神仙、鸳鸯神仙、红眼钻石神仙等，它们潇洒飘逸，温文尔雅，大有陆上神仙的风范，且非常美丽；三是龙鱼系列，如银龙、红龙、金曼龙等，它们素有"活化石"美称，名贵且美丽，广受欢迎。此组鱼中包含了淡水鱼的三大品种，将其组合在一起寓意为"客似云来"。

闪光新箭雀雕，再各选一尾红鹰斑雕和花豹神仙，即组成六尾吉祥的风水鱼。为什么一定要选六尾呢？中国人凡事都图个吉利，在数字上面当然也不含糊，一定要图个"吉数"。但是养鱼的"吉数"是怎么定的呢？一般而言取决于养鱼主人的五行，也要根据"河图洛水"的天地生成数来推，"河图洛水"的天地生成数口诀云："天一生水，地六成之；地二生火，天七成之；天三生木，地八成之；地四生金，天九成之；天五生土，地十成之。"举例来说，倘若一家之主的五行属"水"，那便养一条浅色的鱼，或养六条深色的鱼，例如玻璃扯旗、金丝、红尾皇冠等，以符合一与六合成的"水"数，吉利又合风水之说。在风水养鱼学中，养六条鱼的寓意为：六白金生水，有利财运。

3. 吉气盈门

● 人气指数　★★★★★★
● 鱼只组合　红鹰斑雕、花豹神仙、黄头蝴蝶鱼、闪光新箭雀雕
● 风水大师精讲　这组"吉气盈门"包括四种风水鱼：红鹰斑雕、花豹神仙、黄头蝴蝶鱼、

4. 和气生财

● 人气指数　★★★★
● 鱼只组合　蓝摩利、黑孔雀、企鹅灯、蓝眼灯
● 风水大师精讲　养鱼风水学认为：鱼体的

颜色对催财的动力会或多或少地产生影响。蓝色的蓝摩利、蓝眼灯，黑色的黑孔雀，以及灰色的企鹅灯，"和气生财"这一组鱼就是根据鱼体的颜色进行搭配的。

在风水学中认为，鱼的颜色是青色或绿色，便是五行属木，木会泄水，催财的力量就比较弱。但如果鱼体的颜色是黑色、蓝色或灰色，便是五行属水，在五行中水是可以旺财的，"和气生财"这组鱼中兼容黑、蓝、灰三种颜色，催财力量不可小觑。

骑着青牛，西去陕西函谷关。把关的关令尹喜，是位练功造诣很高的人，他在关旁楼上观察星象，望见一团紫气遥遥从东方而来，知道必定有异常人物将由此关经过，于是特别留心，果然不久便会见了老子，于是辞官不干，拜老子为师。

可见，我国自古以紫为贵，以东为神圣之地，紫气东来就是指有贵气从神圣的地方降临，会给主人带来富贵吉祥，是吉兆的说法。这组鱼中搭配的全部是体色为紫色的海水鱼，意有"紫气东来"之兆。

5. 紫气东来

● 人气指数　★★★★★★

● 鱼只组合　紫印、紫玉雷达、紫雷达、日本仙、复活岛神仙

● 风水大师精讲　传说春秋时代的公元前516年，周王朝内乱，王子朝兵败被逐，在周王朝担任守藏室史官的老子，"奉周之典籍以奔楚"，因此，"被免而归居"（《庄子·天道》），回到陈国居住。他看到天下大乱，不得其时，乃蓬累而行，要到深山老林去练功养寿，

6. 财气升腾

● 人气指数：★★★★★

● 鱼只组合　透明灯、三角灯、钻石灯、红绿灯、樱桃灯

● 风水大师精讲　在商铺中养鱼，一定要精心选择。首先要选择比较容易饲养的，因为大家都知道，死鱼并没有好的兆头，而且会让人联想到是"走到尽头"的感觉。因此，容易饲养是首选。其次就是养什么品种的鱼了。这一组"财气升腾"的鱼组中，选用的全部都是容易饲养、外

形美观且寓意财气的灯鱼,将这样一缸鱼饲养于商铺之中再合适不过了。

7. 招财进宝

- 人气指数　★★★★★★
- 鱼只组合　金玉满堂招财、大吉大利招财、金环招财、黄金雀
- 风水大师精讲　这组"招财进宝"的鱼,是以体积较大的鱼种为主的搭配。其中汇聚了几只招财鱼,更是为这组鱼增添了招财的旺气。这组鱼很适合在商铺中饲养,但要注意摆放的方位,宜摆放在凶方,而不是吉方,这样才能起到

逢凶化吉的作用,尤其是在生意不好的时候,更可给铺主带来"绝处逢生"的转机。

8. 财源滚滚

- 人气指数　★★★★★
- 鱼只组合　荷兰金凤凰、玻璃扯旗、红孔雀、红太阳
- 风水大师精讲　荷兰金凤凰、玻璃扯旗、红孔雀、红太阳都是体积较小的鱼种,它们不仅形态娇小可爱,观赏起来赏心悦目,而且是可以带来财富的风水鱼。

这组鱼,正如其名"财源滚滚",若将这样一缸小鱼放置在自己的商铺中,不仅能为商铺平添几分生机,更能为商铺招来财富。

9. 大展鸿图

- 人气指数　★★★★
- 鱼只组合　黑铅笔、电光丽丽、头尾灯、

红富士

● 风水大师精讲　风水学认为：一缸鱼中一定要穿插一尾深黑色的鱼类，这样才有稳定、镇厄的效果，否则即便发了财，也未必留得住。"大展鸿图"中的黑铅笔能以其深褐色的体色为整个鱼缸乃至整个商铺起到镇煞、化煞的作用。配以其他几种色彩艳丽的鱼一起饲养，更能为商铺创造一道美丽的风景线。

但是要提醒大家一点的就是，深色的鱼虽然有镇厄化煞的作用，但要是在鱼缸中养满了深色的鱼，就要另当别论了。这样做的结果是，不仅影响鱼缸的视觉效果，更无法起到旺气、旺财的作用。因此，在选择鱼种搭配的同时，颜色的搭配也是需要特别关注的细节之一。

马甲、金四间都是积极乐观、勇猛进取的鱼只，非常适合想在"商海"中有一番作为的人饲养。这组"运筹帷幄"，寓意着主人善于运用手中的各种资源，如人脉、资料、技术、手段获取长远的收益。

10. 运筹帷幄

● 人气指数　★★★★★★
● 鱼只组合　彩虹鲨、银光斑马、七彩马甲、金四间
● 风水大师精讲　彩虹鲨、银光斑马、七彩

第七章 常见商业店铺 风水运用

选好店铺地址以后，下一步工作的重点就是室内外的装修设计。也许我们对某种既有风格的装修装饰比较喜欢，但不可轻易地去复制。由于各种行业之间存在区别，在风水技巧的运用上就必须根据实际情况作出改变，以免弄巧成拙，影响自己的生意。

本章中特意选择了我们日常比较常见的商业店铺，根据不同行业的经营需要，对特别部位的风水装修装饰做专门阐述，以期帮读者给店铺设计合理的风水布局。

一、咖啡室的风水

不同的咖啡室可以让您领略到不同的风情，或庄重典雅，或乡村风情，或西风雅致。从风水的角度来看，要想营造一个宁静、舒适、雅致的休闲环境，咖啡室的装饰、空间设计、气氛营造等方面的风水要求必须处理得当，这样才会赢得良好的经营效果。

把风水学运用到咖啡室的布局中，只需稍稍调整就会收到很好的经营效果，此举在发财利市、广招客源上也有广泛的应用性。

按照风水学原理来说，装修设计光洁舒适就能产生生气，反之，就产生死气。所有咖啡室均需要一个舒适的经营环境，才能赢得顾客，也才可以取得良好的经济效益。

风水的"纳气"与"气的流动"在某种程度

上可以理解为通风透气。咖啡室通风透气有益于货品的保管，所以使咖啡室通风透气是咖啡室装饰时要考虑的重要因素之一。

对咖啡室进行必要的装饰，有助于营造温馨的感觉，使生意更兴隆。但装饰应该以简约为主，不宜使用反光强的材料或者雕刻复杂的图形，否则会给人浮躁的感觉。

1. 咖啡室的装饰

咖啡室是人放松的场所，人们可以在此抒发感情，尽情地享受朋友间聚会的快乐和咖啡散发出来的香气。人们往往希望去一些使他们感到舒服或觉得有趣的地方，因此咖啡室的装饰只有被顾客喜欢才算是成功的装饰。

（1）气氛的营造

一般来说，顾客进咖啡室是为了打发时间，是希望得到放松，享受片刻的惬意。对他们来说，咖啡室可以是朋友聚会的地方，意味着友谊的深化；可以是消除隔阂的地方，意味着敌意的化解……在这里，每个人都喜欢买一杯咖啡，自由地思考和谈论。因此，咖啡室气氛的营造就显得尤为重要了。气氛营造的一个关键性因素就是音乐，应该选择轻松的音乐作为背景音乐，声音不要太大也不要太小，也就是要既能给人轻松的感觉，又不影响顾客谈话。另外，经营者应与设计者商量，尽可能把咖啡室设计成为雅俗共赏的地方，不但能使消费者有宾至如归的感觉，而且能使其他工作人员也有在家的感觉。

（2）灯饰的搭配

灯饰的颜色、形状与空间相搭配，可以营造出和谐氛围。吊灯选用引人注目的款式，可对整

体环境产生很大的影响。同样，室内的多种灯具应该保持色彩协调或款式接近，如木墙、木柜、木顶的咖啡室适合装长方形木制灯，配有铁质品的咖啡室适合装铁管材质的吊灯。赏心悦目的布置能增加整个空间的能量，提升经营者的运势。

（3）挂画的禁忌

很多现代人都喜欢用挂画来布置空间，以求吉祥和美感，但是在挂画的时候要注意下列宜忌：

有凶猛野兽的图画不宜张挂，以免给人带来恐怖之感。

颜色过深或者黑色过多的图画不适宜张挂。因为此类图画看上去会令人有沉重之感，使人意志消沉，缺乏热情，容易产生悲观的情绪。夕阳西下的图画也不宜张挂。

要选择一些属性为阴的画面，要求画面色调朴实，给人沉稳、踏实的感觉，让消费者可以感受到宁静的气氛。在"旺位"除了可挂竹画外，亦可挂上牡丹画，因为牡丹素有富贵花之称，不单颜色艳丽，而且形状雍容华贵，故此一直被视为富贵的象征，所以在当旺的方位挂上富贵花，可以说是锦上添花。

图画最好不要悬挂，以免给人压迫感过重。

2. 咖啡室的空间设计

咖啡室空间的大小要适宜，过大显得空荡、冷落、寂寞，过小则不利于空气对流，室内空气浑浊，也容易感觉沉闷。另外，空间不同的组成元素代表了商业财运的不同方面。天花板代表天，地板代表地，墙壁代表人。墙壁的颜色应该

在天花和地板之间，这样才能达到和谐，造就好的环境。

（1）空间布局

空间内部布局的基本要求是：敞亮、整洁、美观、和谐、舒适，满足人的生理和心理需求，有利于身心健康。其主要采用"围"、"隔"、"挡"的组合变化，灵活多样地区划空间，造就好的风水。

所谓"围"，就是利用帷幄、家具等在大的空间中围出另外的小空间，或者用象征的手法，在听觉、视觉方面形成独立的空间，使人在感觉上别有洞天，而实际上还是融合在大空间里。

所谓"隔"，就是用柜、台、屏风、绿化等手段，在大空间中划出不同功能的活动区域。

所谓"挡"，就是用家具、胶木、折页门帘等，分隔出功能特点差异较大的活动区，但整体

空间依然是畅通的。

（2）空间的净高

内观设计在咖啡室风水设计中也是十分重要的，其设计的风水好坏，直接影响到其形象和经营状况。从人的心理需求来看，净高6米使人感到过于空旷；净高2.5米以下，则使人感到压抑和沉闷；净高3米左右，则使人感到亲切、平易、适宜，这样的高度给人的感觉较好。应根据具体的层高设计出不同风格的娱乐空间，发挥空间能量的最大作用。从科学的角度来考虑，在不同净高的空间，二氧化碳浓度也不同。净高2.4米，空气中的二氧化碳浓度大于0.1%，不符合室内空气中二氧化碳浓度的卫生标准；净高2.8米，空气中的二氧化碳浓度小于0.1%，符合卫生标准。

（3）天花板和墙面

不要让天花板和墙面遭受损坏，否则会使顾

客感到不安全，从而影响商机。至于使用的材料，则不胜枚举，有各种胶合板、石膏板、石棉板、玻璃绒以及贴面装饰，除了考虑经济和加工两个方面外，还要考虑光线、材料质地及风水等要素，使其与空间色彩、照明等相配合，形成优美的休闲空间。

（4）地板的装饰设计

地板代表基础和稳定，地板如不结实则会让人担心前行的路是否稳固。最好是采用属阴的木地板，其特点是温馨自然、触感柔和、有弹性，能使空间平添清新活力，能让人充分享受放松、随意的休闲乐趣。地板在图形设计上有刚柔两种选择，以正方形、矩形、多角形等直线条组合为

特征的图案，带有阳刚之气；以圆形、椭圆形、扇形和几何曲线组合为特征的图案，则带有阴柔之气。

地毯是布置地板的重要装饰品，选择一块地毯，从风水学角度来看其重要性有如屋前的一块青草地，亦如宅前可以纳气的明堂，不可或缺。最好选择色彩缤纷的地毯，色彩太暗淡单调会使空间黯然失色，就很难发挥生旺的效应。地毯上的图案千百万化，但是务必记住选取寓意吉祥的图案，那些构图和谐、色彩鲜艳明快的地毯，显得喜气洋洋，令人赏心悦目，这样的地毯便是佳选。

地毯在风水方面也会产生一定的影响，不同的颜色有不同的效果，按照风水的理解，不同的颜色具有不同的属性。

门向与地毯配合得宜则旺上加旺，地毯的颜色应该按照以下的说明配合门向。

门口朝向东方、东北方——配合黑色地毯
门口朝向南方、东南方——配合绿色地毯
门口朝向西方、西南方——配合黄色地毯
门口朝向北方、西北方——配合乳白色地毯

二、休闲生活馆的风水

现代人用全新的方式与理念去诠释生活的意义，既有全情投入的工作，也要有彻底的休闲放松，既不会成为一味工作的机器，也不会是只享受生活的寄生虫。在此种情况下，各类休闲生活馆应运而生。有的经营者为了更好地赢得消费者，在设计时，往往会巧妙地运用一些风水手段，以此来创造一个更加舒适、休闲的环境。

1. 休闲生活馆的风水要求

休闲生活馆的设计，不论是实用性还是风水效果，均要有一个高雅清新的怡人环境，这样不仅会增添客人的情趣，而且也会给客人带来舒适休闲的感受，可以加大消费者光顾的指数。

从经营的角度来说，注重生活馆的造型可达到树立商业形象的目的。要做到这一点，就必须要使它的造型具有鲜明的独特性，才能宣传自己，招徕顾客。

很多休闲生活馆都处在离繁华街市有一定距离的地方，要想在这样的区域取得经营活动的成功，就要从生活馆的环境设计风水、外观设计风水以及室内设计风水等诸多方面着手，使之独树一帜，让消费者易于识别，并产生消费欲望。

2. 休闲生活馆的分类

休闲生活馆主要有三类：运动类主要有健身房、保龄球房、高尔夫球场、壁球房、网球房、游泳池（兼有室内、室外、室内外三种类型）等；美容健美类主要包括理发室、美容室、按摩室、桑拿室等；娱乐类主要有游戏室、棋牌室、舞厅、各类吧等。

3. 休闲生活馆的环境设计

环境设计对休闲生活馆的风水非常关键。好的环境设计可以令休闲生活馆美观大方，从而吸引大批的顾客。相反，不注重环境设计的休闲生活馆给人的感觉当然也不好，因此只能惨淡经营。

一般的休闲生活馆，总平面均由建筑小广场、停车场、雕塑、室内活动场所和室外活动场所组成。

休闲生活馆因基地面积有限，大多都在房顶平面设网球场、游泳池、屋顶花园等。环境设计应争取良好的景观效果，提高环境质量。良好的景观会给客人带来美好的身心享受，使之留连忘返，休闲生活馆的生意必然蒸蒸日上。

在外观设计中，休闲生活馆的大门入口是至关重要的。休闲生活馆的生意好坏，这个部分能起到三至五成的关键作用。因此，必须非常重视门庭的风水设计。

大门的设计形式应符合当地的气候条件、民俗习惯、磁向方位等要求。另外，不同经营特点的休闲生活馆大门的大小、位置、数量都是不同的，要点是进出通畅舒适，外观引人入胜，并且

显示出休闲生活馆的独特标志或特色。

特殊的外观设计，对于其经营是有正面意义的，在外观设计上，还应注意以下两个方面：

（1）造型

不管是高度还是广告，或特殊建筑风格，都可能是一个观光点，对商店经营应有正面的帮助。

（2）颜色与装饰

外观的颜色能衬托出整个外观效果，尤其是

4. 休闲生活馆的外观设计

休闲生活馆因规模大小的不同，整个外观设计也是不同的。不管如何，其外观本身就是一种宣传、标志、象征，所以在开始构筑休闲生活馆的硬体结构之前，应思考休闲生活馆的外观，让它能成为象征、代表。

装饰或是霓虹灯、盆栽、饰条，均具有高度强化的宣传效果。

5. 休闲生活馆的室内设计

休闲生活馆的室内设计以"气"的"平衡原理"为依据，无论是装饰的形式与造型，还是色彩的组合以及材质的运用等，皆建立在"平衡原理"的基础之上。室内设计是一种创造美的艺术，同时设计师也是好环境好风水的创造者。

休闲生活馆内的动线设计要流畅，走道不可过多，最好是以大厅为中心，能四通八达到各单独房间，而不要绕来绕去或穿过一间房再进入一间房，动线不流畅的格局属不吉。

室内不可以有回字形走廊，娱乐场更应避免这种设计。因此，室内走廊不可贯穿整个空间。如果走廊的设计将室内分为两半，属大凶之局。

门的位置设计应该避免门对门，这样会导致气流相对，"气场"会漏且相冲，令客人的情绪浮躁，而且在风水上有漏财之说。

以上两种室内格局的化解方法，是在适当的地方放置大型落地屏风，让气流能回旋转折。走廊太窄会让人有局促感，宽敞的走道让人感觉安静而温馨，这样的商业空间可以给人带来财运。

平衡又可称为均衡，平衡原是力学的名词，是指地点两边的力相等，处于稳定状态的现象。在装饰工程中的各个面上，各种物体的布置关系上的平衡，主要是指在视觉中所获得的平衡感。因为在视觉形式上，不同的造型、色彩和材质等要素，会引起不同的质量感觉。

平衡的处理方法有对称平衡和非对称平衡两种。所谓对称平衡，是指画面中心点两边或四周的形态和位置完全相同。比如说，在一张长台中间摆一台电视机，两边相对位置上摆放相同大小的花，即为平衡的形式。在墙面两边均悬挂一组

图画，亦是一种对称平衡的处理方式。对称方式所形成的对称平衡给人以庄重和安定的感觉，但缺点是过于呆板。非对称平衡是指在一个平衡形式中，两个相对部分不同，但在数量、体积的量上给人的感觉相似而形成平衡现象。如在装饰时以多个圆有大有小形成的对比与统一关系，又如墙面上均有悬挂的一组图画，其中两边的图画不是一幅组成，而是由两幅或多幅所组成，但组成后的面积与一幅图画相同。又如一组沙发为中心的摆设，左边摆放边桌和台灯，右边摆设绿色植物盆栽，若两者的量感和体感相差不大，即可以形成非对称平衡的效果。非对称平衡比对称平衡的平衡效果更为生动。

6. 休闲生活馆的卫生间

卫生间风水是休闲生活馆风水的一个重要组成部分，它可以直接影响客人的健康。卫生间的基本功能是：满足客人盥洗、梳洗、如厕、沐浴等个人卫生要求，它要求方便、紧凑、高效、舒适、明快、清洁，装饰也应以浅色明快为好。此外，在卫生间里摆放小型绿色花草可以提高整个空间的风水效果。

娱乐场的中心部位不宜作卫生间，否则便如人的心脏堆积废物，那自然是凶多吉少了。倘若卫生间并不是在中心位置，却位于后半部空间的中心，刚好与大门成一直线，也不宜选用，因为这样很可能导致破财。设置卫生间不宜之处，可归纳为下列几点：

①卫生间门不宜与大门相冲。

②卫生间地点宜隐蔽，不宜正对大门与大门成一直线。

③卫生间只宜设在走廊边上，而不可设在走廊尽头。

④卫生间应该保持清洁，光线充足，排气扇要常开。

⑤卫生间应该保持空气流通，让浊气更容易排出，保持空气新鲜。

⑥卫生间是个潮湿的地方，为了保护顾客的隐私，很多的设计只是开一个小窗，在此往往造成通风与采光不足。一个消费场所如果卫生间不清洁，也很难留住顾客。

⑦在用材上要讲究使用材料的质量，最起码应该避免使用一些有毒、有辐射的材料。

此外，卫生间与人的联系最直接，现代的卫生间必须强调功能的细化，室内外要有良好的沟通，采光、通风都要照顾到，不能够认为是卫生间就忽略它的设计。墙面、顶面等做趣味变化，如局部用木材，用玻璃台盆来增加通透感，在墙上挂画，在化妆台放置观花和观叶、观茎植物，周围一片绿色，可以让客人有一种身处自然界的感觉。

7. 休闲生活馆的大厅色彩

大厅要使人感到开朗明快、舒适、高雅，使客人有"宾至如归"的感觉，那么大厅的色彩基调就要用暖色，如米黄、橙黄、浅玫瑰红等，营造温暖舒适的氛围。讲究一点的话，可按大厅的方位所暗示的金白、木绿、火红、土黄来作为用色的标准。

色或其他深色花纹。

设在西北边或西边的大厅，墙面可涂白色，或在白色背景中绘上一些浅色花纹，窗帘可用金黄色，并衬以白色透明的薄纱。

设在南边的大厅，墙面可涂淡绿色，窗帘布可采用鲜艳一点的颜色。

设在西南边的大厅，墙面可用浅黄色，与东北边的大厅相似。

设在东南边的大厅，墙面可涂草绿色，窗帘可选用绘有花木或翠竹的图案。

设在东边的大厅，墙面可涂淡紫色或者淡蓝色。

设在北边的大厅，墙面可涂淡绿色或水蓝色，窗帘不宜太鲜艳。

设在东北边的大厅，墙面可涂淡黄，沙发可用咖啡色，窗帘布可用黄色为底色，并配上咖啡

三、KTV夜总会的风水

KTV、夜总会布局同样讲求有风有水。有水才有生命，有风才能播种。做生意的空间一定要

让人感觉舒服，从善如流，和气生财。如果风水不适应整体空间，就应该最大程度地运用科学的化解方法进行综合调整。

KTV、夜总会都有它自己的环境命运，那就是风水对它的影响，不同的场所风水也不一样，盈亏结果也不相同，其风水状况直接影响到经营者的财运。

1. 内部设计

利用色彩、灯光、造型把KTV、夜总会店面做得亮丽动人，这当然十分重要。但一个特色突出，有浓厚的"娱乐场所味儿"的KTV、夜总会，要想经济效益很好，其内部设计是必不可少的。KTV、夜总会内部设计主要包括大厅、包房、收银台、走廊、化妆室等各部分的设计。

（1）大厅

大厅是迎送客人的礼仪场所，也是KTV、夜

总会中最重要的交通枢纽，其装修设计风格会给消费者留下极为深刻的印象。

大厅应明亮宽敞，无论大门朝哪个方向，其设计都要符合风水的要求，要对客人产生强烈的亲和力，让客人一进大厅就有一种舒适的感觉，这样生意才会兴隆。材质上，要选用耐脏、易清洁的饰面为材料，地面与墙面采用具有连续性的图案和花色，以加强空间立体感，同时，还要注意减少噪音的影响。

（2）包房

KTV、夜总会包房内装修方面，地板的材质应选用桧木、松木等，颜色以深褐色为宜，若需

要铺设地毯，则以浅灰褐色系为宜，墙壁涂装灰泥或粉刷。天花板使用具有吸音效果的材质较好，地板可用木材铺设。墙壁和天花板用茶色。总之，可说浅灰褐色系即表示吉。

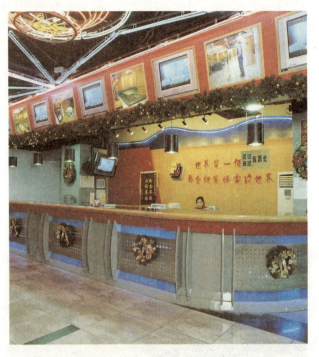

（3）收银台

收银台是钱财进出之地，风水上说收银台应设在虎边（人站在室内向大门方向望去的右边就是虎边），也就是在不动方，才能守住钱财，不可以设置在流动性强的龙边，否则不利财运。

收银台的高度也要适中，过高会有拒人于外的感觉，过低又有不安全感，适当的高度在110～120厘米之间，或取107、108、126厘米。收银台内不可有电炉、咖啡壶之类的电器，否则易生灾难及口舌。进门处的收银台旁，不可设有水龙头和冲洗槽，放钱的保险箱应该隐秘，不可被人看到，但小额的收银机不受限制。

（4）走廊

KTV、夜总会走廊太窄会让人有局促感，而宽敞的走道给人安静而温馨的感觉。

精心设计的走廊，可以使过道的沉闷一扫而空，成为一道亮丽的风景线。在走廊的地毯上另外铺设地毯，摆成楼梯的格式，让每个步入者都有些错落的感觉。走廊若有栏杆并有数根支柱支撑，则无论在哪个方位均吉。倘若经营者十二地支星跟走廊的位置重叠，则吉相更为加强，自然有助于好运的提升、信用的增强，生意也会随之更兴隆。

（5）化妆室

KTV、夜总会中化妆室的照明一定要明亮，昏暗的化妆室不仅显得不卫生，而且令人健康运下滑。使用光线昏暗的化妆室的夜总会，应尽快换照明设施，色调也应该是怡人的，让人居于其中，有一种精神上的享受，并有愉快的心情。总之，化妆室设计要达到这种目的：进化妆室感到非常舒适、放松，出化妆室时精神焕发，得到的是另外一种享受。

2. 附属区域

KTV、夜总会里除了一般的大厅、包房、走廊、化妆室之外，还有一些其他的附属区域，例如酒吧区、舞池区等等。这些区域的装饰同样不可忽视，可根据经营场所的整体风格来进行设计，力求做到美观且不失个性。

KTV、夜总会的装饰效果要和本地区客人的文化素质相结合。在现代化的大城市，可以设计豪华的多功能KTV、夜总会，房间内可以增设工艺品的摆放区域和自由娱乐区域，如自助式酒吧区、小型舞池区、情侣品茶区、小型舞台表演区等。不要小看这些设计，它们可是高消费人群的首选。包间的设计和施工在装饰和灯光上也特别讲究，文化内涵特别丰富，可设计为欧式、日式、中式，或原始森林式、古堡式和奇幻式等。

五花八门的装饰设计可运用到KTV、夜总会的各个场所。

四、酒吧的风水

酒吧的原文为英文的"bar"，本意是"横木和棒"，是以高柜台为特点的酒馆。当酒吧从单纯聚会、饮酒的地方发展成为多元素融合的文化空间时，酒吧已成为一种艺术展示、个性宣泄的综合性休闲场所。

酒吧装饰艺术触及到的不只是艺术的发展学，也涉及到历史学、美学、心理学和社会学等诸多学科，其中包括风水学。本章将要阐述的是有关酒吧布局的风水知识。

1. 酒吧的空间划分

一个较大的酒吧，其空间可利用天花板的升降、地坪的高低以及围栏、列柱等来进行分割。空间的划分使酒吧更具层次感，在视觉上呈现出一种流动性和趣味性，让人感觉到生动、丰富、活泼和雅致。

酒吧的空间划分有许多种方法，如实体隔断：用墙体、玻璃罩等垂直分割成私密性比较强的酒吧空间，既享受了大空间的共融性，又拥有了自我呵护的小空间；列柱隔断：可构成特殊的环境空间，似隔非隔，隔而不断；灯饰区隔空间：利用灯饰结合天棚的落差来划分空间，这种空间的组织手法使整体空间具有开放性，显得视野开阔，又能在人们心理上形成区域性的环境氛围；地坪差区隔空间：在平面布置上，利用改变局部地区的高低，呈现两个空间的区域，有时可以和天花板对应处理，使底界面、顶界面上下呼应共造空间，也可与低矮隔断或绿色植物相结合，构成综合性的空间区隔手法，借以丰富空间、连续空间。

酒吧空间设计成敞开型（通透型），则风格豪迈痛快，设计成隔断型则柳暗花明。无论采用哪一种布局，都必须考虑到大众的审美感受，符合大众的口味又不失个性。

开敞空间是外向的，强调与周围环境交流，心理效果表现为开朗、活泼、接纳。开敞空间经常作为过渡空间，有一定的流动性和趣味性，是开放心理在环境中的反映；封闭空间是内向的，具有很强的领域感、私密性。在不影响特定的封闭机能的前提下，为了打破封闭的沉闷感，经常采用灯窗来扩大空间和增加空间的层次。

动态空间引导大众从动的角度看周围事物，把人带到一个和时空相结合的第四空间，比如光怪陆离的光影，美妙的背景音乐。在设计酒吧空间时，设计者要分析和解决复杂的空间矛盾，从而有条理地组织空间。酒吧空间应生动、丰富，给人以轻松雅致的感觉。

2. 酒吧的装饰

酒吧多半有一个特定的主题，由此延伸出来的一些文化和风俗习惯构成了酒吧的灵魂。从酒

吧氛围的营造，室内外空间的整体装饰，到细节处的点缀都围绕这个中心而展开。从风水的角度来看，我们应该注重酒吧的装饰色调、酒吧的格局以及酒吧的内部设计等因素。

酒吧文化除了能给人带来审美上的愉悦和情感上的震撼，还传递着特定的历史、文化信息。酒吧内在的色彩、格局和装饰包括室内的布置、线形、色调、造型等方面。好的装饰自然带来好的风水，可以招徕更多的生意。

装饰酒吧时要注意阴阳调和。暗偏阴的空间，为了增加阳气，尽量少用玻璃台面的桌子，可以多用实木质地的材料，并通过布艺、鲜花、挂画、灯光等来装饰，也就是说，尽量让酒吧呈现出暖色调，因为冷冰冰的空间装饰会严重影响消费者的心情。

（1）色彩

如果说彩光是美人的秋波，酒吧室内色彩就是她的衣裳。人们对色彩是非常敏感的，冷或暖、悲或喜，色彩本身就是一种无声的语言。最忌讳莫如看不清楚设计中的色彩倾向，表达太多反而概念模糊。室内色彩与采光方式相协调，才有可能成就理想的室内环境。构成室内的要素有形体、质感、色彩等，色彩是极为重要的一方面，颜色会使人产生各种情感，比如说红色是热情奔放、蓝色是忧郁安静、黑色是神秘凝重……

（2）灯光

灯光是设计中不可忽视的问题，灯光是否具有美感是设计成败的因素之一。环境优美与否能直接影响到人的心情，这就不能不在采光方式上下工夫了。采用何种灯型、光度、色系以及灯光的数量是多少，达到何种效果，都是很精细的问题。灯光往往有个渐变的过程，就像婀娜的身姿或波动的情绪，在亮处看暗处，在暗处看亮处，在不同角度看吧台上同一只花瓶获得的感观效果都不尽相同。灯光设置的学问在于"横看成岭侧成峰"，让人感觉到变幻和难以捕捉的美。

酒吧的照明强度要适中，吧台后面的工作区和陈列部分要求有较高的局部照明，以吸引人们的注意力并便于操作，吧台下可设光槽将周围地面照亮，给人以安定感，室内环境要暗，这样可以利用照明形成的特点来创造不同的个性。吧台部分作为整个酒吧的视觉中心，要求较高，除了操作的照明外，还要充分展示各种酒类和酒器，以及调酒师优雅娴熟的配酒表演，从而使顾客在休息中得到视觉的满足，在轻松舒适的气氛中流连忘返。

酒吧间内主要突出餐桌照明，酒吧中央公共过道部分应有较好的照明，特别是在设有高差的部分，应加设地灯照明，以突出台阶。

（3）材料

不同功能的建筑空间对吊顶材料的要求也不尽一致，吊顶装饰材料有纸面石膏板、纸面石膏装饰吸声板、石膏装饰吸声板、矿棉装饰吸声板、聚氯乙烯塑料天花板、金属微穿孔吸声板、贴塑矿棉装饰板、膨胀珍珠岩装饰吸音板等。

（4）壁饰

酒吧壁饰是影响酒吧风格的重要元素，选择不同的壁饰来装点酒吧，可以打造出您想要的情调与氛围。大幅壁画装饰墙体，既可以凸显特殊的消费环境，又可以满足人们不同的艺术欣赏需求，从而进一步刺激消费。

（5）绿化

利用室内绿化可以改变人们的视觉感，使室内各部分既保持各自的功能作用又不失整体空间的开敞性和完整性。现代建筑大多是由直线和板块形组成，感觉生硬冷漠，利用室内植物特有曲线，多姿的形态，柔软的质感，悦目的色彩，生动的影子，可以使人产生温和的情绪，减弱大空间的空旷感。墙角是一个让人不太注意的地方，然而细节往往是最动人的，也是最细腻的。大多数设计者都会采用绿化消融墙角的生硬感，让空间显得生机盎然。室内绿化主要利用植物并结合

园林设计常见的手法，完善、美化它在室内所占的空间，协调人与环境的关系。

3. 吧台区设计

吧台是酒吧一道亮丽的风景，是酒吧区别于其他休闲场所的一个重要标志，它令人感到亲切、温馨，潜意识里传达着平等的观念。吧台用料主要有大理石、花岗岩、木材等，由于空间设计不一样，吧台的风格也各有不同。

酒吧的格局要方正，不可有缺角或凸出的角落。如果有尖尖角角，那么坐起来会感觉不舒服，进而心情也受影响，而中国传统的居住哲学也认为，尖锐的屋角和梁柱会放射"煞气"，影响财运。如果有其他的原因不得不选择有尖角的房子，那么可以考虑设计仰角照明灯，使灯光直射屋梁，达到以圆化尖的目的。因此，进行吧台设计时应特别注意避免尖角。

（1）吧台的划分

吧台分前吧和后吧两部分，前吧多为高低式柜台，由顾客用的餐饮台和配酒用的操作台组成；后吧由酒柜、装饰柜、冷藏柜等组成。

作为一套完善的吧台设备，前台应包括下列设备：酒瓶架、三格洗涤槽或自动洗杯机、水池、饰物配料盘、贮冰槽、啤酒配出器、饮料配出器、空瓶架及垃圾筒等。后吧应包括下列设备：收款机、瓶酒贮藏柜、瓶酒、饮料陈列柜、葡萄酒、啤酒冷藏柜、饮料、配料、水果饰物冷藏柜及制冰机、酒杯贮藏柜等。

前台和后吧间距离不应小于950毫米，但也不可过大，以两人能同时通过为适。冷藏柜在安装时应适当向后退缩，以使这些设备的门打开后不影响服务员的走动。过道的地面应铺设塑料隔栅或条型木板架，局部铺设橡胶垫，以便防水防滑，这样也可减少服务员因长时间站立而产生疲

劳感。

（2）吧台设计

①前台：酒吧一般有一套调制酒和饮料的吧台设计，为顾客提供以酒类为主的饮料及佐酒用的小吃。酒吧吧台的形式有直线形、"O"形、"U"形、"L"形等，比较常见的是直线形。吧台旁边顾客用的餐椅通常是高脚凳，这是因为酒吧服务台有用水等要求，地下要走各种管道因而地面被垫高，此外服务员在内侧又是站立服务，为了使顾客坐时的视线高度与服务员的视线高度持平，顾客方面的座椅要比较高。为配合座椅的高度以使下肢受力合理，通常柜台下方设有脚凳杆。吧台台面高100～110厘米，坐凳面比台面低

25～35厘米，踏脚又比坐凳面低45厘米。

②后吧：除了前述吧台即前吧外，后吧的设计也十分重要，由于后吧台是顾客视线集中之处，也是店内装饰的精华所在，因此更需要精心处理。首先应将后吧分为上下两个部分来考虑，上部不作实用上的安排，而是作为装饰和自由设计的场所；下部一般设柜，在顾客看不到的地方可以放置杯子和酒瓶等。下部柜最好宽40～60厘米，这样就能贮藏较多的物品，满足实用要求。

③吧凳：吧凳面与吧台面应保持25厘米左右的落差，吧台面较高时，相应的吧凳面亦要高一些。

吧凳与吧台下端落脚处，应设有支撑脚部的支杆物，如钢管、不锈钢管或台阶等。

较高的吧凳宜选择带有靠背的样式，坐起来会感觉更舒服些。

（3）酒柜

现代娱乐场所的酒柜更多地把酒柜合入间厅柜、墙壁、橱柜、装饰柜中，由于考虑到空间面积、结构和原有设计的客观条件等因素，人们会更多地考虑酒柜的实用性。

中式、欧式酒柜各有特色。中式酒柜大多讲究侧面的装饰，喜欢把酒柜的各个部位细化、美化、复杂化。欧式酒柜面积大，但做得轻巧，多用不锈钢、玻璃等材质，木材用得少，追求简约的风格，多讲究外部线条的搭配和装饰。相对来说中式酒柜做得比较正式，一般适合较大面积的房子。

①原木酒柜：若想给顾客营造一种回归原始的感觉，那么不妨设计一个原木的酒柜。这种酒柜在设计上用原木材料，原木的质感让人有一种回归自然的感觉，月牙形的艺术壁灯又添加了浪

漫的色彩。但切记，这种风格的酒柜设计一定要符合居室的整体设计风格。

②玻璃隔断的酒柜：如果空间不大，且房屋举架较低，那么这种酒柜最适合，因为它既实用又美观，由于实际空间的限制，我们不得不改变原有的酒柜概念，于是仅仅在墙壁上安装出几块玻璃板用于摆放酒瓶及酒器，这样将空间向高处延伸，可以说算是别出心裁的创造。

③隔断性酒柜：这种酒柜的设计是出于功能性的考虑，由于原有房屋的整体格局不够合理，因此在设计师的巧妙设计下创造了这样一个酒柜。这种酒柜是将狭长的过道处设计成一个酒柜，使原有的不被利用的空间得到了合理的利用，同时从外面看这里是一处过道，但从吧区里面看这里又是一处小酒吧，既实用又增添了情趣。

五、酒楼的风水

但凡经商者无不希望自己所销售的商品受到市场和大众的欢迎，事业蒸蒸日上，财源滚滚而来。越来越多的人意识到风水对于酒楼经营的重要影响，并开始逐渐去了解、利用、改造和顺应它。许多知名的酒楼之所以能够生意兴旺，大多是因为它们的经营者重视风水，并在经营过程中始终关注对内外部环境的适应与调整。因此，选择一个人气旺、地段好的经营场地，打造出美观和谐的内外部环境是非常必要的。

1. 环境与餐饮业风水的关系

风水学以自然科学的理论为依据，将各种自

然信息能量利用起来，进行阳光、气流、地势、色彩等自然物理能量的调整，使之适合人们身心健康的需要。风水学满足了各类人群在避凶趋吉、招财进宝、升官晋爵、延年益寿、家业兴旺等方面的心理需求，在人们的心理和精神上产生了良好的安慰和激励作用。

有些时候，人们会很奇怪地发现，有些餐饮店装修得不错，价格便宜，地段又好，但就是没有什么生意；而有些看上去很不起眼的地方，却生意兴隆、人流不断。根据中国传统的观念来看，这与餐饮店的风水有很大关系。从科学的观点来看，这是因为在餐饮店的选址、外观设计和内部装修上没有根据地理环境、气候及消费者心理等因素来进行，这些都是风水学所研究的内容。因此，在事业经营中必须加以重视。这里的风水包括餐饮店的选址、餐饮店的外观设计、餐饮店的内部布局。

（1）车流

许多店面都面临大街，门前人流和车流来往不断，这样的店面一般说来是人气旺，有利于餐饮业发展的。但是，从风水学的角度来说，有吉凶之分。我们可依马路的车辆行走方向来判断店址的吉凶好坏。要考虑到所处的街道环境是主干道还是分支道，人行道与街道是否有区分，以及道路的宽度、过往车辆的类型、停车设施的情况等，估算出通过的客流量和车流量。分析时，还应注意按照年龄和性别区分客流量，并按时间区分客流量与车流量的高峰值与低谷值。

入口在前方中央（朱雀门），可以不用理会汽车的行走方向，这种情况以吉论之。在入口的前方，有一处平地或水池、公园等，视为吉相，主旺财。在店的前方，车辆由右方向左方行驶

（由白虎方向青龙方行驶），于前方靠左开门（青龙门），以吉论。

在店的前方，车辆由左方向右方行驶（由青龙方向白虎方行驶），店址于前方靠右开门（白虎门），以吉论。

入口前方，并非马路，全是平台，则以开前方中门及前左方开门的店址为吉论。

（2）周边楼宇

餐饮业最理想的环境是店址的左方和右方都有大楼，但这些大楼应矮过店铺背后的大楼，小过背后的大楼，否则仍不是理想的风水。

2. 酒楼外观风水

从营销的角度来说，注重酒楼的外观造型可达到树立商业形象的目的，要做到这一点就必须使它的外观造型具有鲜明的独特性。关于酒楼外观风水设计的原则，就是要使人们在观看时感到舒服顺眼，达到良好的视觉效应，从而获得人们对酒楼的认同感。

（1）外观造型

从风水上来讲，酒楼的外观造型最好是能围绕酒楼的营销特色展开设计和构想，主要原则是要使顾客看酒楼的外观就能猜测到酒楼经营的范围，起到宣传和招揽顾客的作用。

但追求外观造型的特色并不意味着要将建筑外观搞成奇特的形状，奇形怪状的外观造型很可能会弄巧成拙，惹来路人的非议。良好的建筑造型在于挖掘人们对造型结构的审美意识，这种审美意识对中国人来说，就是讲究结构的左右对称、前后高低均等、弧圈流畅、方正圈圆等。因

此，在设计酒楼外观的独特造型时要注意造型结构的协调性。就是说，要考虑酒楼外观的独特造型是否符合人们对建筑结构的审美观念。具体来说，就是要看牌子左右两侧部分是否对称，前后高低是否相宜，四周留出的空间是否均等，该呈角形的是否呈角形等。

人们认识一个事物，往往都是从认识外观开始。因此，酒楼能从外观造型上赢得顾客的好感，就等于生意做成了一半。优美的外观与美丽的景致相结合即是商家所看重的天时地利，精明的生意人就能借用天地之利，以达到财源滚滚的目的。

（2）外观色彩

从某种意义上来说，建筑是色彩的建筑，没有色彩的建筑如同没有了灵魂，会变得毫无生

气。按照风水学的五行之说，天地万物是由水、火、土、金、木五种元素组成，天地万物都以五行分配，颜色配五行就为五色，即青、赤、白、黄、黑。不同的颜色代表不同的意义：

青色，五行属木，为木叶萌芽之色。

赤色，五行属火，为篝火燃烧之色。

黄色，五行属土，为地气勃发之色。

白色，五行属金，为金属光泽之色。

黑色，五行属水，为深渊无垠之色。

因此，古代建筑对颜色的选择十分谨慎，如为祈求富贵而设计的建筑就用赤色；为和平、永久而设计的建筑就用青色；黄色为皇帝专用颜色，民间建筑不能滥用，只能用于建筑的某个小部分；白色不常用；黑色除了用于某些建筑的轮廓之外，也不多用。故而，中国古代的建筑以赤色为多，在给屋内的栋梁着色时，以青、绿、蓝三色用得较多，其他颜色很少用。

其实也可以这样理解，人们对色彩的感受已经不是一种简单的颜色欣赏，而是将之作为一种人类情感的寄托物，反映了一个民族的信仰。于是，在设计酒楼外观的颜色时，就要注意与人们对颜色的传统认识观念相协调，使人们接受建筑上的颜色。当然，随着现代文化的发展，人们对颜色的认识与需求也会有所变化。那么，作为经营者，就需要主动去满足人们对颜色的要求，以清新、活力、美感的色彩来吸引顾客，达到商品促销的目的。

要求酒楼外观造型的协调，当然也包括着色的协调，各种颜色搭配的协调等方面。外观造型颜色的不协调，主要是指建筑物涂了某种为人们所忌讳的颜色，或者是在着色、选择搭配的颜色上，给人们造成了不舒服的色彩感觉，出现这样的情况将会影响酒楼的外在形象。

按风水学的理论，颜色不正、色彩不协调都带有煞气。酒楼外观颜色不协调，就会给店铺带来煞气。即使抛开风水不论，酒楼外观造型颜色

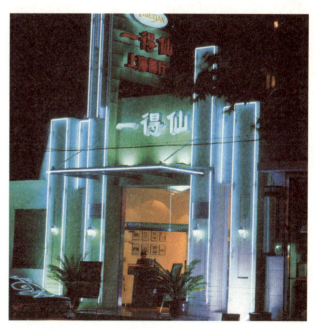

的不协调，就好似一个人穿了一件不伦不类的外装，是应该加以避免的。借助颜色美化店铺，这是现代商家运筹经营的崭新意识。

（3）大门

酒楼的大门就如同咽喉，是顾客出入的通道，每日迎送顾客的多少决定了生意的好坏，因此，必须非常重视酒楼大门的风水设计。大门的形式和设计应符合当地的气候条件、民俗习惯、宗教信仰、磁向方位，以及酒楼等级的要求等。

①门的分类与应用。风水学上将开门分为四类，分别是：朱雀门、青龙门、白虎门、玄武门。

所谓朱雀门，是指宅门开在建筑中间。如果建筑前方有一处水池或空地，即是有"明堂"，这样，门适宜开在建筑之前方中间。

所谓玄武门，是指大门开在建筑的后面，一般的独栋式建筑都要开设后门，一是对安全有利；二是因为住宅犹如人体，需要吐故纳新的渠

道。没有门户，就如同只进不出，长此以往，对健康和事业运都极为不利。

所谓青龙门，是指大门开在建筑的左方。比如建筑前方有街道或走廊，右方路长（来水），左方路短（去水），住房宜开左方门以收地气。此法称为"青龙门收气"。

所谓白虎门，是指大门开在建筑右方。比如建筑前方有街道或走廊，左方路长（来水），右方路短（去水），住房宜开右方门来收截地气。此法称为"白虎门收气"。

②门的大小。酒楼大门的形式多种多样，但有一个总的原则就是门不宜设计得过小。从风水学的角度看，门为纳气口，餐厅生意的好坏，三成左右由门决定。所以，大门的方位、大小、装饰等就显得至关重要。

对于经商活动来说，如果大门过小，会使顾客出入不便，视线受阻，自然会减少一部分客源，影响酒楼的经济效益。出入通道的门做得过

小，会使顾客出入不便，还会造成人流拥挤，影响酒楼正常的营业秩序。因而，为了使酒楼提高对顾客的接待量，门不宜做得太小。

酒楼的门做得过小，按风水的说法就是缩小了建筑的气口，不利于纳气，令气不能通畅地流入室内，减少了屋内的生气，增加死气。改善的方法是把酒楼的门加宽，甚至可以把酒楼的门全部拆除。酒楼的门加大，也就是扩大了风水学所说的"气口"，大气口就能接纳大财源。保证酒楼有良好的营业秩序，使经营蒸蒸日上。

酒楼广开大门，还可以将内部面貌更好地展示于顾客面前。使精美的室内设计成为吸引路人和顾客的实物广告，作了宣传，又有了生意。换个角度考虑，广开了大门，酒楼大堂就成了橱窗，把商品和服务都展示给大家。而且这个"柜台橱窗"更灵活，既可看，又可进行买卖交易，从酒楼投资的效益来说，就可在不用扩建酒楼的基础上扩大酒楼的经营空间和营业面积。

设立迎客的门面门厅，这就如同伸出双手来拥抱来者，表现出一种热忱。如果有逼压的感觉，则必须改为宽敞的门厅空间，以此作为主体设计。

③大门的朝向。设计门的朝向时，最好选择朝有上乘之气的方向开门，而且在大门之后，最好设置一架屏风，对煞气再做些阻隔。

酒楼的朝向是商家十分看重的问题，他们往

往会将之看成为经商成败的关键。实际上，酒楼的兴衰取决于顾客，顾客是酒楼的财源所在。顾客盈门，酒楼就会兴旺发达，所以酒楼门的朝向应取决于顾客，应该是顾客在哪里，酒楼的门就开向哪里。

酒楼的门向还跟酒楼的选址有很大的关系，如果店址为坐南朝北，或是坐西朝东，而且顾客的聚集点就在房屋所坐朝的方向，那么酒楼的门就只有朝北、朝东无疑了。如果是这样，酒楼又犯了门不宜朝北、朝东的忌讳，夏季酒楼就要受到烈日的直晒，冬季就又要受到北风的侵袭。在这种情况下，不妨运用阴阳五行相克的原理来处理。在夏季除了在门前搭遮阳篷外，还可以在大堂放置一个大的金鱼缸，摆上若干盆景。金鱼缸属水，盆景属木，都可以减弱室内的热气。而且，人在暑天里看到一缸清凉之水，其中又有生气勃勃的金鱼，就会获得清新、舒爽之感。

（4）招牌

酒楼的招牌可以影响到整个酒楼的形象以及环境的和谐，从而影响到经营者的心态，这也直接关系到生意的兴隆与否。酒楼的外观和格局与营业的好坏有极大的联系。人们往往也会依照招牌的高低、色彩、大小尺寸等方面判断吉凶。尤其要注意具体场所、企业法人的名称和出生等信息。

招牌色彩的搭配很有讲究，要与酒楼的经营内容相配合，而且应该一目了然，赏心悦目，且要符合负责人的内在命理。招牌色彩协调能够令人感到亲切可人，会引发人们的好奇心。这样的招牌既具有艺术性，又具有旺财的功能。招牌可选用薄片大理石、花岗石、金属不锈钢板、铝合金板等材料。一般来说，石材门面显得厚实、

稳重、高贵、庄严，金属材料门面显得明亮、轻快，富有时代感。

①招牌的文字设计。除了店名招牌以外，一些以标识口号隶属关系和数字组合而成的立体化和广告化的招牌不断涌现。在文字设计上，应该注意：

首先，招牌的字形、大小、凹凸、色彩应统一协调，美观大方。悬挂的位置要适当，可视性强。

其次，文字内容必须与本酒楼经营的产品、服务相符。

第三，文字要精简，内容立意要深，并且还需易于辨认和记忆。

第四，美术字和书写字要注意大众化，中文及外文美术字的造型不宜太过花哨。

②招牌的种类。招牌的种类有很多，最常见的有：

悬挂式招牌：悬挂式招牌较为常见，通常悬挂在餐厅门口。除了印有餐馆的店名外，通常还印有图案标记。

直立式招牌：直立式招牌是在餐馆门口或门前竖立的带有餐馆名字的招牌。一般这种招牌比挂在店门上方或挂在门前的招牌更具吸引力。直立式招牌可设计成各种形状，如竖立长方形、横列长方形、长圆形和四面体形等。一般招牌的正反两面或四面都印有餐馆名称和标志。直立式招牌因不像门上招牌那样受面幅限制，可以在招牌上设计一些美丽的图案更吸引顾客的注意。

霓虹灯、灯箱招牌：在夜间，霓虹灯和灯箱招牌能使餐馆更为明亮醒目，制造出热闹和欢快的气氛。霓虹灯与灯箱设计要新颖独特，可采用多种形状及颜色。

人物、动物造型招牌：这种招牌具有很强的趣味性，使餐馆更具有生气及人情味。人物及动物的造型要明显地反映出餐馆的经营风格，并且要生动有趣，具有亲和力。

外挑式招牌：外挑式招牌距餐馆建筑表面有一定距离，突出醒目，易于识别。例如各种立体造型招牌、雨篷、灯箱、旗帜等。

壁式招牌：壁式招牌因为贴在墙上，醒目程度不如其他类型招牌。所以，要设法使其从周围的墙面上突出出来。招牌的颜色既要与墙面形成鲜明对照，又要相互协调、美观；既要醒目，又要悦目。

3. 酒楼内部格局

将中国风水学运用到酒楼的经营中已有一千

多年的历史，众多古籍、秘本对此都有所介绍。酒楼的风水不但包括选址及外观装修，内部格局对风水的影响也很大。

（1）大堂

大堂是酒楼迎送客人的礼仪场所，散客的就餐之地。同时，大堂也是酒楼中最重要的交通枢纽。大堂的功能是综合性的，其风格、品质会给客人们留下极为深刻的印象。随着社会服务的不断发展，许多大中型酒楼的大堂还兼备了更多的服务功能。如，当大堂结合中厅或休息厅形成巨大的空间时，还可以在中间添加一些布置，成为各种公共活动、文化交流和社会交际的场所。

大堂由入口大门区、总服务台、休息区、散客区和通道等部分组成，每一部分都有不同的使用功能。每部分的组合有机而生动，使大堂既是通向各功能空间的交通枢纽，又是多种功能兼备的过渡空间或中心空间。此外，大堂常需的功能内容还有客用卫生间、时钟、新闻报纸及杂志陈

列架等。大中型酒楼可能还需要另设宴会大厅、团体大厅等。还要有靠近大门的行进通道，门外要有车道停车线，便于宴会客人出入等。

大堂比较大时，应设酒吧和咖啡厅，一来是客人会客休息之处，二来又可给酒楼增加收入。

大堂应以宽敞明亮为主格调，不论大门是朝哪个方向，宽阔明亮的大堂是事业发达的基本保证。应使顾客一进大堂，就有一种舒适的感觉。将装饰摆设与主格调相配，可以体现出酒楼的特色，如果大门前有冲煞，那就应该在大门口安放石狮子，大堂内摆放避煞招财之物。一般是5个或8个金色石英钟，或是神佛，或是大象等，这要根据具体情况而定。

大堂的装饰灯光非常重要，有许多酒楼的大堂，如香港的香格里拉大酒楼、天津的喜来登大酒楼、海南的金海岸大酒楼、北京的京广中心大酒楼、马来西亚的云顶大酒楼等，他们的大堂设计都很符合风水的要求，对客人有很强的亲和

力，生意很好。

大堂是接待客人时间最长、最集中的场所，在经营中不便维修，因为这将影响饭店的信誉和形象，所以设计时需要尽可能长久地保持良好外观。选用耐脏、耐磨、易清洁的饰面，地面与墙面采用具有连续性的图案和花色，以加强空间整体感。同时，还应减少噪声影响。

（2）财位及收银台

财位及收银台对事业的发展有锦上添花的效果，也是每一位经商人士最关心的风水基础。因此，风水学很讲究财位和收银台的风水效应。

①财位的摆设位置：一般而言，财位宜设置在进门的右前方对角线处，此处必须是很少走动之处，不能是通道，否则会守不住财运。如果右前方财位刚好是一个门，就要换找左前方的财位了。有些房子会因格局或设计的关系而找不到财位，或者是刚好在财位的角落有大柱子凹进来，都是风水不佳的铺子。改善的方法是运用走道隔

间创造出一个财位，当然，最好还是请风水专家专门来设计比较好。

按照风水术，一般是采用飞星法算出每年的当旺财位，然后在风水上进行处理，但最大麻烦就是每年、每月、每天的财位都不相同，这就给用户带来很多不便，显得无所适从。依照"八宅"法则，可相对简单地定出财位，位置就在进门对角线所指的角落。一般说来，财位宜亮不宜暗，在财位上放置一棵常绿植物可以起到催财的作用。

②财位禁忌：财位上不可放置会发热的电器，如电视、电扇、电炉、电源线等。

财位不可胡乱堆放物品，或不加整理，布满灰尘。

财位上不可摆放人造花、干燥花等没有生气的物品。

财位上方的天花板不可有漏水，墙壁或地板油漆不可脱落或瓷砖斑驳。

③财位的摆设：关于财位的摆设，有人说要摆盆景，不可放置有水流动之物，如有水的盆景或是鱼缸。但有人认为摆放鱼缸比较好，而且财位上摆鱼缸是最常见的。其实两种说法各有自己的道理，八字缺水的业主应该在财位上摆一个鱼缸，八字多水的人就不要摆鱼缸，改摆长青树类的盆景。所以，最好是以经营业主的八字来确定财位应摆什么。

财位上摆设长青盆景有助于财源滚滚，但必须选择高度超过室内一半的大花瓶。养植万年青、白铁树或秋海棠、发财树等盆景，而且要选叶片圆大的树种，不可选针叶树种。财位上要放盆景就一定要细心照顾，让它长得茂盛，一有叶子枯黄一定要尽快剪除，若不能细心照顾的话，

宁可不放。如果在落地门窗前的一个阳台上摆放一排盆景，或是在窗台上做盆景花台可以接气，看起来满室生春，有助于健康和财运。

如果是摆设鱼缸，则选择圆形的为最佳，或者是口小底大的鱼缸也较佳。鱼种也应选择色彩鲜艳，易饲养的，最忌有病或死亡，会有损风水财运。在酒楼的财位上不方便摆鱼缸的话，最好是设置收银台，象征进财能守。

④收银台设计：酒楼的效益，首先直接由收银台得到体现，故收银台必须设在聚财之位，宜静不宜动，更不宜受冲。收银台是钱财进出之地，风水上说，酒楼的收银台应设在虎边，也就是在不动方，人站在室内往大门方向看去的右边就是虎边。柜台设在虎边才能守住入库的钱财，而不能设在流动性大的龙边。其实，这是为了迎合人们靠右行走的习惯。因为人面向酒楼时习惯靠右走，因此，龙方设门符合一般的行走习惯。顾客从里面要出来时，也习惯右走，正好在虎边

腹脏处。柜台的后方必须是墙壁，不可有让人走动的通道。若是玻璃幕墙的大楼，柜台在不动方却正是玻璃，则应该在这一面的玻璃加以遮盖，用窗帘或者是用装饰板遮起来。

收银台高度要适中，过高的收银台会有拒人于千里之外的感觉，过低又缺少安全感。适当的高度在110～120厘米之间，或是取107厘米、108厘米，或者是126厘米高。收银台内不能有电炉、咖啡壶之类的电器。因为，收银台处一定会有现金或账簿，万一发生火灾，现金或帐簿首先被波及当然不好。放大额财物的保险柜应当隐秘，不可在明显的地方摆放，以免漏财。

但小额的收银机不受此限，因为当天打烊结账后就将当天的收入存入保险柜了。

（3）楼梯

楼梯也相当于大门，是通往楼上的门，故楼梯的位置、形状也会影响到酒楼的效益。一般来说，楼梯不能正对酒楼的大门，当楼梯迎大门而立时，为了避免店内的人气与财气在开门时会冲门而出，可在梯级与大门对面之处放一面凸镜，以把气能反射回店内。避免楼梯正对大门的方法主要有三种：一是把正对着大门的楼梯的方向反转设计，比如把楼梯的形状设计成弧形，使得梯口反转方向，背对大门；二是把楼梯隐藏起来，最好就隐藏在墙壁的后面，用两面墙把楼梯夹住，增强上下楼梯时的安全感；三是在大门和楼梯之间放置一个屏风，使"气"能顺着屏风进入店堂。楼梯的下方可以摆放植物或者做储物柜，但不能安排就餐席。

（4）厨房

厨房是酒楼的重要部位，除了直接影响饭菜的质量外，还有易学的内涵，故厨房的位置不可

乱设。炉灶是厨房的关键，而炉灶的放置又是风水中的关键，依照中国传统"家相学"的说法，炉灶放置的基本法则是：坐凶向吉。也就是说，炉灶应放在凶方，而炉灶的开关应朝向吉方，这几乎是炉灶摆放的最佳法则。另外，厨房的用途及流程设计，在酒楼的内部格局中极为重要。

一个理想的设计方案，不但可以让厨师与相关部门工作人员井然有序、密切配合，顾客也可以因此得到更好的服务，并不断提高顾客的回头率。反之，一个粗制滥造的设计，可能由于设备、器具安排不合理，造成厨师使用时不顺手，无法发挥其烹饪技术而影响菜品质量。时间长了必然影响酒楼的声誉。

因此，酒楼进行厨房设计时，整个厨房设备的布局要根据现场情况和酒楼的功能要求进行合理安排和设计，还需要结合煤气公司、卫生防疫、环保、消防等部门的要求进行厨房设备方案的调整。

（5）海鲜池

海鲜池既是酒楼的食品库，又是水大旺之地，故位置的安排亦很重要，不可随意。最好的方式是根据经营内容和经营业主的命理来确定其位置。

（6）卫生间

内部功能区中还有一个重要的内容，就是卫生间的设计，因为卫生间风水也是酒楼风水的一个部分，它可以直接影响客人的健康。卫生间的基本功能是向客人提供盥洗、梳洗、如厕等个人卫生要求。卫生间要求方便、紧凑、高效、舒适、明快、清洁，装饰也应以浅色明快为主。卫生间的门不可以正对就餐席，在卫生间摆放小型绿色花草可以提高整个餐厅的风水效果。

卫生间在风水上是污浊气场的所在，不可占据吉地，要求压在凶方。一般来说，卫生间的处理比较简单，但如果是多层的酒楼，就要注意切不可让楼上的卫生间，压在楼下的收银台上，或

者压在办公室、厨房之上，不然会产生许多不良后果。

4. 酒楼的装修要点

（1）宜光洁舒适有生气

按风水的说法，光洁舒适就是有生气，反之，就是死气。酒楼的光洁舒适感，主要来自于两个方面。

第一来自地面。可以说，地面是顾客踏入酒楼得到的第一感觉。要使酒楼的地面光洁，在装修时，要选择表面光洁方正、质量好的地板砖，以便做到铺设整齐、经久耐用、方便擦洗。

按风水的说法，对地面的装饰，就是对生气的凝聚。地面生气强弱，除决定于地板、地砖表面的光滑明亮外，还讲求地板、地砖的颜色。颜色对于风水来说，有象征性的意义。一般而言，

红色代表富贵吉祥，绿色代表长寿，黄色代表权力，蓝色代表天赐福，白色代表纯洁。颜色的这种象征含义，也反映了普通大众对颜色的喜好。因此，可以将之作为选择地板颜色时的参考。

要使酒楼的地面光洁，还要经常地擦抹地面，使之不留任何污迹，不留任何纸屑和瓜果皮，永远保持光洁照人。

第二来自墙面。顾客进入酒楼，举目看到的就是酒楼的四周墙面。要做到酒楼墙面光洁舒适，首先就是对墙面的修饰。对墙面进行修饰的材料很多，石灰、涂料、墙纸（清淡之色最佳）、墙砖、面板等都是常用的装饰材料。不论是哪一种材料的装饰，一定要保证墙面颜色的明亮，因为明亮的颜色才会给人带来光洁舒适的感觉。风水学认为，明亮就是生气。

要做到酒楼墙面光洁，还要注意在日常工作中不得乱涂乱画，或者随意往墙面上洒泥水、墨汁等污迹，或者是贴一些不规整的标语和广告，

这些不规整的污迹会使人感到不舒适。

有了一个光洁舒适的经营环境，就能赢得顾客，赢得良好的经济效益。

（2）宜通风顺畅广纳气

风水讲求房屋的纳气，讲求房屋内部气的流动。酒楼是一个人员密集的区域，也是一个商品堆积的区域。故而，酒楼也需要纳入新鲜的空气，需要厅堂内的气体流动。气体流动可以驱走浊气，带来新气；气体流动也可以带走湿气，带来干爽之气。

风水的"纳气"与"气的流动"在一定的意义上，都可以理解为通风透气。酒楼的通风透气，对货品的保管和交易都是有好处的。所以，使酒楼通风透气是酒楼装饰时要考虑的重要原则之一。

要使酒楼纳气，即让大自然的新鲜空气进入酒楼，在装修时要注意留有空气的入口和出口。一般地说，酒楼要做买卖，都有一个敞开的大门，空气的进入不成问题。有以下四种情况时，也不必另辟空气的出口。

①两面开门的气流走动不用另辟空气出孔。

②三面开门的气流走动不用另辟空气出孔。

③整个墙面非门即窗，而且为扁平形状，气体的进出很流畅，也不用另辟出气孔。

④平扁状单开门的气流走动是不用另辟空气出孔。

但是，如果单开一门的酒楼呈长方形，而且除门以外也没有另外的窗户，就要在与门对应的另一方开一个出气孔。因为，此时的空气流动只在房屋的前一部分，后一部分的空气仍静止不动。风水学认为，这静止不动的气就是死气。在与门对应的方位开一个空气通道，就可以让这死气变活，形成前后气的对流。

要使酒楼做到通风透气，还要注意酒楼功能区内用具的摆设。摆设整齐的用具，使气在流动时不受阻碍，使气流比较活跃。反之，零乱摆放的用具，或高、或低、或混乱拥挤、或掺杂叠放，都会扰乱室内的气流，造成一部分淤积不动的死气。因此，为了避免死气的产生，对用具的高矮搭配，摆置的方向、位置等，都要讲求整齐，尽量少用阻碍气体流动的横式摆放。

在酒楼存放的货物间也要留有空道，便于气的流动，便于排出湿气，便于货物的检验提存。按照风水的说法，这样留有空道地堆放物品，会使四周都有生气保养。

风水阳宅的纳气之说要求调整气流，保证室内空气流通，达到阴阳平衡，既有积极的意义，也符合客观实际，可以利用来指导改良酒楼内的空气，从而形成一个良好的经营空间。

一是检查酒楼的通风透气是否良好。酒楼在通风情况不好时，停滞在酒楼内的静气就会变成湿气，湿气的凝聚就会形成水珠，成为潮湿的水源。

二是检查酒楼的地面是否平整和洁净。酒楼的地面凹凸不平，就会藏污纳垢，这些污垢不清除，也会产生湿汽，成为潮湿水汽的又一来源。

三是在春夏之季，应检查酒楼的地面是否有回潮现象。这种季节产生的回潮现象，虽然持续的时间不长，但湿气最重，因而对商品的损害也就最大。

要解决酒楼潮湿问题，可想方设法使酒楼的通风透气保持良好，或加开窗，或增加排气孔，或清除店中的多余杂物，或使物品与用具摆放整

（3）忌阴暗与潮湿

在考虑解决酒楼的潮湿问题时，有三个方面的问题要检查：

齐等，使店内的气流通畅，从而带走湿气。另外，应设法保持酒楼地面的平整光洁，经常擦扫地面等，使地面永远保持干爽清洁状态。

避免酒楼阴暗和潮湿，保持酒楼明亮清爽，也是为了造就一个良好的经营环境，从而使酒楼获得良好的经营效果。

（4）消除声煞

许多店铺为了营造内部气氛，在室内播放震耳欲聋的音乐，这样对酒楼来说是要避免的，因为酒楼本身是一个雅致的空间，需要轻柔雅致的乐声，这样才可以使顾客留连忘返，增加顾客的回头率，从而增加顾客消费的可能性。震耳的音乐在风水中称之为声煞，属于凶煞的一种，会使得人们自然而然地产生出烦躁的情绪，对酒店的经营只能起到负面影响。

5. 酒楼的装修风格

（1）中式传统风格

传统风格的室内设计，是指在室内布置、线形、色调以及家具、陈设的造型等方面，吸取了传统装饰"形""神"的特征。例如，吸取我国传统木构架建筑室内的藻井天棚、挂落的构成和装饰，明、清家具造型和款式特征等。中式传统风格常给人们以历史延续和地域文脉的感受，它使室内环境突出了民族文化渊源的形象特征。

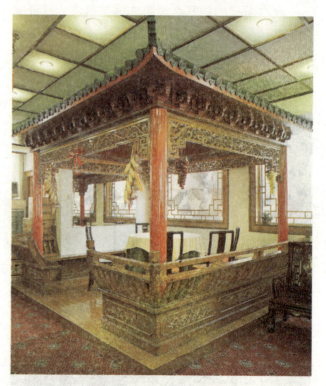

（2）日式风格

日式风格推崇自然、结合自然，使人们能取得生理和心理的平衡，因此室内多用木料、织物、石材等天然材料，并显露出材料清新淡雅的纹理，也常注重体现天然木、石、藤、竹等材料

和纹理的质朴。日式风格巧于设置室内绿化，创造自然、简朴、高雅的氛围。空间造型极为简洁，家具陈设以茶几为中心，在茶几周围的榻榻米上放置日式蒲团，墙面上使用木质构件做方格几何形状与细方格木质推拉门、窗相呼应，悬挂纸灯笼。空间气氛朴素、柔和。

（3）西式风格

西式风格吸取了传统欧洲古典样式的构成装饰，擅用各种花饰和丰富的木线变化。富丽的窗帘帷幔是西式传统室内装饰的固定模式，其中包括仿罗马风、哥特式、文艺复兴式、巴洛克、洛可可、古典主义等，空间环境多表现出华美、富丽、浪漫的气氛，室内多见仿英国维多利亚或法国路易式的室内装潢和家具款式。

（4）中西结合式风格

中西结合式风格在总体上呈现多元化、兼容并蓄的状况。在空间结构上既讲求简洁实用，又具有浓厚的文化内涵，室内布置既趋于现代实用，又吸取了传统的文化特征，在装潢与陈设中

融古今中西于一体。例如传统的屏风、摆设和茶几，配以现代风格的墙面、门窗、新型的沙发；欧式古典的琉璃灯具和壁面装饰，配以东方传统的家具或埃及式的陈设、小品等。混合型风格虽然在设计中不拘一格，运用多种体例，但设计中仍然是匠心独运，值得深入推敲形体、色彩、材质等方面的总体构图和视觉效果。

（5）地方风格

地方风格，也称为"乡土风格"。室内多采用木材、织物、石材等天然材料，讲究材料的纹理，再辅以具有浓郁地方区域色彩的乡土工艺品作摆设，设置绿化，给人以回归自然的亲切感。在室内环境中力求表现悠闲、舒畅的田园生活情趣，创造自然、质朴、高雅的空间气氛。

（6）现代风格

现代风格强调突破传统，不拘泥于传统的逻辑思维方式，重视功能和空间组织，注意发挥结

构构成本身的形式美。造型简洁，拒绝多余装饰，崇尚合理的构成工艺，尊重材料的性能，讲究材料自身的质地和色彩的配置效果。线条流畅，色彩大胆明快，空间气氛表现简洁、新颖、流畅，发展了非传统的以功能布局为依据的不对称的构图手法。探索创新造型的手法，并讲究人情味。

有的酒楼也会在室内设置夸张、变形的柱式和断裂的拱圈，或把古典构件的抽象形式以新的手法组合在一起，即采用非传统的混合、叠加、错位、裂变等手法和象征、隐喻等手段，创造出一种融感性与理性、集传统与现代、融大众与行家于一体的室内环境。

六、茶馆的风水

从某种意义上说，茶馆的外观造型代表了一个茶馆的形象。好的造型能够在顾客中树立起良好的形象。如果一个茶馆的外观设计得不协调，会使人产生反感，甚至产生厌恶感，从而也就损坏了茶馆在顾客心中的形象。当然，顾客也就很少上门了。不协调的建筑外观造型，风水上称之为"凶宅"，认为会带来天灾人祸。茶馆因建筑外观造型的不协调而失掉顾客，就是茶馆遭受到的最大的祸患。

1. 茶馆的外观风水

很多茶馆都位于繁华热闹的街市，而拥有众多店铺的繁华街市是一个商品经营竞争十分激烈

的区域。要想在这里取得成功，首先就要从外观造型上着手，使之能够在商业角逐中独树一帜，先声夺人。

（1）外观造型

注重造型的特点，就如同注意商品包装的特色一样。一件商品在市场上能否做到畅销，除了讲求商品的质量可靠和性能的优质外，还要讲求对商品进行富有特色的包装；茶馆能否吸引顾客，除了讲求经营商品的质量和优良的服务态度外，茶馆外观造型的特色也是重要的。据不完全调查，经营效益好的茶馆，大多是外观造型具有特色的茶馆。一个善于经营的茶馆，在他们的商品营销的对策中，总有一条是关于茶馆外观造型设计的，因为，茶馆的外观造型可以看成是一种包装，而具有特色的包装就能够占领商品的经营市场。

茶馆的造型应该符合它自身的文化类型定位。按文化特征分析，茶可分为传统型、艺能型、复合型和时尚型等多种类型。各类茶馆均有其独特的外观造型，也体现出特有的品位和文化内涵。

（2）外观环境

在设计茶馆外观的造型时，除了要考虑建筑本身结构比例的协调性之外，还要注意使茶馆的外观造型与其所处区域的自然环境相协调。风水学认为，宇宙大地的万物都蕴藏着气，优美的山川景致表明生气盎然。相反，残垣断壁的区域，气的流动会受阻。有意识地使茶馆的外观造型与区域景致相协调，就意味着顺应了宇宙之气的流通，将茶馆融入了大自然的生气之中。如很多茶馆建在风景区、公园等地，本身就成了风景的一部分，拥有了丰富的大自然生气，自然顾客盈门，生意兴隆。相反地，如果茶馆处在残垣断壁的恶劣环境之中，就会导致生意经营的惨淡。

从商品营销上说，茶馆有优美的自然景致作为衬托的背景，可以带给人们一个美好的视觉形象。如果茶馆的位置处于风景区内，拥有了优美自然景致的良好环境，就更应使建筑与周围环境相协调，如果不注意这种协调性，就等于失掉所拥有的优美自然景致的生气区域。从客观实际来说，不协调的茶馆建筑出现在优美的自然景致之中，会损害茶馆对外宣传的形象，从而影响到茶馆的生意。

观察一个茶馆的外观造型是否与所处区域的自然景色协调，最简便的一个办法就是在早晚的时候，从不同的角度来观察商店的外观是否美好。特别是在有朝霞和晚霞的时候，看一看映衬在霞光之中的茶馆外观造型是否与周围的区域景致达到最佳的协调状态。

（3）大门

茶馆的大门入口是至关重要的。生意好坏，这个部分能产生三到五成的作用。因此，必须非常注意门庭风水的设计。茶馆大门的形式的设计，可以参考上一节提到的酒店大门的大小和朝向要领。

另外，不同风格类型的茶馆，其大门的大小、位置、数量都是不一样的，现代茶馆大门的设计主要是从茶馆的类型定位来确定大门的样式、颜色、大小等。要点是要进出通畅、舒适，外观引人入胜，并且显出茶馆的独特标志或文化特色。

传统风格的茶馆大门庄重大气，多用铜门或铁门，店面往往飞檐装饰、琉璃屋顶，金碧辉煌，门口摆放石狮等，阔而敞亮。大门的气势上就显出尊贵的感觉来。而乡土型的茶馆大门就小一点，装饰也相对质朴，木门木窗，以旧式中国

庭院和田园风格的装饰物来营造清幽淡雅的环境。而自然型的茶馆大门设计更是别具一格。它的设计以不破坏景点为原则，往往依山而建，傍水而立，或以天然洞穴为店堂，大门的安装与造型可以说是千奇百怪，可也自成风景了。但无论什么样的茶馆和大门，其设计的第一要诀便是要能吸引顾客、方便顾客。

（4）招牌与命名

①招牌：前一节我们讲了酒楼招牌的意义与制作原则，这在茶馆的外观风水上也同样用得到。而且茶馆的招牌相比之下有更高的艺术性和鉴赏性要求，要体现自己的个性和特色。

有些茶楼的店面狭窄，或者受遮挡，不利于茶楼的发展经营，改良、转运的方法有几种：一是努力去拆除店前的遮挡物，使店面及招牌显露出来。二是对店面狭窄而无法改变的，就把店牌加大高悬，使行人处在较远的地方张眼就能看

应当因人而异、因铺而异。一个合适的店名不但能够提高茶馆的档次，还可起到趋吉避凶、生意日旺的效果。茶馆的命名应该从以下几个方面去考虑：

名副其实：茶馆的名称能够反映经营者的经营特色或反映所售商品和服务的优良品质。使消费者易于识别，并产生消费欲望。

与众不同：茶馆命名必须能引起消费者的注意，吸引他们的消费欲望。

简单明了：店名不能起得太复杂。有的商家喜欢用繁难字作店名，使顾客不仅不认识而且弄不清楚其经营和服务的内容。

艺术命名：好的店名有文化底蕴，使消费者感到有品位，有档次而更愿意到店里来消费。茶馆命名有很大的学问，不仅要结合音、形、意，更要注意卦象、数理的配合。茶馆的名字还可以反映出店主的素质和经营头脑。因为饮茶本身便

到，但调整要十分小心，不然很可能变成"擎头煞"（又称"朱雀昂头"），是风水中大不吉的宅相。 三是通过电视、电台、报纸、广告牌等新闻媒介，广泛地进行介绍宣传，尽量做到使顾客知道茶楼的地址、经营的商品，以及商品服务的特点。

②命名：店名与人名一样，虽然只是一个符号，但由于它的意义、字形、笔画数、字体等的不同，也会对经营者的运程起到一定作用。中国成千上万的汉字，每个字都有其独特的内涵，不同字的组合又会产生新的内涵。这种内涵会潜移默化地、全方位地影响到茶馆的经营。一个茶馆名称的好坏，关键还是要看店名天格与地格之间的搭配、店名五行生克的状况、店主人命中五行与店名的生克状况等因素。而所用的字体如真、篆、隶、草、仿宋体、美术体等，它们各自拥有的属性也各不相同。所以，在起名制作招牌时，

是一门高雅的艺术，如果取名低俗，自然不能吸引顾客。而命名高雅者，顾客往往会因心理的附加价值产生相应的效果，自然财源滚滚来。店名取得好是引起消费者的好奇心和把品牌打响的关键。一些老字号可以为我们做出榜样，它们多采用典雅、古朴、考究的名字，这些店名往往成了招揽生意的金字招牌。

茶馆的名称必须与经营业主的名字相协调，不可相克。如果店名与经营者姓名之五行相冲，事业则会受影响。

结合茶馆的外部、内部环境情况论名称是更高层次的方法，二者若得到完美结合，会使名称更具有吉祥的诱导力。

2. 茶馆内部装修风水

茶馆的内部装修从某种意义上说，代表了一个茶馆的形象。好的设计能在顾客中树立起好的形象，自然就会有宾客临门。如果一个茶馆的设计不协调，就会使人产生反感，甚至产生厌恶感，顾客当然也就很少上门了。

风水学运用到当代茶楼的风水布局、微观调整中会收到很好的经营效果，在发财利市、广招客源上也具有广泛的应用性、效果性。另外，喝茶、品茶作为一种文化气息比较浓的行为，顾客在选择茶楼时，除了看重商品质量、服务态度之外，另外一个重要因素就是茶馆内部的格局和装修，看是否高雅舒适，能否体现顾客的地位和欣赏水平。

（1）茶馆的格局

由于茶馆经营的特殊性，很难将茶馆规划分隔成完全独立的功能区域。在古代，茶馆本来就是一个信息交流中心，大家在茶馆里交流国家大事、家长里短，不失为一个交流邻里感情的好地方。随着社会的发展，茶馆的功能日益完善，茶文化与饮食文化、娱乐文化结合日益紧密，茶馆的类型不一样，其内部的格局和功能划分也会不一样。

①大厅：茶馆的大厅与酒楼的大厅不一样。酒楼大厅是迎送客人的礼仪场所，而茶馆的大厅则是重要的营业场所。还集入口、吧台、休息区、散客区和通道等于一体。一般的茶楼都将大厅作为主要的营业场所，厅里设雅座，而包厢、辅座、道旁茶座等则只是辅助的经营方式。

茶馆大厅的格局宜方正、地势平坦，不可有缺角或凸角。从风水学上讲，天圆地方，方正的格局能使人心胸开阔，眼界高远。从科学的角度讲，方正的格局有利于设计施工、摆放家具，能有效地利用每一寸空间。大厅如果有尖尖角角，客人坐起来也会感觉不舒服。茶馆的大厅是主要的经营之所，方正的造型更容易摆放桌椅和方便客人通行。当然，有些茶馆为了追求风格的独特，把整个茶馆设计成山居模样，大厅则是弯弯曲曲，造成曲径通幽，别有洞天的感觉，那就要另当别论了。

另外，茶馆的大厅应该明亮宽敞，无论大门是朝哪个方向，其设计要符合风水的要求，使客人产生强烈的亲和力，让客人一进大厅就有一种舒适的感觉，这样生意才会兴隆。

②吧台：茶馆吧台一般设在大厅，方便客人的茶水取用和其他服务。另外，吧台还应该处在各个包厢、辅座的入口处，能观察到整个大厅的情况，并且包厢里客人的要求也能随时得到满足。吧台分为两部分，前吧多为高低式柜台，由顾客用的餐饮台和配茶用的操作台组成，后吧由

储物柜、商品展示柜和冷藏柜、装饰柜等组成。前吧和后吧的距离不应小于950毫米。

吧台宜做得宽大，一方面显得大气，方便陈设商品；另一方面，服务人员要随时替客人取用东西，需要大的活动空间才不至于磕磕碰碰。过道的地面应铺设塑料隔栅或条型木板架，局部铺设橡胶垫，以防水防滑，也可减少服务员长时间站立而产生的疲劳感。

③厨房：茶馆的厨房设计与酒楼的厨房设计有所不同。通常茶馆以提供各类茶水饮料为主，加上简单的点心熟食，因此，厨房的面积占10%即可。也有一些小茶馆，不单独设立厨房，工作场所都在吧台内，这样能直接接触到顾客的视线，所以必须注意工作场所的整洁及操作的隐蔽性，吧台区的大小与茶馆的面积、服务范围等。此外，在狭窄的吧台中配置几名工作人员是决定作业空间大小的关键因素。

④通道：通道是从外空间过渡到内空间的道路。如果大门够大，那么气流就会顺利进入室内。反之，入口少而小，或者茶馆前空地很少，那么店主就要营造宽敞的通道把尽可能多的气流引入室内。因为大气宽敞的通道就像伸出手臂将客户迎入室内，而狭窄的通道好像把人拒之门外，让人心生不快。除非是故意设计，否则最好不要做过于狭窄的通道。

（2）茶馆的装修要点

①灯光与照明：在风水学中，阴暗被看作是一种煞气，对于茶楼的经营和管理不利，要尽力加以避免。但是茶馆要营造的就是一种安静、优雅的气氛和宁静自然的氛围，灯光就不宜过亮。灯光在茶馆装修时是很重要的一块，要做到不明不暗，恰到好处。茶楼的灯光效果需要达到以下

四点：

一是光线充足，使顾客在10米之内能清楚地看到物品。

二是光线分布要均匀，不能左明右暗，或者是东明西暗。

三是所装置的灯所发出的光与色要和谐，避免出现眩光。

四是要避免灯光同一些具有反光性质的装饰品产生反射光线。风水学上认为，这种刺眼的折射光线是一种凶光。

要避免采用直射的日光灯，因为人在吃东西、情绪放松的时候有灯直射，会使人精神紧张，不舒服。可以使用壁灯或角灯。有些传统型的茶楼营造古色古香的风格，采用了悬挂灯笼的形式，或圆或方、或明或暗、温馨雅致，自有一

种风韵。

另外，茶楼的厅堂总免不了要牵线挂灯，为了保证墙面的整洁，在铺设灯线时，走线要直，整齐划一，避免灯线乱窜。不然，就有所谓"破坏风水"之虞。当然，能把灯线布于墙体之内是最好不过的。

②色彩：茶馆的装潢颜色有很大的讲究，很多茶馆的设计都非常注重内部装潢的颜色，根据心理测试的研究表明，每种色彩都会带给人不同的心理感受，例如红色等比较明快的颜色，会令人处于一种相对兴奋的状态，激起人们的消费欲望；绿色能缓和情绪，让顾客的心情平和。

从风水的角度而言，店面内部的颜色要和店主的生辰、店面的朝向以及所售商品的五行属性相结合来考虑，将商品的属性纳入金、木、水、火、土五大类，然后根据店主的命卦和店的宅卦，具体确定内部的装潢色调。茶馆的整个装饰色彩也会对效益带来影响，也应随经营业主的命理的喜忌而选取。

③绿化：茶馆的绿化是餐饮业装饰中的一大特色。比起其他类型的店铺来，茶馆更多地注重了绿化的功能。利用室内绿化可以改变人们的视觉感，使室内各部分既保持各自的功能作用又不失整体空间的开敞性和完整性。茶馆的功能区分不是很分明，容易给人造成混乱的感觉，利用植物合理地对室内进行区域分割能取得不错的效果。这种有通透性的间隔，既营造了大空间的共融性，又保持了小空间的私密性。

植物特有的曲线、多姿的形态、柔软的质感、悦目的色彩、生动的影子，可以使人们产生柔和情绪，减弱大空间的空旷感，对于营造气氛来讲，植物是必不可少的工具。现在大部分的茶

馆装饰得都很雅致。厅里面有茂盛的大树，并设假山喷泉，造小桥流水。走廊和楼梯上也是藤蔓环绕，绿意盎然。还有的茶馆设在风景区、园林或者公园里，以天然的环境为厅，周围是鸟语花香，让顾客在品茶的时候悠然自得。

④装饰：茶馆的装饰应该与其本身的类型定位相符。另外，装饰材质亦应与经营业主的个人特质相符，方可达到生财旺气的作用。大部分的茶馆装饰材料都是取天然材质，桌椅一般用竹制和木制的，雕花窗和仿古家具也很常见，为的是营造古朴清雅的感觉。屏风、灯笼、字画和纸扇是茶馆的常用装饰品，这些小物件一方面能修饰环境，营造气氛；另一方面，屏风和灯笼还有化煞的功能。比如说，茶馆大门受路冲时，可以放置一面屏风缓解，既美观又实用。灯笼在夜晚很能调节气氛，但是要注意灯笼造型与周围环境的协调和配合，保持色彩的协调或款式的接近，以

免显得不伦不类。

另外，在茶馆旺位摆放一些常绿、大叶植物，可达到助运旺财的功效。摆置花瓶、貔貅、麒麟及特别意义的雕塑，也会取得趋吉避凶旺财的功效。目前，很多茶馆皆供奉财神，但根据财神的类型不同，其摆放的位置、方向也要恰当，否则只会适得其反。

很多店主都喜欢用挂画来装饰店堂，以求吉祥和美感，但是在挂画的时候要注意下列禁忌：

绘有凶猛野兽的图画不宜张挂，以免给顾客带来恐慌之感。

颜色过深或者黑色过多的图画不宜张挂，因为此类图画看上去令人有沉重之感。

夕阳西下的图画也不宜张挂。

要选择一些属性为阴的画面，要求画面的色调朴实，给人沉稳、踏实的感觉，让消费者可以感受到宁静的气氛。

（3）茶馆的装修风格

步入街头巷尾任意一家茶馆，你都能领略到不同的风情，或庄重典雅，或乡风古韵、或西化雅致，这些都成就于设计师和茶馆经营者对于装饰风格的不同理解和诠释。综观茶馆风格，不同类型的风格会带给人不同的视觉感受。

①传统风格：传统风格崇尚庄重和优雅。多采用中国传统的木构架构筑室内藻井、天棚、屏风、隔扇 等装饰，并运用对称的空间构图方式，笔墨庄重而简练，空间气氛宁静、雅致而简朴。

②乡土风格：乡土风格茶馆主要表现为尊重民间的传统习惯、风土人情，保持民间特色，注意运用地方建筑材料或利用当地的传说故事等作为装饰的主题，在室内环境中力求表现悠闲、舒畅的田园生活情趣，创造自然、质朴、高雅的空间气氛。

③自然风格：自然风格崇尚返璞归真、回归自然，摒弃人造材料的制品，把木材、砖石、草藤、棉布等天然材料运用于室内设计中。这些做法，对风景区中的茶馆特别适宜，而且备受人们喜爱。

④西式古典风格：西式古典风格茶馆追求华丽、高雅。茶馆色彩主调为白色。家具为古典弯曲式，家具、门、窗漆成白色。擅用各种花饰、丰富的木线变化、富丽的窗帘帷幔是西式传统室内装饰的固定模式，空间环境多表现出华美、富丽、浪漫的气氛。

⑤韩日风格：韩日风格茶馆的空间造型极为简洁、家具陈设以茶几为中心，墙面上使用木质构件做成方格几何形状，与细方格木推拉门、窗

相呼应，空间气氛朴素、文雅、柔和。

⑥混合型风格：混合型风格的茶馆在空间结构上既讲求现代实用，又吸取了传统的特征，在装饰与陈设中融中西为一体。如传统的屏风、茶几，现代风格的墙画及门窗装修，新型的沙发，使人感受到不拘一格。

（4）茶馆的审美

饮茶之所以被看作是一种文化，主要是因为它在满足人们解渴的生理需要的同时，还能满足人们审美欣赏、社会交流、养生保健等高层次的精神需要。茶馆的美是来自于方方面面的，不单是茶馆所营造的文化氛围，更重要的是人们能在品茗的过程中体会到一种全身心的放松，体验到心灵的净化与宁静。茶馆的心灵审美功能源于许多因素，这里只列举几个主要因素加以描述。

①自然之美：我国山水风景举不胜举，在许多名胜风景区中都设有或大或小的茶馆或茶室，供游人小憩、品茗赏景。茶室几乎可与自然景致融为一体，或在山中，或在湖中，或在幽境之中，或在山涧泉边，或在林间石旁，客人可在茶香萦绕间体会大自然的灵性之美。

②建筑之美：亭、台、楼、阁是中国古建筑中的优秀代表，是传统民族建筑艺术中的重要组成部分。园林建筑景观中有亭台楼阁点缀其间，会使园林增添古朴典雅的色彩。现在，许多茶楼的主体建筑设计为江南古典园林的形式，屋檐、梁栋、门窗都雕刻上具有吉祥意义的人物、飞禽走兽及花鸟草木等，更有一些砖刻和绘画等都具有独特的审美情趣与吉祥意义。还有一些茶楼将茶馆设计成仿古建筑，华丽中透着古朴，优美中伴有刚健，给人以古朴典雅之美。

③格调之美：中国古韵式的茶楼，大厅内

有红木八仙桌、茶几方凳、大理石圆台，天花板上挂有古色古香的宫灯，墙上嵌有壁灯，桌上摆放着古朴雅致的宜兴茶具。中国古典式茶楼，大厅茶室内设有大理石桌面的红木桌椅，雕花隔扇内是茶艺表演台，壁架上陈列着茶样罐和茶壶具，壁上悬挂着各式字画。中国园林式的布置十分别致。绿树林荫、卵石覆地、木栅花窗、阁楼回廊，加上藤制桌与萦绕的古乐雅音，无一不渗透出古朴典雅的江南庭院风韵，使人产生回归自然、心旷神怡的感觉。

中国仿古式的茶楼，再现昔日茶楼的风采。充满喜庆色彩的春联、深色的老式账台，向人们展现了旧时老城的风情。沿着木楼梯拾级而上，大堂里透着木纹的长条凳、八仙桌，阁板上放着的老式算盘、茶罐、提篮、米桶……临窗而坐，透过雕花木格窗棂，可见街市上游人如织，品着香茶，再看茶堂四周，清新的民俗壁画，古朴的剪纸窗花，好一番"清香茗品留客坐，萧管丝竹入耳来"的意境。

④品茗之美：品茶是为了追求精神上的满足，重在意境。在细细品味的过程中，可以从茶馆美妙的色、香、味、形中得到审美的满足与愉悦。

茶叶冲泡后，形状发生变化，几乎可恢复到自然状态，冲泡的水色也由浅转深，晶莹澄清。每种茶叶都有不同的颜色。如：绿茶，其冲泡的水色就有浅绿、嫩绿、翠绿、杏绿、黄绿之分；而红茶也有红艳、红亮、深红之分；同是黄茶，就有杏黄、橙黄之分。茶叶的形状，也是千姿百态，各有风致。不同的茶叶具有不同的香气，泡成茶汤后，出现清香、栗子香、果味香、花香等，令人回味绵长。

⑤茶艺之美："茶艺"一词最早出现于20世纪70年代的台湾，现已广泛流行。通俗地说，茶艺就是泡茶的技艺和品茶的艺术。在茶艺馆里，茶叶的冲泡过程就是一项普及茶文化知识，充满诗情画意的艺术活动。沏泡者不仅要掌握茶叶鉴别、火候、水温、冲泡时间、动作规范等技术问题，还要注意在整个操作过程中的艺术美感。沏泡技艺会给人美的享受，包括境美、水美、器美和技艺美。茶的沏泡艺术之美表现为仪表的美与心灵的美。仪表是沏泡者的外表，包括容貌、服饰、姿态、风度等；心灵是指沏泡者的内心、精神、思想、情感等，通过沏泡者的设计、动作和眼神表达出来。

如果在安静幽雅、整洁舒适、完美和谐的品茶环境里进行欣赏活动，不仅能培养和提高人们对自然美、社会美和艺术美的感受能力、鉴别能

力、欣赏能力和创造能力，而且还能帮助人们树立崇高的审美理想、正确的审美观念和健康的审美趣味。

风水 知多一点点

※挂画的风水

一般来说，很多人挂画只是重视视觉效果，却往往忽视了画的五行功能，其实每一幅画都有一定的象征意义，对主人的运势有一定的影响。在挂画的选择上，要水的可以挂九鱼图或黄河长江图；要金的人则最好摆一幅冰山图，要火的人摆八骏图或红色牡丹画；要木的人可以挂竹报平安；要土的人可以挂万里长城。在日常生活中，有些人会喜欢挂与宗教有关的画，举例来说，有些人喜欢摆阿弥陀佛的佛画，甚至写一个"佛"字。其实在家中不宜挂太多佛菩萨的画，因为佛画太多会影响成员间的关系，特别是夫妻之间的恩爱。至于画框的颜色，最好亦配合五行。譬如要金的话，框边不妨用金色或银色，要木的话用绿色，要火的话用红色、紫色，要水则用蓝色、灰色等。

第八章 商铺风水 宜 忌

现代城市的商业街里，各色各样的商铺林立，这些商铺在带来商业繁荣的同时，自身也存在一些风水问题。营业地点、经营项目、客源等诸多因素都可能影响到商铺的经营，但每个商铺都有不同的特点和经营手法，所以风水的布置就不可一概而论。

理想的商铺风水能像磁铁一样把消费者吸引过来，甚至还有可能带动周边的生意；不好的商铺风水，无论你怎么努力，最终可能只落得个事倍功半甚至经营失败的结局。

一、商铺风水之宜

宜 商铺宜开在商业中心区

商业中心区是人们购物、逛街、休闲的理想场所，也是商铺开业的最佳地点。但商业区各

地段的场地费用比较高，并不是所有的商铺都适合开设在这里。由于竞争性强，各行各业争芳斗妍，除了大型综合商铺外，较适合那些有鲜明个性特色的商铺发展。这一地段的特征是，商业效益相对较好但投资费用大，所以应该有针对性地给顾客提供服务。

宜 商铺宜开在有发展空间的市郊

城市郊区地段的人口并不多，以前往往被认为是不太理想的开店之所，根据我国的国情，城市的市郊地段具有相当的可变性。由于城市的迅速发展，市郊地段的商业价值正在逐年上升；同时随着城市建设的发展，市区中心的污染也越来越严重。相对而言，市郊的环境破坏没那么严重，更适宜人居住。随着大量人群的入住，这里将会变成繁华的社区中心。这一地段的特征是，门面租金便宜，经营项目可选择提供生活、休息、娱乐和维修车辆的服务。眼光远大的投资者如能把握机会，提前一步在市郊开创事业，日后财源必定滚滚而来。当然，并不是所有的市郊都适合开店，应根据当地的发展方向和城市规划来具体选择。

宜 商铺宜近娱乐场

娱乐场所、旅游区附近的特点是周期性较强，高峰时人潮汹涌，低潮时可能会无人问津。

当然，如果是靠近居民区、商业区的话，则另当别论。因为是娱乐、旅游地区，顾客的消费需求主要在于吃喝玩乐、休闲娱乐，故开设餐饮、娱乐、生活用品这类的商铺生意会较好。

宜 商铺宜开在住宅小区

住宅小区附近的顾客一般就是附近的居民，购物对象平时以家庭主妇为主，节假日和下班时间则以上班族为主。这些地段的特征是，有关家庭生活的商品消费量大，尤其日常用品消费量较大，凡是能够给家庭生活提供服务的商铺，都能够获得较好的发展。

宜 商铺橱窗宜有广告

在现代商业活动中，橱窗既是一种重要的广告形式，也是商铺店面装饰的手段。一个构思新颖、主题鲜明、风格独特、手法脱俗、装饰美观、色调和谐的商店橱窗，若能与整个商店的建筑结构和内外环境构成一幅立体画面，能起到美化商店和市容的作用。从整体上来看，制作精美

的室外装饰是美化销售场所、装饰商铺和吸引顾客的一种手段。商铺橱窗引人注目，天长日久后商铺自然美誉远扬、闻名遐迩，顾客也会越来越多。

宜 商铺设计宜有特色

一间商铺的形象是否合适，设计是否美观，不但要以该商铺设立的时间、地区和顾客对象的喜好为依据，还要根据市场的需求和顾客的购买

动机、消费习惯及与同行的比较等因素来定，要通过详细调查、研究之后再着手设计。总的来说，商场的设计装修要讲究个性、特色，这样才能突出卖点，更能招揽顾客。

宜 商铺收银台宜设在白虎位

风水上认为，商铺的收银台应设在白虎位（人站在室内往大门方向看去，右边就是白虎位），也就是在不动方，这样才能守住入库的钱财。收银台是钱财主要的进出之地，切不可设在

流动性较大的青龙位，否则不利财气。其实，这也是为了符合人们靠右行走的习惯，从里面出来时一般习惯性靠右走，而这边正好是白虎位的付账处。收银台的不动方处如果正好是玻璃，则应该把这一面玻璃加以遮盖，也可安装窗帘或用装饰板将其遮掩。

宜 商铺的财位宜明亮

财位宜明亮，不宜昏暗。财位明亮的商铺会生机勃勃，因此财位如有阳光或灯光照射，对生旺财气大有帮助；如果财位昏暗，则有滞财运，需在此处安装长明灯来化解。安装在财位的灯，一般来说，数目应以1、3、4或9为宜，而灯管亦以这些数目为宜。

宜 商铺的颜色宜明亮

按照风水上的说法，对地面的装饰就是凝聚生气。地面生气的强弱，除决定于地板砖表面的

光滑明亮外，还取决于地板砖的颜色。颜色对于风水来说，有象征性的意义。首先要保证墙面颜色明亮，因为明亮的颜色才会给人带来光洁舒适的感觉。风水学认为，明亮就是生气，有了一个光洁舒适的经营环境，就能赢得顾客，更能赢得良好的经营效益。

宜 商铺名称宜依照笔画取名

商铺名称笔画的阴阳之说是选用汉字笔画的单与双，辅以阴阳属性，然后按照阴生阳的定律来选取商铺名的用字。具体做法是，笔画为单数的字为阴，笔画为双数的字为阳。如果选作店名的字是一阴一阳，则一个字的笔画为单数，另一个字的笔画为双数。如果这个店名是按先双数后单数，即先阴后阳的顺序排列的店名，就是吉利的店名，属于吉利店名的排列还有阴-阴-阳或阴-阳-阳等。反之，不吉利店名的排列是阳-阴或阳-阴-阳。

如果店铺名与经营者姓名之五行相冲，则会使得事业受外力影响，让经营者无暇顾及自己经营的事业。

如果店铺名与经营项目之五行不符，则会导致生意清淡。

如果店铺起名与店铺朝向不符，则会导致生意尚可、利润微薄的格局。

如果店铺起名与周围环境不符，则会导致邻里关系不和睦，易发纠纷，从而影响正常经营。

如果所起的店名与店主的天格、地格搭配不好，则会导致生意日渐衰落。

宜 商铺宜选用吉祥字号

旧时人们采购物品时，大多选择字号吉利的商铺，为此甚至会舍近求远，许多商铺因吉利的字眼而声名远扬，生意日渐兴隆。商铺的字号，除了要突出商铺特色，配合经营者阴阳命理之外，还宜给买卖双方带来兴旺发达、吉祥如意的好兆头。旧时民间商铺字号的用词用字，总在乾、盛、福、利、祥、丰、仁、泰、益、昌等吉利的字眼上选择，意为招财进宝、一本万利、大发鸿财。经营文物、古玩、书刊、典籍、文房用品、医药用品等业的商铺字号，则多取典雅的字眼。

宜 商业场所的楼梯口宜宽敞

有的商铺开设在二楼或二楼以上，需要通过楼梯才能到达。在设计商业场所时，上下的楼梯口不可狭窄、拥挤，否则容易产生压迫感，使顾客不愿意光顾。理想的楼梯应该宽广、明亮，让人视觉上舒畅，而且还要兼顾安全。同时，楼梯也是财气进出的通道，楼梯口宽阔，也就意味着财路宽阔。

宜 商铺宜有圆形水池

在传统风水学中，水代表"财"，"水"的安排恰当与否，和商铺的财富有密切关系。圆形可以藏风聚气，所以商铺前若有喷泉或瀑布等水景，最好将水池设计成圆形，并要向商铺稍微倾斜内抱（圆方朝外）。从风水学的设计角度来讲，水池设计成圆满的形状，圆心微微突起，这样才能够藏风聚气，增加商铺空间的清新感和舒适感，同时，圆形也不易有犄角旮旯隐藏污垢，便于日常清洁。

宜 商铺内宜通风透气

风水上说房屋的纳气，也就是指房屋内部气的流动。商铺是一个人群密集的区域，是一个商品堆积的区域，所以更需要纳入新鲜的空气，也需要厅堂内气体反复的流动。气体流动可以驱走浊气，带来新气，也可以驱走湿气，带来干爽之气。风水中的"纳气"，在一定的意义上，可以理解为通风透气。商铺的通风透气，对商品的保管与交易都是很有好处的。使商铺通风透气，也是商铺装饰时所要考虑的重要原则之一。

宜 商铺内宜设镜子

镜子可以反射灯光，使商品更鲜亮、更醒目、更具有光泽。有的商铺会运用反射灯光，使得商品更鲜亮、更醒目、更具有光泽；有的商铺则用整面墙作镜子，除了上述的好处之外，还可给人一种空间增大了的假象。所以最好在商铺内光线较暗或微弱处设置一面镜子。镜子又分为凹镜、凸镜和平面镜。一般而言在屋内放平面镜有收聚财气的作用，而朝向窗外或屋外的平面镜则有反射煞气的作用。凸镜有分散的作用，可以将电灯柱、尖形物体、路冲、旗杆冲射、天斩煞、道路指示牌、烟囱这些煞气卸去，故属于"化解煞气"的风水用品。凹镜有更强的"收聚"的力量，当某些方位出现地气逸走或吉利物体远离住宅太远时，可利用凹镜来收聚。

宜 武财神宜面向商铺大门摆放

商铺中除了某些神像应该面向大门外，其余的则不需要墨守成规。举例来说，"关帝"以及"地主财神"应该朝向大门，其他则不必如此。"关帝"是武财神，龙眉凤眼，手执青龙偃月刀，不但威武非凡，而且正气凛然，因而一般商铺大多奉为镇店之神。若是将其放在正对大门便有看守门户的作用。"地主财神"的全名为"五方五土龙神，前后地主财神"。在传统社会里，"地主财神"供奉在商铺内，与供奉在大门外的"门口土地神"，一内一外，作为商铺的守护神。

宜 商铺地面宜平整防滑

商铺地板应平坦，不宜有过多的阶梯，也不宜制造高低的分别。有些商铺采用高低层次分区的设计，使得地板的高低有明显的变化，而财运

也会因地板的起伏而多有起伏。还有的设计者会将商铺内的地板凹下去一阶，或将室内某部分的地板加高一阶，以使之看起来有变化，其实这是一种不好的风水表现。风水学认为，不平坦的地板会导致店主身败名裂。从实际运用的角度来分析，高低不平的地板也容易让人发生意外，不小心会一脚踩空而跌倒，对经营者和顾客都不利。

宜 商铺的保险柜宜摆放在财位

商铺的财位放置落地式保险柜，是非常符合风水要求的做法。保险柜里面可放置贵重金饰、珠宝、存折等，但必须秉持"财不露白"的原则，不可买回保险柜就大大方方的往财位一放了事，可以做一些室内设计，将保险柜加以遮掩装

饰，使人不知道里面是保险柜，外观宜形似一般的橱柜；同时金柜口不宜朝向门口，否则容易导致财来财去；商铺保险柜的门也不宜向着顺水方向流，否则容易导致耗财连连。

宜　天花板高度宜与商铺面积相协调

商铺天花板的高度要根据其营业面积来决定，宽敞的商店应适当设置高一些，狭窄的商店则应设置低一些。一般而言，一个10~20平方米的商铺，天花的高度在2.7~3米左右，可以根据行业和环境的不同进行适当调整。如果商铺的面积达到300平方米，那么天花板的高度应在3~3.3米左右；1000平方米左右的商店，天花板高度应达到3.3~4米。天花板太高，上部空间就太大，会使顾客无法感受到亲切的气氛；反之，天花板过低，虽然可以给顾客亲切感，但却给店内的顾客带来压抑感。

宜　商铺宜近"三流"

"三流"指的是水流、车流、人流。风水上讲究阴阳，水流属阳、属柔、属虚，而商铺则属阴、属实、属刚。以商铺迎取来水，便是旺财铺。水流为流动之气，车流、人流亦属于流动之气。故选择商铺，最好选择水流停聚之处，如码头等；选择车流停留之处，如停车场、地铁站、火车站；人流则需看其大规模的来去走向。经商的风水必须收得水流、车流、人流方能旺财，没有"三流"，生意则难以开展。

宜　商铺的财位宜摆放吉祥物

商铺的财位是旺气凝聚的所在地，若在那里摆放一些寓意吉祥的招财物件，例如金橘盆栽、福禄寿三星或是文、武财神的塑像，则会吉上加吉，有锦上添花的作用。

宜　商铺的财位宜置植物

财位上宜摆放长势茂盛的植物，这样可令商铺的财气持续旺盛，运势更佳。因此在财位摆放常绿植物，尤其是以叶大、叶厚或叶圆的黄金葛、橡胶树、金钱树及巴西铁树等最为适宜。但要留意的是，这些植物宜用泥土来种植，不宜以水来培养。财位不宜种植有刺的仙人掌类植物，因为此类植物是用来化煞的，如不明就里，则会弄巧成拙，反而损伤财气。而藤类植物由于形状过于曲折，最好也不要放在财位上。

宜 商铺宜藏风聚气

商铺以能够藏风聚气为吉，因为这才有利于积聚财气，使生意兴隆。因此，商铺所处的环境，不宜经常疾风劲驰，附近应有建筑物或天然屏障作遮挡，毕竟风势太强，难成旺地。

二、商铺风水之忌

忌 商铺忌处偏僻地段

按照风水的说法，有人的地方就有生气，人愈多，气愈旺，而生气是生意兴隆不可或缺的条件。如若将商铺开设在偏僻地段，就等于回避顾

客，没有人光顾商铺，商铺就会缺少生气。生气少就会阴气生，阴气过盛，则商铺的生意就会不景气。所以如果一个商铺的地段太过偏僻，阴气过盛，不仅经营会亏本，严重的还会损伤店主的元气，致使商铺关门停业。

忌 商铺忌临高速公路

随着城市建设的发展，高速公路越来越多。由于快速通车的要求，高速公路边一般有固定的隔离设施，两边无法穿越，公路旁也较少有停车设施。因此，尽管公路旁有单边固定及流动的顾客群，也不宜作为商铺选址的区域。通常人们不会为了一项消费而在高速公路旁违章停车。另外，高速公路的路冲煞比较严重，对附近人的健康也会造成一些不利的风水影响。

忌 商铺忌临隧道出入口

隧道口是向下凹去的地方，象征引水走的地方。风水上水为财，所以商铺门口向着隧道，意为不能聚财。商铺向着行人隧道的出入口，不能聚财；若向着汽车进出的隧道，则更加难以聚财。但是，隧道若是通往地铁站则不在此例，因为这种隧道有疏导聚水局之气，商铺接近它，也能受到此气的影响，所以商铺处在地铁隧道附近或接近隧道，则作吉论，经营者旺财。

忌 商铺忌开在坡路上

正常情况下，商铺场所的地形应与道路的路面处在同一个水平面上，这样比较有利于顾客进

出商铺。商铺设在坡路上是不可取的，因为这种格局难以招揽顾客。如果商店不得不设在坡路上的话，就必须考虑在商店与路面之间的适当位置设置入口，以方便顾客进出。若商铺大门的路面与商铺的地面高低悬殊，也会妨碍顾客的进出而影响商铺的生意。

忌　商铺忌开在商业饱和地段

商业设施已经基本配齐的区域，称为商业饱和地段，这种地区开商铺投资较大，竞争激烈，不宜作为商铺的首选地址，发展前景不是很大。这是因为在缺少流动人口的情况下，有限的固定消费额并不会因为新开的商铺而增加。

忌　商铺忌临反弓路

"反弓路"呈弯曲形，住宅之门正对此路，

易犯反弓煞。"反弓煞"即住宅门前有弧状道路向外拱出，主住宅区的人易受血光之灾或破财。当商业大厦或商铺门前出现反弓路时，会出现财来财去的状况。一方面经营收入十分丰厚，另一方面商铺中大数目的开支也会使经营者失去预算，正所谓"有钱赚而无钱剩"。如果遇到此种情况，可于门前设一块镜子来化解，具体还需咨询专业人士。

忌　商铺忌前后门相对

一些大的商铺会在店面的前方和后方各开一扇门，以方便顾客的进出，吸引更多的顾客。这种格局似乎对生意有利，但从风水的角度而言，气流可以通过前门而直通后门。风水理论中最忌气流互通，"气流直通财气流空"，这种格局难以聚财。除了少数的情况之外，"两门相对"会令财气不聚，所以，即使有必要开两扇门，也不宜出现两门相对的格局。

忌　商铺忌坐南朝北

商铺一般应该坐北朝南，如果商铺朝向北方，冬季来临时会不堪设想。不管是东北风，还是西北风，都会向着门户大开的商铺里钻。风水中也视寒气为煞气，寒气过重，对健康不利，进而会影响到经商活动，同时也会使店内物品的流动速度减慢，造成商品的销售量减少。

忌　商铺忌与直路、"Y"字路相冲

道路若直且长，而中间又没有红绿灯"截

气"，就有可能产生负面影响，出现直路冲射的现象。商铺的前方如果正对一条直路，则为直枪煞，暗示商铺内的工作人员健康日渐恶化。

"Y"字型的路口往往都是繁华的地段。在此处开店，虽然较繁华，但易受到来自大道的煞气冲击，若不在此开店，又避开了有利于发财的生气。这种的情况可采取以下几种风水"制煞"的方法：

在开设"Y"字型路口的商铺前，加建一个围屏、围障，或将商铺门的入口改由侧进，以挡住或避开迎大路而来的风尘。

在店前栽种树木和花草，以增加店前的生气和消除尘埃。

多在门前洒水消尘，以保持店前空气的清新；勤于打扫店前的卫生和擦洗店面的门窗，以清除沉积的尘土。

忌 商铺大门忌有光煞

如果商铺大门是朝东西方向开的，那么，夏季火辣辣的阳光就会从早晨照射到傍晚，风水上将此视为光煞。光煞对于商铺的经营活动是相当不利的。煞气进入店内首先干扰到的就是店员，店员在烈日的暴晒之下，会口干舌燥、眼冒金星、全身大汗，很难保持良好的工作情绪。商品在烈日的暴晒之下，也容易变脆发黄，严重的还会出现质量问题。另外商铺在烈日的炙烤之下热气逼人，自然难有人前来光顾，更难说消费。

光煞的光波折射是一种动象，动象能影响吉凶。若光煞照射在商铺的吉方，则影响力不大；若光煞照射在商铺的凶方，则受光煞刺激便会兴风作浪。如果光煞照射在白虎位，"五黄"、"二黑"凶星之方，轻则使人破财败业，重则容易发生血光之灾，导致碰伤撞瘀，使身体健康受损，尤其是对店中的女性不利。

忌 商铺忌临"孤煞地"

阴代表黑暗、深沉、消极的气氛和环境，如寺庙教堂、坟场都是所谓的"孤煞地"。阳代表旺盛、热闹、喧哗，所对应的环境包括戏院、餐厅、酒楼、闹市等。很明显，阴阳环境属于两个极端，对于商业经营来说，人流穿梭，人气就盛，人越拥挤，气氛就越热闹。开店做买卖需要的就是以人气来带旺生意，而孤煞地的阴气则与之相反。因此阴气过重的孤煞之地附近是不适合开设商铺的。

忌 商铺忌临立交桥

长长的立交桥就像一把利剑直冲而来，路上的车辆往来穿梭，产生的煞气非常重。而立交桥上高速行驶的车辆也会形成强大的噪音和冲击气流，对低层楼内人员的身体和气运都会造成不良影响。然而，五楼以上的高楼内的商铺临近立交桥，不但可以抵挡煞气，而且也可以起到兴旺财运的作用。总的来说，向着立交桥的商铺，一般风水较差，因为立交桥大多高过商铺，比商铺低的不多，除非是商业大楼。

忌 商铺忌临垃圾站

商铺不宜选在垃圾站、加油站、电力房或锅炉房旁。正所谓"孤阳不生，独阴不长"，大厦的前面有公厕或垃圾站便是犯了独阴煞。五楼以下的商铺较容易犯此煞，如果垃圾站紧贴着自己的住房，凶性会加重。如果犯上独阴煞，一定要

小心家人的身体健康，防止因病而破财。另根据佛教的观点，灵体是喜欢聚集在阴森及有臭味的地方，如森林、垃圾站等，所以如果商铺附近有垃圾站，容易引灵体入屋，致使业主的精神出现问题，运势反复。解决的办法是在门口安装一盏红色的长明灯。

忌 商铺忌正对停车场

停车场的入口一般弯弯曲曲，有人认为这是聚财之局，其实在风水上，这表示运气受阻塞。商铺面对地下停车场的入口则更为不利，因为地下停车场是气运下降的场所，如果低层住家或商铺的大门靠近入口，势难聚气，更难获得发展。

忌 商铺门前忌多条道路交汇

有的商铺前方由左右两条道路交汇，而形成三角形，冲射到商铺。这种情况易使经营者因财失义，而且身体也容易多病。若三条或四条道路相交，犹如一把剪刀剪向商铺，则犯剪刀煞，象征破财、损丁、易受意外受伤，非常不宜，交汇的道路越多，就越凶。

忌 商铺大门忌对窄巷

商铺大门不可面对窄巷，否则，商铺内的气流易受阻，运势也不顺畅，容易聚积秽气，对经营者健康有不良影响，而且商铺的发展前景也被封死，象征事业上没有出路，事业发展缓慢。另外，如果窄巷的尽头比入口大，处在其中的妇女都很难怀孕。

忌 商铺忌临医院

医院是救死扶伤的地方，本身并无是非，但是医院会让人联想到疾病和死亡，给人的心理上笼罩了一层阴影。除非是经营与医院有关的商铺和企业，比如鲜花水果店、保健品店等，这些商店出售住院者需要的物品，适宜在医院附近。

忌 商铺忌临公交车总站

商铺不宜临近公交车总站，因为时常会受到公交车起动的声音的骚扰。从风水上来讲，这种情况称为声煞，因为这些声音会影响到商铺的经营。另外，临近公交车总站除犯

声煞外，还会犯另一个风水问题，公交车在开动时，会产生一定的磁场，令道路上的气流急速转动，这些动象会对商店员工的情绪和健康

造成影响。化解方法：把商铺内的窗关闭，以减少噪音的分贝，但关闭窗户后，最好打开空调，否则，空气就会不流通。

忌 商铺店面忌太狭窄

商铺店面狭窄，或者是店面被物体遮挡住了，商店的商品信息就不能有效地传递给顾客。这样势必将商店的商品经营活动局限在小地域和小范围之内。有限的经营空间，难有大的经济收益。如果要凭借灵活的经营手段来改变这种状况，就需要经过一个相当长的时间，也就是经商行话所说的"熬码头"。熬码头对于本小利微，或者是要急于见经济效益的经商者来说，是承受

不起的。即使是熬出了头，商品的名声逐渐外传了，也会因商店店面的狭窄而让人找不到地址，从而会失去一些新顾客。

忌 商铺大门忌与道路斜冲

商铺旁如果有道路斜冲向本商铺的大门，则为犯斜枪煞，象征容易发生意外、破财。左斜枪伤青龙，主伤男性；右斜枪伤白虎，主伤女性。斜枪煞可挂珠帘或放置屏风来化解。

忌 商铺大门忌对屋角

商铺的大门如果正对附近其它房屋的屋角，在风水上称为"隔角煞"。远看上去像是一块巨大的刀片直划而来，为大凶之兆，主健康不利，财运也不济。以现代的观念来看，从大门看出去，一半是墙壁，一半是天空，在心理上也会有种被切成两半的不佳感觉；而从气场上看，两边的气流被阻隔，完全失衡，则非常不好。

忌 商铺的门忌四面相通

无论是商铺或居住楼宇，都不宜大门前后相通，更不能四面相通，否则地气会前进后逸或后进前逸。如果屋的大门对着窗门，通常主财运不聚，也就是从大门入来的气会从窗门流走。大门正对窗门，已对风水不利，大门前后相通，后果则更加严重。如果商铺的门前后左右都相通，则经商者的生意会时好时坏，客人要求过高，以至生意难做，四面楚歌。化解方法：用"铁马"把门的其中一个方位拦截，或者干脆选择将顾客流量少的门关闭。这样就不会前门通后门，构成了"藏风聚财"的格局。

忌 商铺鱼缸忌摆放过高

商铺里如果需要摆放鱼缸，则鱼缸的高度应以人站立时膝盖之上到心脏之间为宜。如果鱼缸摆放在座位附近，则鱼缸内水不宜高于人坐下后肩膀的高度，尤其不可高于头顶，否则会形成"淋头水"的局面，对店内人士造成压力和伤害。

忌 商铺地势忌四周高过中间

商铺的地势如果是四周高而中间低，如邻近街道，则行人的脚像是踩在商铺头顶，一方面是通风和采光不好，另一方面，如果周围的道路明显高于商务中心，那么，在道路上只能看到商铺

的屋顶。屋顶上布满灰尘的管道和设备，也可能会导致招揽顾客的气场下降。

忌 商铺的骑楼忌住人

有些街边建有三、四层楼的旧式房，多数设计为楼下开商铺，楼上住人，这种楼称为骑楼。一楼开店，二楼住人，这在风水上大为不吉，特别是骑楼上方忌做卧室、书房等，最好是做储藏室。中国人最讲究睡觉时要有安稳的磁场，这种卧室的下方是骑楼的房子，因为下方是空的，有气流和人潮流来流去，住的时间长了自然会破坏身上的稳定磁场。同时楼下过往的人气太杂太乱，会驱散财气。

忌 商铺忌招牌冲大门

在风水学中，指示交通的路牌，有时也会给商铺带来影响。如商铺的大门对面，有电灯柱、电线杆或停车路牌正立着，称为"对堂煞"，又叫"穿心煞"。"穿心煞"会导致破财，易招口舌是非及产生生离死别之患，不利经营者。商铺的人犯此煞容易患上心腹等疾病，若再逢上流年正煞或三煞、太岁等，后果则更为严重，建议不要选择这种格局的商铺。

忌 商铺的财位忌受压

在风水学上来说，商铺的财位受压是绝对不适宜的。倘若将沉重的大柜、书柜或组合柜等压在财位上，那便会影响商铺的财运。

忌 商铺的财位忌无靠

商铺财位的背后最好有坚固的墙做依靠。背后有靠象征有靠山可倚，可保证无后顾之忧，这样才能藏风聚气。反过来说，倘若财位背后是透明的玻璃窗，这不但难以积聚财富，而且还因为容易泄气，会有破财之虞。

忌 商铺地势忌倾斜

商铺地势宜平，从风水的角度来看，地势平坦的房屋较为平稳，而斜坡则颇多凶险。倘若商铺位于斜坡之上，那么在选择时便需要特别小心地观察周围的环境。若房屋的大门正对一条倾斜的山坡，则不可将其选作商铺，因为这样不但会使生意萧条，而且还会导致血光之灾，寓意有去无回。

忌 商铺的财位忌水

郭璞的《葬经》有云，生气是"界水则止，遇风则散"。而财位是聚气之所，所以此处忌水。有些人喜欢把鱼缸摆放在财位，其实这是不适宜的，将鱼缸置于财位会造成财气阻滞。财位忌水，故此不宜在那里摆放用水培养的植物，同时也不宜放置饮水机等物品。不过有一种情况例外，如果业主的八字命里缺水，则可于财位摆放有水的器物。

忌 商铺的财位忌振动

大部分人开店经商的目的是求财、赚钱，财位是商铺催财的重要位置，如果商铺的财位长期凌乱及受到振动，则很难固守正财。所以财位上放置的物品要整齐，也不可放置经常振动的电视、音响等。

忌 商铺的财位忌尖角冲射

风水学上最忌尖角冲射，商铺财位附近不宜有尖角，以免影响财运。一般来说，尖角愈接近财位，它的冲射力量便愈大。所以在财位附近，应该尽量避免摆放有尖角的家具杂物。不管是为了风水上的吉利，还是为了顾客安全，都应该尽可能选用圆角家具。

忌 商铺的财位忌脏污

商铺财位应该保持清洁，倘若卫生间刚好位于财位内，那便十分遗憾。此外，倘若财位堆放太多杂物，那亦绝非所宜。因为这亦会污损财位，令财运大打折扣，不但会使财位不能招财进宝，而且会令家财损耗。化解之法最好是把财位收拾干净，并摆放上吉祥物。

忌 商铺忌摆放干燥花

木五行属阳，是五行中唯一具有生命的东西，可以生长、繁殖，因此商铺里摆放的植物一定要健康美观，不可出现枯萎的情况。干燥花由真花制成，容易保存，但从风水的观点来看，干燥花并不适合放在办公室或商店内。干燥花会吸收阴气，在风水上是不好的。另外，干燥花是已经死的花，是人工的，虽然这是一种艺术，但它还是无法代替鲜花。

下篇

商业办公风水

　　办公室是企业整体形象的重中之重。拥有一个美观的办公环境，不仅能增加客户的适应感，同时也能给员工以心理上的满足，有益于活跃员工的思维，是提高企业效率的重要手段。

　　环境对人的影响是无时无刻不在的，营造好风水是创造生财的利器。办公室是生财的重地，想要财运兴旺、生意兴隆，就得找个环境好、风水好的办公地点，这样才能因地启运，为公司抢得先机，进而使企业经营成功。

　　本篇将重点介绍现代办公室风水，包括办公室选址、外部环境、内部装修装饰等多方面的知识，对会议室等重要内部隔间也有精要讲解。

第一章 商业办公择地要诀

传统风水讲求"天时、地利、人和"，其中"天时"主控在天，"人和"要各人自己来创造，唯有"地利"是我们可以选择的，这个地利也就是我们所说的风水。由于风水是一个环境地点的现实状况，属于无法由我们决定或轻易改变的外在因素，因此事前的审慎选择就显得重要。

城市里高楼大厦林立，在这样的环境中选择办公大楼，要注意分析前后左右四方的建筑群布局，以及本大楼在建筑群中所处的位置。

办公楼所在的大楼处于何种区域，对工作的影响甚大。所谓"近朱者赤，近墨者黑"，各种场所区域对办公大楼的功能及其中办公人员的工作效率都有很大的影响。

一、好风水办公楼的必备条件

结合现代风水学，一个好的办公地点，应具备以下几个必备条件。

1. 来路纳气

在挑选的时候，首先要看办公楼是否能纳来路之气。有一条总的原则是办公大楼以开中门为吉，但很多楼宇的入口是开在前左方或前右方，并且大门向着马路，这种大厦究竟怎么样才算吉

相呢?关于这个问题，有以下四点原则：

办公大楼入口在前方中央朱雀门，就不用理会汽车的行走方向，而且在入口前方有平地、水池或公园等，这样的格局就是上吉之相，主旺财。

办公大楼前方，车辆由右白虎方向左青龙方驶去，则办公大楼前方靠左开青龙门纳气为吉。

办公大楼前方，车辆由左青龙方向右白虎方行驶，则办公大楼于前方靠右开白虎门纳气为吉。

办公大楼入口前方并非马路，全是平台，便以开前方中门及前左方开门为吉。

2. 背后有靠

公司前、后、左、右的外部环境对公司的命运十分重要，因此办公楼的总体规划要符合"左青龙，右白虎，前朱雀，后玄武"的格局。后玄武即是指公司后方，要有山、高地或高楼。现代都市的办公楼很难寻到真山，所以作为办公室的建筑物，最好是选择后面有高的建筑物作靠山。背后有靠会使公司的业务稳

定。当后面有靠山时，还必须选择房屋向着当运的旺气，这样不但公司可以发展，而且业务一定蒸蒸日上，财源广进。从风水上看，房屋的靠山很重要，现代的都市建筑鳞次栉比，可以互为靠山，公司才会生意兴隆，领导、员工才会身体健康。老板也能得到贵人之助，上级领导有力支持，外边人际关系良好。

山形千变万化，优劣在于仔细的观察，简单而论，可把山形根据五行分为五类：

金形山——山形圆润饱满，吉。

木形山——山形高瘦秀丽，吉。
水形山——山形波浪连绵，吉。
火形山——山形尖锐嶙峋，凶。
土形山——山形方正稳重，吉。

3. 坐实向虚

大厦背后有山，属于坐实。如果大厦后方没有山，便要从以下几点进行判断：

办公楼大厦后方，若有一座楼宇比自身高大广阔，便属于坐后有靠，亦属于坐实之格局。

办公楼大厦后方，有几座楼宇高度与自身大厦的高度相同，因为几座楼宇群集在一起，力量亦汇集起来，足够支撑本大厦，亦属于坐后有靠之格局，即属于坐实。

办公楼大厦后方，有一座天然小山丘，但高度却很低，自身大厦比它高出了很多。本大厦虽

然属于靠山无力之格，但由于此山是天然的，便可以用作靠山。因为天然的环境对风水的影响力很大，所以这座大厦亦属于坐后有靠。

办公楼大厦后方虽然有楼宇，但如果比办公楼矮了一大截的话，则属于靠山无力之格。如果背后没有其他的大楼依靠，那就形成孤阳办公楼了，不吉反凶。

4. 龙强虎弱

办公大楼的左方为青龙方，右方为白虎方。在风水学上，最佳的格局是龙强虎弱。由于主有贵人相助，辅弼有力，因此是大吉相。反之，如果虎强龙弱，则不利风水。

龙强虎弱有四种类型：

龙昂虎伏型：办公大楼左方的楼宇较高，而右方的楼宇较低。

龙长虎短型：办公大楼左方的楼宇较为宽阔，右方的楼宇较为狭窄。

龙近虎远型：办公大楼左方的楼宇距离较近，而右方的楼宇距离较远。

龙盛虎衰型：办公大楼左方的楼宇较多，而右方的楼宇却较少。

5. 朱雀争鸣

办公大楼的门前最好有明堂或朱雀池，一是对外有扩展空间，表示前途宽广；二是能引入财

气。如有水池或喷水池的也比较好，朱雀池的水状要有情，流水或圆形或半圆形地围绕于前方，形成玉带环抱水，这就是象征聚财的朱雀争鸣格，而不是反弓。三角形等是象征主财帛不聚的失运无情水。

二、解读办公楼的外观

随着现代科技和商业社会的发展，大城市的高楼大厦越来越多；但是办公大楼的建造亦有讲究，并不是越高越好，大楼高于周边建筑群太多的话，就会形成"鹤立鸡群"的格局。

这种格局在风水中表示孤立无援，难有贵人相助，容易导致孤立无援，也容易受到来自各方不良煞气的影响。与之相反，如果建筑物在周边的建筑群中最矮，矮人一等，有如"鸡立鹤群"，则向外的视野会被周边建筑所遮蔽，无从发展。

要选择一个能够使公司营业状况一帆风顺、事业飞黄腾达的办公大楼，就必须重点考虑大楼的外形，因为大楼外在的形体对内部办公格局有很大的影响。一般来说，办公大楼的外形最忌讳"L"形、"U"形和"回"字形，方形是最好的形状。

1．"L"形

办公大楼的中心是"天心"，为气的凝聚点，宜空置，不能压重物。而"L"形的办公大楼相当于把"天心"甩出屋外，将气最旺的地方闲置掉，纯属浪费。所以"L"形的办公大楼不

利聚财。同时"L"形的办公大楼因为有个很大的缺角，所以室内采光会很不均衡。假设光从上面投射下来，"L"形的实心部分虽然可以受到阳光的照射，但缺角的部分就没有光源了，对在此办公的工作人员很不利。

2．"U"形

"U"形的办公大楼会显得整个大楼后靠薄弱，公司在经营上必会出现不顺心、后靠无力、事业上难以发展等不良现象。

3. "回"字形

在现在的办公大楼中，"回"字形的大楼非常多。"回"字形的建筑物一般在整栋大楼的中间部分完全透空，并留出一格天井。这样设计虽能加强整个大楼的采光，但留出天井就如同人的心脏无力，将公司设置在这种大楼里便不利于业务推广。"回"字形的办公大楼也容易出现老板心性不定、公司运作乏力、股东不和的现象。回字形大楼气势旺的不多，只有改善得宜，才能使得整体业务拓展相对顺畅。

4. 方形

一个住宅或办公室的大楼最好以正方形体的格局为宜，正方形或略长的长方形格局，才是吉相。

假如所找的房子形状不正或有其他缺陷，都属不吉，所以最好不要选用，否则会有不好的影响。但一个方正格局的房子用来办公或开店，也必须注意前面有无宽广的明堂（若从前面看出去视野非常广阔，必能给公司带来好的运势）。

三、办公楼的大门

自古显贵之家被称为"高门"，卑庶之家则被称为"寒门"。办公大门是出入口，影响着公司、企业的兴衰成败。大门是整个办公室空间最直接、突出的标志，在人们心中，甚至只要观其门便可判断其内。所以，办公室大门被赋予了重要的意义，它展示着办公室的规模、社会地位、财富和权势。

"门第高低"、"门庭兴旺"、"光大门楣"等成语就是对大门与屋宅关系的形象比喻，这样也就意味着办公者要对其大门外观的修造投入很大的精力，以显示公司的实力。当然，并非把大门修建得高大豪华就好，出于传统思想的中庸之道以及安全方面的考虑，应避免办公室大门在视觉上过于突兀。《黄帝宅经》以"门大内小"为避讳的"五虚"之一，而"宅大门小"则属"五实"之列。因此，办公室并不应刻意追求徒具其表的"高门大院"之势，而应在大门的尺度适宜、形式优美、做工精细等方面用心，从而可见企业的道德追求和价值取向。

1. 办公楼门位和门向的重要性

"乘气而行，纳气而足"是用来形容调和天、地、人之间的风水的一种抽象概念，"纳

气"是相当重要的一个原则。

从两个成语就可以看出大门的重要性，一是"门庭若市"，二是"门可罗雀"。这两个成语都有"门"这个字，前者表示生意兴隆，后者表示生意萧条。大门是任何建筑物的纳气之口，所以大门的方位最为重要。如何使大门纳入生旺的财气呢？那就要看大门的门位和门向了。

一般来说，大门开在一栋房子的正中间才是正常的。但若以通俗风水来讲，左青龙、右白虎，所以大门最好开在左边，也就是人在屋内时大门向着大楼的左方，人在室外时大门向着大楼的右边。

大门不可面对岔路，也就是说一出门就看到两岔路冲入门内，这种交叉的气场会影响主人的决策和判断，正常情况应面对横过的路。

大门不可面对死巷，否则气流会受阻，不顺畅，容易聚积浊气，对健康有不良影响，且象征事业上没有出路、没有发展。

办公环境无法旺运时，如果空间允许，可开偏门来强化办公室气场，从而达到开运、抢运、补运的功效。然而，开偏门要适当，因为旺财的方位只有两个，切忌开太多偏门，否则会因为偏门太多，造成气场混乱，老板和主管意见容易出现分歧，决策难以制定；导致人心涣散、消磨斗志，使得财气不聚，或财进财出，无法创造出应得的财富，也无法凝聚出该有的成果与目标。所以开门最好找专业人士先看一下。

2. 办公楼大门朝向与行业五行的关系

由于大门朝向与行业五行相关，因此从五行方位来看，大门有以下的朝向可供选择。

（1）五行属金的行业

五金首饰、珠宝金行、汽车交通、金融银行、机械挖掘、鉴定开采、司法律师、政府官员、职业经理、体育运动等，宜坐西向东、坐东南向西北、坐东向西、坐西北向东南。

（2）五行属木的行业

文化出版、报刊杂志、文学艺术、演艺事业、文体用品、辅导教育、花卉种植、蔬菜水果、木材制品、医疗用品、医务人员、宗教人士、纺织制衣、时装设计、文职会计等，宜坐西向东、坐西北向东南、坐东北向西南、坐西南向东北。

（3）五行属水的行业

保险推销、航海船务、冷冻食品，水产养殖、旅游导购、清洁卫生、马戏魔术、编辑记者、钓鱼器材、灭火消防、贸易运输、餐饮酒楼等，宜坐南向北、坐北向南。

（4）五行属火的行业

易燃物品、食用油类、热饮熟食、维修技

术、电脑电器、电子烟花、光学眼镜、广告摄录、装饰化妆、灯饰炉具、玩具美容等，宜坐北向南、坐东向西、坐东南向西北。

（5）五行属土的行业

地产建筑、土产畜牧、玉石瓷器、顾问经纪、建筑材料、装饰装修、皮革制品、肉类加工、酒店经营、娱乐场所等，宜坐南向北、坐东北向西南、坐西南向东北。

3. 办公楼大门对面的景观

办公楼大门不要对着烟囱，因为烟囱是排废气之物，每天进出大门看到废气，心理上会不舒

服。若是风将废气吹进来，被人吸进体内，更会影响身体健康。

办公楼大门旁边不可有寺庙、教堂等宗教建筑，因寺庙、教堂属清气，会影响生意。如果办公楼大门正对其他楼房的大门，而自己的又比对方的小，则属不佳格局，解决方法是在自己的办公楼大门前架一个帆布雨篷。

4. 办公楼大门入口的三种形态

（1）葫芦口

形如葫芦，外小内大，既可吸纳外气，又可确保财气内蓄而不失，适合已经有一定发展基础的公司。

（2）畚斗口

大口展开，形如畚斗，将外气大力扫入，利于突飞猛进，适合刚刚起步创业的公司。

（3）平行口

大门与内部空间平行，适合运势平平、无意开拓的公司。

5. 办公楼大门入口四大忌

（1）门冲

办公楼大门正对着办公室的门，是风水上的冲，气流易直冲而进。当然更不可一进大门就正对着厕所的门，这是最坏的格局之一。

（2）电梯吸气

大门如果正对电梯，电梯上上下下，一开一合，将公司之气尽数吸走，同时也容易分散员工

6. 办公楼大门的颜色

大门风水首重纳气，而门面的颜色也非常重要。从五行生克制化的角度来看，办公大门最忌水火等极端色，如红、蓝、黑色，此三色均象征易招阴、惹祸、退财。而与五行合一的中和色彩，如黄、灰色则最为理想，主吉祥平安，又有利于财运。

的精力，自然也会影响到公司的运势。

（3）穿心剑

大门如果正对走廊或通道，则形如利剑穿心欲入，这样的格局叫穿心剑。如果办公室内部的进深小于走廊的长度，则为祸最大。解决之道是内部装上屏风以收改门之效，才能得以缓解。

（4）隔角煞

站在办公楼大门向外看，外头正面一半是墙壁，一半是天空，像一把刀砍过来，这就是"隔角煞"。从心理上而言，办公楼大门有被迎面切成两半的不良感觉；从气场上言，两半气流完全失衡，此格局大凶，对健康、财运都不利。办公室若是遇到大门正对着对面屋角，最好的改动方法是将大门略为向龙边移动，避开隔角煞。若是无法如此移动，则应改动一下大门的角度，以避开角煞。

7. 办公楼大门的材质

办公楼的大门要采用厚实的材料，不可用三夹板钉成空心大门。门框若弯曲要立即更换，否则会影响财运。

8. 办公楼大门的禁忌

大门前面不可有高长旗杆，也不可正对电线杆或交通信号灯杆，因为这会影响人们的脑神经及心脏。大门前方如有巨石，则会加强阴气而使之进入门内，影响大楼内的人。大门前不可有藤缠树，也不可正对着大树或枯树，因为这不仅会阻挡阳气的进入，加重湿气，不利健康和财运，而且雷雨天时易招闪电，所以大门正前方不可有大树。但大门外两旁可以种树。若要种树就一定要使其保持枝叶茂盛，不可令其枯黄，也不可有蚁窝，否则对事业大不利。

若大门有冲电线杆、小巷、大树、对面墙角等无法改变的环境时，就必须找专人来变更，要配合大门景物及实际状况，适当安挂八卦镜或凹凸面镜等来挡煞气。

原则上，若是要冲消对方之气，宜挂凸面镜；若是要吸纳对方之气，宜挂凹面镜；若是冲上死巷、深谷、近山、河流、岔路，最好易地为宜。

大门前不可有臭水沟流过，门口地面也不可有积污水的坑洞。就现代观点而言，大门宛如一个人的颜面，门前如有污水，既给人肮脏的感觉，又影响形象，自然对财运不利。

有的办公大楼在大门口两旁设有两盏灯，这对风水是有帮助的，但是必须找出最佳位置及高度来设置才好。平常要注意夜间灯泡不可熄灭损坏，若不亮就要及时检修，不可只留一盏灯亮着，因为这在风水学上属不吉。

有些办公大楼为了保持凉爽，常在门墙上种大量爬藤植物，这是不吉利的象征。

现在办公楼的大门流行采用大面玻璃墙，有的是透明玻璃，有的是暗色玻璃。若行业是流通事业，则用透明玻璃较佳，如是汽车展示场，透明玻璃也会带来极佳的广告效果。若是一般的办公室，则不可用透明玻璃，最好是贴上汽车玻璃用的反光纸，或换用暗色玻璃。总之，不要让人在外侧看到室内情形。

四、慎选办公楼层

办公室选好一个正在行旺运的坐向之后，还要选好旺财楼层，这也是公司经营发展至关重要的环节。因为楼层与五行密切相关，所以必须与公司的特征一脉相承，并结合五行与行运的关系进行研究判断。

1. 河图洛书与楼层五行的关系

五行的每一元素不是独立存在的，而是互相依赖、互相制约的，这就是五行相生相克的道理。以下是五行的相生相克：

金生水　水泄金　金克木　金助金
水生木　木泄水　水克火　水助水

木生火　火泄木　木克土　木助木
火生土　土泄火　火克金　火助火
土生金　金泄土　土克水　土助土

根据"河图洛书"的天地生成数口诀得出：1楼和6楼属于北方，属水。因此，楼层逢1、6即属水，如11楼、21楼、31楼等。2楼和7楼属于南方，属火。因此，楼层逢2、7即属火，即12楼、22楼、32楼等。3楼和8楼属于东方，属木。因此，楼层逢3、8即属木，即13楼、23楼、33楼等。4楼和9楼属于西方，属金。因此，楼层逢4、9即属金，如14楼、24楼、34楼等。5楼和10楼属于中央，属土。因此，楼层逢5、10即属土，如15楼、20楼、35楼等。

2. 需要注意的事项

选择办公楼时一定要注意架空层建筑的设计，因为如果办公楼在架空层的二楼，那么公司下方就是人来人往的过道，气流会很杂乱，气场也会受到干扰，并且犯了"脚下虚空"的大忌。因此决不可当作重要的办公场所。

上下楼如果是污秽场所，办公室夹在不洁之地中，则代表办公风水容易受污，对经营、决策非常不利。

五、办公室户型十不宜

选个好的办公地点，在考察了外围环境后，接下来要看的就是它的户型。办公楼的户型以及格局影响着这栋办公楼的通风、采光、纳气、排污等，也进而对办公人员的生活、事业以及健康等产生重大影响。

1. 锯齿形

户型呈锯齿状，前凸后凹，很不规则，这种户型在现实中有很多。从风水角度上来判断，这种户

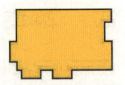

型的办公楼具有凶煞，表示公司运气反复多变，不适宜作为办公的理想场所。

2. 三角形

三角形就是属于三尖八角的户型，内部全为锐角，最不易聚气。

3. 长枪形

办公楼户型如同长枪，直入直出，最不易聚财聚气，也是一种凶局。

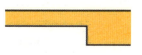

4. 曲折形

户型反复曲折，奇形怪状，如同迷宫。此户型代表公司财来财去。

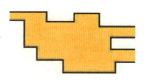

5. 走廊形

办公楼户型完全是个大通道，不宽，但很长。此户型代表公司福气薄弱，也不利于公司员工之间的交流。

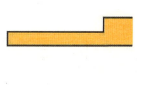

6. 钻石形

带有许多锐角或钝角的办公楼，名为钻石形，其内部存在许多冲射之处。这种户型主公司内部不和。

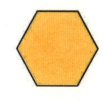

7. 半弧形

这种格局把办公场所切成两半，既不利于员工间协调沟通，也容易引起纠纷，致使工作人员心烦意乱、一事无成，又不利于经营者的身体健康。

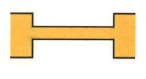

8. 工字形

工字户型如跷跷板，两头重，中间轻，这种户型会令办公者人心飘荡、凡事不稳。

9. 菜刀形

曲尺形的办公楼户型平面上像一把菜刀，风水理论也认为此户型有凶相，不宜使用。因为此户型象征公司会有贪污、泄财的现象。

10."回"字形

"回"字形的户型容易导致室内气循环，不能与外界直接交换新鲜空气，就好像与世隔绝一般，致使员工在工作上孤立无援。

※办公室光线调整技巧

办公室很难做到处处都有自然光，即使是四面都有大玻璃窗的办公室，也不见得人人都能分到靠窗的位置。我们可以利用一些人工的方法来进行弥补。人工补光尽可能模拟自然光。由于日光灯光线明亮、价格便宜，办公室内多半使用日光灯照明。但日光灯会有肉眼看不见的闪烁，易造成慢性视力损伤，所以最好多盏日光灯同时使用，以减少其对眼睛的伤害。

第二章 办公楼常见的各种 形 煞 及 化 解

一栋办公楼只是城市的一个点，周围的建筑、交通等因素都会对本栋楼的风水产生重要影响，破坏办公楼的稳定，使之产生时好时坏的运势，颠覆原来风水气局本该有的优点，以下是目前常见的各种形煞及化解方法。

一、穿心煞

办公大楼位于"丁"字形路口，大门对着一条笔直的马路，这就是穿心煞。事实上，所有车辆行人都笔直地朝着办公大楼的大门而来，到了门口才向左右转弯，这对办公大楼的运道有不良影响。此外，在被路冲的办公大楼中办公的人，

性格也易急躁。而门前有桥直冲，或在大桥出入口的两旁建办公楼，均为不吉。

化解方法：在旺气或吉方安放铜葫芦和五帝明咒，能避免地底穿心煞所造成的运气反复。

二、对窗煞

有些楼宇可能会出现这种情况，即办公楼的窗与其他办公楼的窗相对，而且距离很近。这种情况下两个公司的气都会反复，因为两个办公楼的风水未必好坏一致，所以当内气从窗、门交流时，就会呈现运气反复的现象。

化解方法：在窗位装设窗帘。

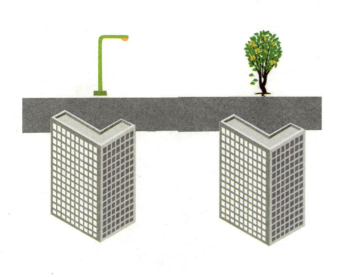

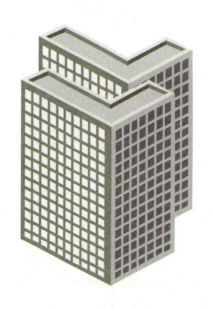

195

三、尖射煞

办公楼的窗外如果冲着隔楼的尖角，这就叫尖射煞。这种情况好像一把利刃切削过来，会令人在心理上感觉不舒服。

化解方法：在见煞方安放莲花和五帝古钱可以减轻该煞之凶性。

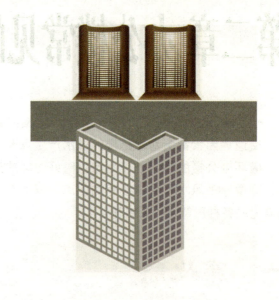

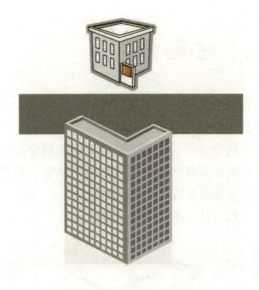

五、镰刀煞

天桥反弓并如大镰刀般向着办公楼劈来，主运气反复，如办公楼前见反弓路则为犯"镰刀煞"。

化解方法：在吉方择日安放一对铜马及五帝白玉可以化解此煞。

四、天斩煞

两座大厦距离非常近，中间只隔一条小空隙，这种情况便称为天斩煞。天斩煞不论在大门的前、后、左、右方出现，皆以凶论。经云："地有四势，气从八方。"所以大厦的八方不可犯"天斩煞"。

化解方法：简单的方法是安放铜马。若情况严重，其化解方法是以麒麟一对、八卦盘一个置于煞气冲来的一方以挡煞。

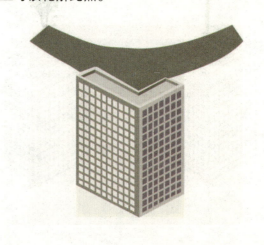

六、冲天煞

正对办公大楼门前，有一座大烟囱，此为冲天煞，最为恶劣者被称为"香煞"，其三条烟囱并排，意指似插在香炉上的三根香。大厦犯此煞，预示办公楼运气反复。

化解方法：用已开光的文昌塔和五帝古钱去化解。如果受煞方位恰逢流年凶星临，则要按此星之特性，配合其他化煞用品如珠帘、屏风等使用。

七、刺面煞

办公楼门、窗前有一些小山丘或是悬崖峭壁，上有很多石头突起，给人嶙峋之感。犯此煞，于风水不利。

化解方法：在门前或窗前犯煞之方位挂上两串明咒葫芦或铜大象。

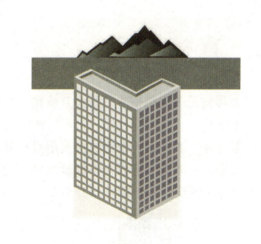

八、孤阴煞

有些办公大楼太靠近树林，且又多是1～3座，显得很孤单，这便属于孤阴煞。门前或窗前见到殡仪馆、医院，也为孤阴煞，代表运气时好时坏。

化解方法：若是来自外界的孤阴煞，在家中安放木葫芦和五帝古钱可以化其凶气。若是室内的孤阴煞，则可于房内贴近厕所的墙上挂上四串明咒葫芦。

九、直枪煞

办公楼前见一直路相冲，则为直枪煞，直枪煞于风水不利。

化解方法：其一是挂珠帘或放置屏风；其二是在窗口安放一对金元宝或一个麒麟风铃，因金元宝和麒麟风铃能助事业顺利。

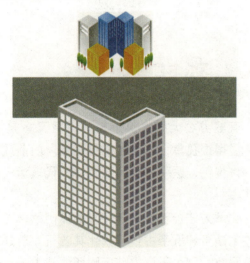

十、冲背煞

直路不冲前而冲后者为冲背煞，象征被小人

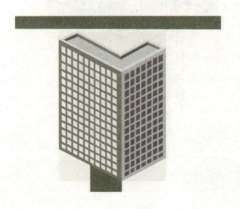

缠绕。

化解方法：最好是搬开，实在不行，就用石敢当来化解，或是在坐椅靠背上贴上一幅山形画。

十一、光煞

办公楼面对霓虹灯招牌，晚上能被照射到，主办公楼内的人精神差。

化解方法：在煞方择日按放铜葫芦或水晶球或水晶七星阵来收煞。葫芦可收煞气，水晶可积聚能量，可收光煞、化凶为吉。

十二、剪刀煞

由三条或四条道路相交而成，如一把剪刀剪向本办公楼，主破财。

化解方法：可放置山海镇、石敢当或用罗盘来化解。

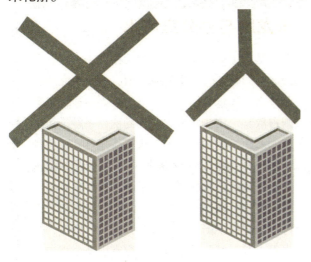

十三、割脚煞

办公楼靠近高速公路，形如办公楼地基被公路所割，主办公楼内员工运气反复。

化解方法：是在旺气位安放八白玉，但旺气位每年有变，所以要留意。

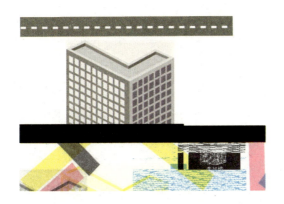

十四、刀斩煞

马路如刀劈向本办公楼，煞气比之镰刀煞较轻。

化解方法：安放已开光的龙神座化解刀斩煞带来的血光之灾。

十五、火煞

办公楼附近见电塔、发射塔或尖锐之物，不利。

化解方法：可用铜貔貅挡煞，或在门下吊铜钱以加强力量，把煞气向四方扩散以将其瓦解。

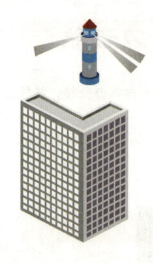

十六、斜枪煞

办公楼旁有条道路斜冲着本办公楼，主容易发生意外、破财。

化解方法：挂珠帘或放置屏风。

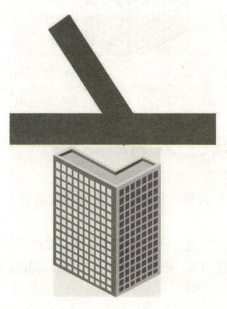

※龙脉与办公室风水

龙，是指山势踊跃、山脊起伏的群山；脉，是指潜伏回转走势的报导脉。穴，是天地之气的凝聚点。风水口诀有云："气聚则财聚，气散则财散。"这些气是眼看不到的、手触摸不到的。因此，想知道办公室内是否聚气，就必须从室外环境的山形水势来看，需要以"山的形、龙的势、水的态和大局的形格"来判断，比较复杂。不过，由于它的基本重点是"动静、阴阳的平衡"，要诀是"藏风、聚气、乘生气、避死气"，所以，只要有山峦、楼宇或间墙将办公室包围住，便能使其真气"聚而不散"，达到"藏风聚气"，这基本上就是好风水了。

第三章 办公室风水要诀

一个人事业成功的关键，除了自身的客观因素外，最重要的就是办公室风水。办公室风水的好坏可以让人成就事业，也可以让人永无出头之日。所以，千万不能轻视办公室风水与工作的密切关系。

一、增加事业运的办公室风水

人人都想事业一帆风顺，但有时往往事与愿违。是否是办公室环境出了问题？现在给大家提供九大办公室风水摆设方法，以增加大家的事业运。当然，最重要的还是要勤奋工作，这样升职、加薪才会有希望。

八块石头，犹如有座小山作依靠。

1. 贵人相助风水

风水学上认为背有靠山，代表有贵人相助。所以在办公室里最理想的座位，便是背墙而坐。如果背后有复印机，同事经常开合，会造成很多不必要的干扰，无形中会降低贵人扶助的能力。改善方法是在坐椅后加添屏风，以此加强效力。若情况不允许，则可退而求其次改用以下两个改善方法，即在椅背（向外的一面）贴上黄色卡纸，喻作山，起阻隔作用。或者在坐椅下面放置

2. 生肖风水

在办公室摆放有利的东西，可助长事业运，生肖饰品便是影响事业运的重要因素之一。十二生肖可根据其五行分为四大组别：

属水的生肖包括鼠、猴、龙，应摆放金属物品，发挥"金生水"的功效。

属火的有虎、马、狗，摆放属木的东西有助于催旺火，所以绿色的东西，如花或小盆栽都是不错的选择。

猪、羊、兔属木，由于"水生木"，应摆放

黑色的东西、水或水种植物。

余下的蛇、鸡、牛则属金，因"土旺金"，故应摆放黄色、咖啡色、杏色的东西或土种植物。

3. 开运风水

迎水而不送水：在都市里面不可能有真的河流，汽车、人潮就是水。办公大楼最好靠近大马路。在大楼办公室里面的座位要顺着车和人的方向来坐，也就是迎着水才可以加快赚钱的速度。面水而不背水：如果没有靠近马路，办公室座位可能靠着楼的后面或里面，这通常是主管或者老板的位置。这时在座位的前面就可以摆一个人工瀑布，大致跟桌子平行，让水往自己的方向流过来，即是迎着水。如果没有个人的办公室，就准

备一个装水的杯子，并且在里面放上圆形的玻璃球，每天早上进办公室时添一点水即可，这代表水向自己的方向流，有助于增加事业运。

4. 防小人风水

办公室内处处陷阱，是非多多，正所谓害人之心不可有，防人之心不可无。只要偶有不顺，就会遭小人打小报告，轻则影响同事们对自己的印象，重则使上司觉得自己办事能力差，始终难展拳脚。

当然，最好是先反省一下自己，不要成为别人的小人，才是根本之道。现在提供两个方法来防小人。一是座位背后放一个书柜或是屏风，书柜要比坐着的人高，感觉后面有靠才可以；二是在屋内的大门上挂风铃，风铃的材质不限。

铜板大顺：同样在办公桌左手边或者最大、最上方的抽屉上放铜板，将会收到改运的效果。66枚铜板表示"顺顺"，88枚铜板表示"发发"，168枚铜板表示"一路发"。

水晶纳气：紫水晶洞是常用的风水道具，因为其凹下去的洞穴，可以带来好运，所以可放在办公桌的左手边，但是切记不要让水晶洞碰到水。

5. 能博取老板欢心的风水

石狮借气：石狮子吸收日月精华，能带给人们好运。怀才不遇的人可以先摸一下石狮子的额头，再摸一下自己的额头，让好的气场附在自己身上。

擦亮额头：额头附近是官禄宫，代表事业发展以及职场运势。如不受上司重视，可能此处气色就会很暗沉。解决方法是常保持额头发亮。

宝石助我：准备7种不同材质、颜色的石头，如水晶、玛瑙、玉石等，放在不限材质的容器当中，安置在自己办公桌的左手边，以帮助自己的工作顺利地进行。

后有靠山：办公室座位后方一定要有墙壁、橱柜等屏障作为依靠，否则会有悬空的感觉。

二、改善人际关系的办公室风水

1. 促进人缘的风水

根据男女旺位各不相同，在办公室摆放物品时，女性应在办公桌左上角摆放红色丝带或相架，以加强人缘运，能与同事和睦相处，工作起来自然得心应手，而且也较易得到上司的信任。至于男性则可在办公桌右上角摆放水晶、猪公仔、狗公仔，有助催旺事业运。

2. 舒缓暴躁脾气的风水

电脑是现今办公室不可缺少的工具，电脑属金，如果办公室的电脑数量过多，会令人脾气变得暴躁，思绪紊乱，无法集中专注地工作。化解方法非常简单，即可在电脑桌上摆放一个透明或白色的水杯，并注入六成满的水。因为水有助泄去金气，所以在此摆放水会令人头脑清晰，舒缓暴躁情绪。为免太刻意，也可用平日饮水的杯子，每次喝剩六分放在此处便可。

3. 创造和谐环境的风水

想要改善工作上升迁或人际关系的问题，只要稍稍动动手，就可以轻松地制造出优质的职场

环境。

（1）植物化煞法

如果自己座位的前方或旁边刚好有厕所，可于座位和厕所之间放一些阔叶类大型盆栽，一来可吸掉来自厕所的秽气，二来可以挡住不好的磁场。

（2）台灯化煞法

如果座位上方有梁柱的话，就可以在梁柱的正下方放一盏台灯，并时常让灯亮着，以减少上方投射下来的不良之气。

（3）屏风挡大门煞气

如果座位刚好冲到大门，除非本身的磁场非常强，可以挡住大门的强力能量流。否则，时间一久自己的磁场便会受到干扰，所以建议用屏风来挡煞。

（4）座位周围不要种藤类植物

室内的植物应以阔叶类为主，因为阔叶类植物的叶子大，既可以挡煞，又可以吸收天地的能量。而叶子小或是会缠绕的线型植物，基本上都属阴，会吸收人的能量，所以不宜摆放。

（5）座位旁的墙上不宜随意挂图

一些比较阴沉、恐怖或线条激烈的图画不适合挂在办公的地方，因为这些画面均有不良的暗示作用，看久了会影响人潜意识的稳定感。办公室最好以素面或线条柔和、简单的图画来布置，才有利于提高效率。

※办公桌忌放镜子

一些爱美人士喜欢放面镜子在办公桌上，但是如果镜子每天都照射着自己，久而久之就会发觉自己经常头晕、决策失误、睡眠不好等等。镜子在风水里叫"光煞"，是一种避煞的工具。镜子里的世界叫幻影，会让人头脑混沌虚乱。

第四章 办公室的布局及装修 风水

办公楼是工作的地方，是耗费脑力的场所，同时也是创造财富的地方。办公室的内部装修、装饰、内部格局等对办公人员的影响非常直接。好的办公室对办公人员的财运、仕途有重要的帮助作用，直接地就影响到了公司的前景。所以办公室内部的装修、格局、装饰都要谨慎处理，不可马虎。

一、办公室的布局

通常在一个室内空间中，在分配房间的原则上，应配合龙边和虎边，即是将办公楼内部分成左右两边。属龙的半边宜设董事长办公室、业务部、财务部等，其他部门则设在虎边。有的企业老板（领导人）总是气定神闲、恬淡无为的样子，但是事业仍然蒸蒸日上，这是因为一切事务都能在制度规章正常运作中完成，领导人只要运筹帷幄，不必事事躬亲。相反，有一种领导人事必躬亲，每天忙得焦头烂额，但仍然无法将事情处理好，这可能是由于制度不完善、规章不良、行政运作不顺所致。从风水学观点来看，整个办公室空间的安排是否合理，也可能会造成好坏两者不同的效果。

从风水的原理来看，宇宙天地是有秩序、有规律地运行的，只要空间的安排适当均衡，便能顺利运作。依据企业机构组织原则，在空间安排上，应将老板（主管）座位安排在最后面的位置，才会有领导的架势和权威，领导能力才能发挥。主管不宜在员工前方，或房屋前方。

1. 影响办公环境的三要素

（1）办公家具

人体工程学理论为家具设计提供了科学依据。家具设计不仅在家具的尺寸、曲线等方面更符合人体的尺寸与曲线，而且还考虑到家具的造型、材质运用以及色彩处理对人的生理和心理的影响，使办公家具设计更为科学合理。

（2）色彩

家具的色彩与空间界面的关系，常常是物体与背景色的关系。利用家具的色彩来扩大或缩小人们的视觉空间，也是改变空间感的方法之一。

如要使空荡荡的房间充满生机，可选择或局部选用一些暖色调的色彩，以给人造成充实的空间感；在相对狭小的房间里，可选用浅色、白色或冷色基调的家具，以扩大视觉空间感。

色彩在不同的形象、位置、面积出现时，它所起的作用是不同的。一般来说，在设计时应避免使用色值相等的、相互排斥的对比色，宜多用对人的生理、心理起平衡稳定作用的调和色，但也可用对比色来活跃气氛。

（3）档案管理

档案管理也会成为影响办公环境的一大要素。原因很简单，当工作人员不能够很好地利用空间，将繁杂而多样的各类文件管理好时，势必就会使工作逐步陷入混乱的境地。因此，学会充分利用空间，使空间发挥最大的使用效率，这也是现代家具设计所追求的目标之一，使用文件储藏柜以及各式办公家具是办公档案管理常见的手法。

2. 现代办公室布局的三大方向

从办公室的特征与功能要求来看，现代办公室布局有三大基本方向：

（1）秩序感

办公风水的秩序感，是指办公室整体装饰的一种简洁性、完整性和富有节奏性的感觉。办公室设计也正是运用这一基本理论来创造一种安静、平和与整洁的环境。秩序感是办公室设计的一个基本要素。要使办公室设计得有秩序感，要涉及的面很广，如家具样式与色彩的统一、平面布置的规整性、隔断高低尺寸与材料色彩的统

一、天花的平整性与墙面的装饰、合理的室内色调及人流的导向等。这些都与秩序感密切相关，可以说秩序在办公楼设计中起着关键性的作用。

（2）明快感

办公环境明快是指办公环境的色调设置干净、明亮，灯光布置合理，有充足的光线等，这也是由办公室的功能要求决定的。在明快的色调中工作可以给人一种愉快的心情和洁净之感，同时在白天还会增加室内的采光度。

（3）现代感

现代许多企业的办公室，为了便于思想交流，加强民主管理，往往采用共享空间设计，这种设计已成为现代新型办公室的特征，它形成了现代办公室新空间的概念。

现代办公室设计还注重于办公环境的营造，比如将自然环境引入室内，塑造一派生机之感，这也是现代办公室的另一特征。

现代人体工程学的出现，使办公设备在适合

人体工程学的要求下日益完善，办公的科学化、自动化给人们的工作带了极大的方便。所以，在设计中充分地利用人体工程学的知识，按特定的功能与尺寸要求来进行设计，这也是现代办公设计的基本要素。

3. 家居化布局

如果希望让自己的办公室看起来不像工作场所，那么就可以把电脑、传真机、打印机、扫描仪等其他电子设备放在一个漂亮的壁橱里，或者不使用它们的时候用布罩住，这样办公室才显得干净。为了保持办公室整洁干净，可以购买各色的容器、杯子、篮子、盒子安放纸张和文具，不要零散地到处摆放，还要放置一个档案柜。关上档案柜门，办公室就不会显得混乱，看起来也比较顺眼。还有一种选择是购买有轮子的档案柜，

可以在不用的时候把它放在储藏室里。

4. 室内财运大格局

（1）格局要方正

我国风水讲究"方正"，因此最佳的办公室格局是正方形的，最佳的住宅格局是正方形或纵

深的长方形，最佳的商店格局是正面稍带弧形，当然一般的正方形和纵深的长方形也可以。

总之，有任何缺角的，都是不理想的。最理想的住宅是前窄后宽形，前圆后方形的更是大吉，但是此两种住宅都不可当办公室，有人住家兼办公，尤其必须要注意这一点。

（2）要有中心点

风水学上也讲究"中心点"，所以室内找不到中心点的屋子是不吉利的，难有好运道。而回字形格局的室宇楼房，也找不出中心点，若中间是天井并且是属于自己的空间则无妨，否则不佳。

整个内部格局的中央部分，若是房间，绝不可设为厕所或储藏室，因为中心点是相当重要的，必须设置成重要的主管的房间，否则会发生经营困难而关门大吉。

有些大楼，盖得四四方方，将建筑法规上要留出的空间放在正中间，其实这是不佳的

风水设计，一方面依建筑法规这是不可加盖的部分，另一方面没有中心点的建筑，不宜当办公室使用。但现在有不少大楼，将中间的空间顶楼上加上透明玻璃，地面层加以装潢当办公室，将原本没有中心点的格局变成有中心点的，成为违规的好格局。

5.办公室的凸出方位与不良影响

与缺角相反，如果办公室有凸出的空间，在风水上也会产生一些不良影响，根据凸出方位的不同，办公室风水所受到的影响也各不相同。

西北方：对男性领导人的权威和地位声望短期内会有帮助，但时间长了，极易使其养成孤傲自大的个性，内心常感孤独、寂寞，对其人格发展有不良的影响。

西方：对男性经营者的事业发展不利，其人际关系较差，影响健康，较易罹患肺及气管方面的疾病。

东北方：对员工钱财及事业的稳定性有影响，运势会起伏不定。

北方：领导人虽有强烈的企图心，对事务的处理似乎得心应手，声誉也不错，但恐因贪得无厌，而致一事无成。

南方：领导人能干活泼、热情洋溢，但常固执己见，不易接受部属或他人意见而做出错误的决断，也会因过于热情而遭非议。

西南方：对工作人员有不利影响。女性显得较强势，若为男主管，就很难驾驭女部属；而女性则会有很强的事业心和工作能力，但容易有独身、孤寡的倾向。

东方：中年男人会有积极进取的企图心，但个性过于刚强，容易冲动、暴躁，有时不易控制情绪而影响待人处事的圆融性。

东南方：女性看起来似乎能干，但常因优柔寡断，处事犹豫不决而影响事业发展。

不论办公室户型是缺角还是凸出，在空间的使用上都有不足，都会产生风水上的缺陷。从风水上看，因磁场感应或因气的影响而致不平衡，都会对事业经营产生不良的影响。在选择办公室时，应尽量避免凹凸的空间，若目前已是这种形状的办公室，那么在使用安排设计时，要设法使之方正，将不完整的部分作较不重要的用途；最好用来放置物品或做会议室用，切忌用作负责人或主管的办公室。

6. 办公室缺角风水及化解

（1）户型缺北位

户型缺北位，则家中最好不要有16～30岁的男子，如果有的话最好不要选此类房子。属鼠的人士也不宜住缺北位的房子，因为子就是北，除非在装修时大加改善。

（2）户型缺南位

缺南位实在不宜，解决的方法就是在这一方位摆放或悬挂马形的饰物，下面还要垫一块咖啡色的布，或放一块黄玉亦可。

（3）户型缺西南位

在通常情况下西南位缺了也无妨，如果其他条件均已满足，仅缺此一角，可忽略不计。

（4）户型缺东北位

这种户型的东北位置没了，选择这类户型可以在装修时加以修饰，以弥补缺角的缺陷。

（5）户型缺中心位

中心构图是整个户型的点睛之笔，如果因为楼型的原因和建筑设计的影响缺中心位，就如同颐和园没了佛香阁，北海没了白塔，房子就没了灵魂，所以中心绝不能缺。

（6）户型缺西北位

此户型与上例差不多，只是没了西北位，应该在装修时加以改动，因为房屋的西北乾卦位实在不宜欠缺。

（7）户型缺东南位

这类户型在实际生活中较多，稍有缺憾的不必太在意；但是如果东南位完全缺失，事情就不妙了。解决的办法可以在东南位适当的位置摆放或悬挂龙、蛇造型，当然也要考虑到对家中其他人没有伤害才行。

二、办公室的摆设

从事脑力工作的人群每天的工作环境大多是在办公室里。因此，无论是行政高官还是办公室职员，无论是集团老总还是大公司经理，办公室的方位和室内的摆设都是非常重要的。

1. 办公桌

（1）办公桌的色彩选择

每个人都会有适合他的办公桌的色彩，但需要配合自己的五行来进行选择。属火的人适合的颜色：红色、紫色；属土的人适合的颜色：黄色、咖啡色、茶色、褐色； 属金的人适合的颜色：白色、金色、银色； 属水的人适合的颜色：黑色、蓝色、灰色； 属木的人适合的颜色：绿色、青色、翠色。 也就是说，如果是属火的人，可以选择枣红色的办公桌，属水的人可以选择深蓝色的办公桌。

所门。

办公桌不可面向进门直冲；办公桌右边不可靠墙，左边靠墙为宜；办公桌座椅不可太小，宜适中；办公桌桌面不可垫白纸。

会计、财务人员办公桌背后不可有人时常走动。

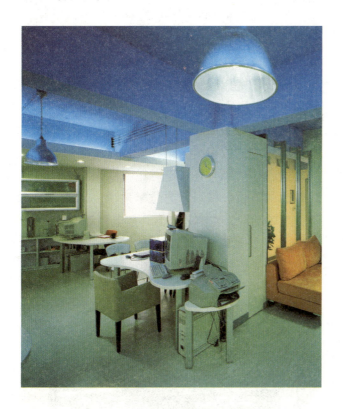

（2）办公桌的摆设宜忌

办公桌的摆设宜忌主要有以下几种情况：

办公桌品质不宜讲究昂贵、豪华。

办公桌高度以高为佳，颜色应配合室内光线，深浅协调。

办公桌不可设于梁下，不可面向外水之顺水流，最好逆水而坐。

办公桌不可侧面对冲厕所门，也不可背靠厕

办公桌上青龙方宜高，白虎方宜低、宜静，桌上电话、灯具宜置青龙方为吉。

主管的办公桌面上应放置致胜、成功的物件，不可随意放置不属于自己生肖的东西（如本身属牛的人，若在桌上放一个属猪的水晶生肖或石雕猪），对自己的风水不利。那么在主管的办公桌上应放置哪些代表成功的小物件呢？文房四宝和代表自己五行的物件都是可以选择的，再放一个属于自己生肖的水晶饰物，上面以红色丝带绑一个小葫芦，有祝福、求好运的寓意。

2. 电脑

（1）合理摆放电脑

经常坐在电脑前打字、上网、传送文件和图片，或者每天要数小时不断地使用电脑，那么产生的电磁辐射会导致头疼和注意力下降。应尽可能离屏幕远一点，并且在不用电脑的时候把电脑显示器关上。不要坐在电脑荧屏的后方，因为电脑背面辐射最强，其次为左右两侧，屏幕的正面辐射最弱。

调整好电脑显示器和座椅的相对高度，以能看清楚字为准，这样可以减少电磁辐射的伤害。当人的视线与地心垂线的夹角为115度左右时，人的颈部肌肉最放松。普通的办公桌为人低头书写而设计，作为电脑桌高度就不合适。使用电脑时由于会长时间昂着头，颈椎会劳损。如果不能更换专门的电脑桌，便可以将座椅逐步垫高，直到颈部感觉放松为止。办公人员面部衰老最明显的地方就是双眼，要注意用眼习惯，尽量不要在黑暗中看电脑。

电脑本身具有电磁波，对每天与电脑为伍、长时间从事电脑工作的人来说，其影响力不可小觑。电脑族要注意电脑的放置方向，以及如何阻拦电磁波干扰，以免影响到身体健康。这也是电脑族不可不知的基本常识。

电脑应放在哪里才会有利于风水呢？事实上，电脑应该放在当人站在座位前时面对电脑桌的左边，这对经常依靠电脑工作的人而言，是比较理想的方位。按风水方位学来说，就是"龙怕臭，虎怕动"，左方是吉方，放电脑最恰当。

（2）注意电脑辐射引发的健康问题

电脑是好的生财之器，但是每天坐在电脑前

面，久而久之，总会出现腰酸背痛等身体问题。有些人对电脑过度依赖，整天面对电脑，不与人说一句话，好像自闭一般，这绝对不利于身体健康。但有时这又并非个人可以控制，所以，解决的方法是在电脑前放个水晶柱或太极石，来化解电脑辐射所带来的健康威胁。

3. 屏风宜低不宜高

有些空间开放式的办公室，在大门入口处设置高的固定式屏风，这是不利于对外发展的不良设计。若有需要，可设半高花架屏风，置放长青植物盆花，但必须经常照顾，不可使之枯黄，也不可使用人造花。

4. 金属用品尽量少用

现代办公楼大都是使用中央空调系统，办公室用塑料屏风做隔间，也流行使用铁柜、金属办公桌，并配合电脑、传真机、影印机等多种机器，使得室内金属制品很多。其实这是极不符合健康理念的办公室布局，因为金属制品易导电及感应磁场，使室内磁场变得很杂乱，容易干扰脑波，使身体不适，对工作会有影响，家居式办公就应该减少使用金属制品。从事静态工作都离不开桌椅的配合，所以办公还要注意选择适宜的办公家具。办公室内应该使用木质办公桌，这样不仅格调高雅，而且有益于健康。办公桌上应该有足够的空间安放电脑、电话、文件以及其他个人物品。

5. 办公桌椅的形态

办公桌与工作环境及工作心态息息相关，一张稳定舒适的桌子会带给办公人员信心，而一张混乱的桌子则能导致使用者焦虑和缺乏自信。倘若一个人每天都使用方正的办公桌工作，其处世原则必然刚正不阿。有边柜、中空并且组合严谨的办公桌，能够带动使用者的事业心。应尽量避免使用尖锐棱角的矩形办公桌，椭圆形的办公桌则比较好。

三、办公室的绿化

植物与花卉不仅具有观赏价值，而且有灵

性、有生命，它们象征着生命与心灵的繁荣与滋长，并且能够让人减少压力、提供自然屏障、免受空气与噪音的污染，对人们的精神、情绪、身体健康、寿命等均有十分重要的影响。植物产生的气场会产生巨大的作用，能影响办公室的能量，亦可帮助空气回复平衡状态。

办公室里有些花草，其好处可能出乎人的意料。德国科学家的一项研究指出，办公室绿化不仅能提高空气质量、降低污染物和噪音，还有助于缓解职员头疼、紧张等症状。

科学家得到的数据是：办公室适度的绿化将室内空气质量提高了30%，将噪音和空气污染物降低了15%，通过改善办公环境，可以把职员的病假缺勤率从15%降低到5%。对职员进行的问卷调查表明，他们认为在绿色办公室里办公紧张感比较小，而创造力和活力却提高了许多。

1. 绿化的优点

人们在办公室装修时大都讲究美观，却对装修带来的室内空气污染问题未有警惕。其实室内污染害人不浅，因为装修所用的材料如密度板、胶合板、刨花板、复合地板、大芯板及新家具等很大部分都是化学合成物品，这些物质会放出有毒气体，如甲醛、苯及放射性气体等，这些污染对人的危害是最直接的，它与噪音、辐射等对人的危害相比更为恶劣。

长期工作、生活在空气污染的环境中的人会处于亚健康状态，主要表现有情绪低落、紧张不安、心情烦躁、忧郁焦虑、疲劳困乏、精力分散、胸闷气短、失眠多梦、腰背酸痛等，后果非常严重。事实上，消除污染除了要注意通风之外，最方便的方法就是放置适当的植物。

总的来说，办公室内摆放绿色植物有以下优点：

①植物可清除室内的有毒气体，植物可在24小时内吸收87%的有毒气体，是良好的"空气过滤器"。

②绿化环境能使眼睛得到休息，消除疲劳，预防近视。

③绿化还具有隔音、消尘、阻光、降温等功能。

④植物可在潜移默化中减轻人的疲劳，舒缓紧张，排除压力，使人心旷神怡。

⑤调和办公环境，使办公室环境更人性化。

⑥可作为办公室空气品质的指南针。

举例来说，上班族的座位若是背对着门，随时会有人从后方进出，很容易受到惊吓，引起不安，但是一时间又无从改变。这种情况就可以运用盆栽来调整、化解，如：随手拿个水杯插几株黄金葛、万年青，或种2~3株小小的巴西铁树。实际上，植物不但可吐出氧气，帮助强化活力，还可减少辐射的危害。

2. 植物与方位、光线的关系

植物是自然界的产物，自然需要阳光（生命三大要素：阳光、空气、水）。社会不断发展，我们却慢慢远离了自然。为了弥补这一缺憾，我们只好借植物来营造自然环境，如在环境中人为地栽种植物，最难满足的条件是"阳光"，再加上每种植物所需的阳光都不一样，因此，了解植物所需光线的强度，就成了栽种植物的重要问题。

另外，植物在风水学上，其方位也如同光线一样，扮演着重要的角色。要拥有健康、美满的家庭，则要将植物摆在东方（木行）；要拥有财产、取得成功，则要将植物摆在东南方（火行）；要事业顺利，则要将植物摆在北方（水行）。然而，因为木行与金行相克，所以应避免将植物放在西南、东北以及中间位置。当然，也要避免放到金行的方位——西方与西北方。

3. 办公室的五类吉祥植物

办公空间应该摆设一些植物，最好是阔叶木本植物，如铁树、万年青、发财树等。只有叶大才能更多地吸收不好的能量，调节室内的小环境；而叶子小及藤蔓性植物反而会吸收人的能量。在这里值得一提的是，竹子青翠高雅，不但

能陶冶性情，还是平安的象征。

办公室内植物摆设应充分发挥人与植物相生之要素，实现人与植物的和谐。以下为办公室内部可摆放的植物品种。

吉祥聚财型：发财树、富贵竹、龙血树、宽叶榕、蓬莱松、罗汉松、七叶莲、散尾葵、棕竹、君子兰、球兰、仙客来、柑橘、虎尾蓝、巢蕨等，这些植物在办公风水中象征吉祥如意、聚财发福。

宁静温和型：百合、吊兰、玫瑰、马蹄莲、晚香王、郁金香等，有宁静致远、平心静气之功效。

壮旺文昌型：文竹、菖蒲、富贵竹、香雪兰、凤尾竹、山竹花等，这些植物可增强人的思维能力，宁神通窍，能够壮旺文昌。

健康清爽型：玫瑰、素馨、康乃馨、米兰、秋海棠、山茶等，这些植物整洁清爽，能够促进身体健康，是办公空间的"健康使者"。

化煞驱邪型：金刺般若、玉麒麟、子孙球、龙骨、盆栽葫芦具有强大的化煞力量，是办公空间的"平安守护神"。

4. 办公室的四种首选植物

万年青、铁树、薄荷、龙舌兰、月季、玫瑰、桂花、雏菊等植物，具有吸收空气中有害物质、杀菌除尘的作用，亦是办公室的常用植物。而以下四种植物因为功效强大，容易培养，所以成为办公室首选的风水植物。

百合：多年生草本植物，因为它由数十个瓣片紧密抱合，有"百片合成"之意，象征团结，因而得名"百合"。其花色洁白、晶莹剔透、芳香幽雅，加上花期易控制，所以成为世界上最为知名的花。后梁皇帝曾这样赞美百合花："接叶多重，花无异色，含露低垂，从风偃柳。"百合具有清热、解毒、润肺、宁心等特效，能够提振精神，是办公风水植物的上乘之选。

吊兰：又名鸭跖草、紫吊兰，虽然不是名贵花卉，但它能够吸收空气中的有毒物质，这在花卉中是首屈一指的。在新装修的办公室或是空调房里摆一盆吊兰，在24小时之内，它便会将室内的一氧化碳和其他挥发性气体吸收完，并将这些气体输送到根部，经土壤里的微生物分解后成为无害物质，作为养料吸收。吊兰有过滤空气、净化空气的作用。在一个20多平方米的房间里放上2~3盆吊兰，比空气滤清器还强得多。

芦荟：大部分植物都是在白天吸收二氧化碳释放氧气，在夜间则相反。但芦荟、龙舌兰、虎尾兰、红景天和吊兰等却是一直吸收二氧化碳释放氧气的，并且能够吸收甲醛等有害物质。更可喜的是，这些植物都非常容易成活。

肉桂：也叫平安树，它能够释放出一种清新的气体，让人精神愉悦。如果想尽快驱除办公室内的刺鼻味道的话，可以用灯光照射平安树。平安树一经光的照射，光合作用就会随之加强，此刻释放出来的氧气比无光照条件下多数倍。

5. 办公室的九类不宜植物

夹竹桃：可以分泌出一种乳白色液体，接触时间长了会使人中毒，引起昏昏欲睡、智力下降等症状。

含羞草：其体内的含羞草碱是一种毒性很强的有机物，人体过多接触后会毛发脱落。

紫荆花：所散发出来的花粉如与人接触过久，会诱发哮喘症或咳嗽。

月季：所散发的浓郁香味会使人胸闷不适、呼吸困难。

天竺葵：所散发的微粒如与人接触，会使人的皮肤过敏，进而引发瘙痒症。

郁金香：花朵含有一种毒碱，接触过久，会加快毛发脱落。

黄花杜鹃：花朵含有一种毒素，一旦误食，轻者会引起中毒，重者会产生休克。

接骨木：松柏类花木的芳香气味对人体的肠胃有刺激作用，经常接触不仅会影响食欲，而且会使人心烦意乱、恶心呕吐、头晕目眩。

夜来香：在晚上会散发出大量刺激嗅觉的微粒，闻之过久会使高血压和心脏病患者感到头晕目眩、郁闷不适，甚至会导致病情加重。

6. 办公室植物布置六要素

适合在办公室中摆设的植物很多，品相方面应该选择枝叶茂盛的植物，颜色以常绿常青为上选，有花朵的亦可。这些植物可使人活力充盈、工作顺心。但是由于办公室内空间有限，因此放置植物不是多多益善的，更不可良莠不分。植物布置应注意六要素：

（1）比例适当

上班族一天有1/3以上的时间待在办公室里，调整出对个人最有利的风水格局是很重要的。花草有灵，放置花草的地方，自然会有灵气产生。树木长得旺的地方，代表气也旺。办公室内摆放的花草不宜多，绿色可以多一点，占一半即可。只有比例分配适宜，办公室的人运、财运才可发挥到极致。

（2）空间协调

要注意植物与空间的协调性。植物的色彩和姿态必须和空间协调，让人有舒服的观感，并且应使植物与办公的人产生密切关联，进而创造高效的办公环境。

（3）布置方便

办公空间的绿化应该讲求布置方便，常绿常青，而不必介意所种的植物是否为奇花异草，也不必在意能利用的空间有多大。事实上，办公室内的每个空间都可以进行各种规模的绿化工程，绿化的关键是种些容易生长并且能令视觉愉悦的

生旺植物。

（4）位置正确

普遍来说，办公空间的重点在办公室的财位上，即办公大门的对角线位置。在此可以摆放个花盆，种植花期长又具有吉祥意味的植物。摆放的植物在外观上应呈现直上形，以营造出素雅朴实的办公环境。

有刺的植物如龙骨、玉麒麟等，只适宜放在花槽、露台等室外的地方，并且放在对面存在尖角的物体处为妙（如墙角尖之类的外煞，有化解之用），这些植物在公司内部则不宜摆放。

大门若对楼梯，可将鱼尾葵、棕竹摆放在相冲处化煞。另外，在卫生间等地方不宜摆放一些爬藤类植物，否则于风水不利。

（5）明辨真假

丝带花、塑胶花也可放于室内，因为这些假

花没有生命，对室内风水的影响不大。但要注意的是，如果用假山去衬托植物，千万不要选择嶙峋的假山。因为嶙峋的假山也是煞的一种，放在室内于风水不利。另外，在办公风水里，最好不要使用干花，因为其象征着没落与死亡。

（6）及时打理

办公室内摆放着郁郁葱葱、生机盎然的盆栽，除了可以愉悦感官外，更重要的是盆栽会在这个相对独立的空间里形成一个充满生气的气场，增加欣欣向荣的气氛。这个状态会漫延至整个办公空间，从而提升公司的财运态势，无形中为公司增旺。办公植物要小心呵护，切勿以为只要布置了就可以坐收其利，如果发现有花枝枯萎，应尽快修剪、及时打理，否则于风水不利。

总之，植物的功用很大，可以治病防煞、调心养性、旺宅旺人。但是，如果办公室内绿化布局不当，选取植物品种不对，也会给工作（事业）上带来诸多不良后果。所以，只有在合理利用的情况下，植物才能为办公风水带来各种益处。在公司绿化的设置上，如果能认真参考以上的建议，就能打造了一个高雅美丽、吉祥健康的办公环境。

7. 办公室植物的维护

办公室植物应避免摆置在通风口或空气调节器的风口。

应优先考虑植物所需要的光线量。

发现叶子发黄、枯萎或有败坏的叶片，应赶快除去。

当叶片蒙垢时，可用软海绵沾上温水擦拭。

植物生长容器应定期加以清理，花盆须时时保持干燥，以免滋生病蚊。

浇水最好一次浇透，待其表土干燥时再浇水，避免浇水不足。

四、开放式办公区布置的16项原则

为了更好地利用空间，开放式的办公室布置要遵循以下16项原则：

①选用一间大办公室，其采光、通风、监督、沟通都比选用同样大小的几间小办公室要好得多。

②空间宜采用直线对称的布置，避免不对称、弯曲与成角度的排列。工作流程应成直线，避免倒退、交叉与不必要的移动。

③相关的部门应置于相邻的地点，便于联系。

④将有外宾来访的部门置于入口处，若条件不允许，则应规定来客须知，使来客不干扰其他部门。

⑤将洗手池、公告板置于不会造成人员拥挤之处。

⑥主管的座位应位于部属座位的后方，以方便监督。

⑦使全体职员的座位面对同一方向，不可面对面。

⑧自然光应该来自桌子的左上方或斜面后上方。

⑨勿使职员面对窗户、太靠近热源或坐在通风口上。

⑩可采用屏风当墙，因其易于架设，且能随意移动。选用平滑或不透明的玻璃屏风，可提供良好的光线及通风。

⑪设置足够的电插座，供办公室设备使用。将需要使用嘈杂设备的部门设于隔音之处，以避免干扰其他部门。

⑫常用的设备与档案应置于使用者附近，切勿将所有的档案置于墙角处。

⑬普通职员使用同样的桌子，既美观，又可使职员相互之间产生平等感。同一区域的档案柜与其他柜子的高度一致，也会凸显美感。

⑭档案柜应背对背放置，还可考虑将档案柜放置于墙角处。

⑮如有可能，应设休息区作为休息、自由交谈及用餐之所，最好能供应便利的休息设备。

⑯对未来的变化应加以预测，使布置随时适应变化。应预留充足的空间，以备大的工作负荷的需要。

五、升职加薪的八大风水布置秘诀

在竞争激烈的现代办公环境的背景下，想让自己左右逢源、事业亨通，就要掌握办公室的潜规则。正确运用以下九大风水秘诀，就可有效催旺财运，并且获得升迁。

1. 座位在后

办公座位越向后越好，因为后方既可看清别人的一举一动，又可充分保护自己的隐私，可以先发制人却不受制于人，是办公场所中最好的风水，这也符合兵法上"进可攻，退可守"的战略。

2. 水晶启运

水晶具有开运作用，它不仅汲取了岩石的精华，而且能够改变光线的方向，折射出多种颜色的气能，可改善运势。如黄晶球有助于扩大财运，特别是在股票及地产行业方面；绿幽灵石则有助于积聚正财及遭遇贵人。因此，在桌面上摆放与自己生肖五行相合的水晶制品，有助旺作用。

3. 风扇运气

桌子上摆个小风扇，可以令座位附近的气场更加畅通，气通人心爽，久而久之，人气攀升，很快会受到上级领导的善意回应。

4. 加强龙方

办公台面的左手方向是个人的龙位所在，应该予以加强。把重要的办公用品如电脑等放在左方，让自己的办公桌呈现龙强虎弱之局，才可以在事业上胜人一筹。

5. 玉带缠腰

现代办公桌的款式大多以长方形为主。在办公条件许可的情况下，就应该选择有利于自己风水格局的办公桌款式，如办公桌呈圆弧状，如同腰带缠绕，这就是"玉带缠腰"型的办公桌。这种环抱自己的办公桌不但有利于让吉气得到聚集，而且还能化解煞气。

6. 主命文昌

现在很多公司的职员大部分都有一部属于个人使用的电脑，而这电脑便是用来工作及替公司赚钱的工具，所以从风水角度出发，电脑摆放在何方都会有一定的影响力。

由于每人的命理中除了八宅的生气星以外，还有文昌星及文曲星，其歌诀云："甲岁亥巳曲与昌，乙逢马鼠焕文章。丙戊申寅庚亥巳，六丁鸡兔贵非常。壬遇虎猴癸兔酉，辛宜子上马名扬。"因此，电脑最适宜摆放的位置便是以出生年份来推算的文昌位。当知道自己命中的文昌位后，便可以将电脑放在本命文昌位内，自然能够提高工作效率，获得升迁。

7. 吉祥挂图

办公室的气场一般来说会比较生硬，所以可以摆张柔和的图。不要在墙上挂一些诡异的图画，尤其是一些阴森恐怖的图画，因为这些画不利于风水，影响情绪。线条较柔和、吉祥富贵的图画，才能起到正面的助益作用。

8. 灯光上照

买个可以往座位上方照的迷你型灯座，既可弥补日光灯的照明死角，又能增加视觉上的温暖效果。

六、装修中色彩与照明的运用

在办公空间的环境设计中，采光与色彩质量的好坏会直接影响到工作效率。在空间设计中，主要应从内部格局、工作性质等方面把握采光与

色彩的质量，以满足办公空间的各种功能需求。

1. 颜色

职业心理专家认为，颜色与心情的关系非常密切。红色会让人激动，蓝色则让人平静；心情郁闷的人容易从红色中产生激情，蓝色会使人感到压抑和寂寞；深色可以使人产生收缩

感；浅色可以使人产生扩张感，凸显高大。不同性质的办公环境可设置不同的颜色来调动人员的激情与活力。

（1）低矮的办公室宜用浅色

老式的办公楼，每间办公室的面积都不大，但是房子非常高，容易产生空旷、冷清的感觉；而新式办公楼的办公室面积大，但是房子很矮，很多人集中在一间大屋子里工作，容易产生拥

挤、压抑的感觉。要调节建筑本身带来的不舒服的感觉，就要善用色彩。

老式办公楼通常都有深棕色的木围墙，深色会使人产生收缩感。另外，深棕色属于镇抑色。而办公室的墙面宜用浅色，地面可以选择用较深的颜色，以避免头重脚轻。

在新式的办公楼里，应该选用比较淡雅的浅颜色，因为浅色可以使空间产生扩张感，还可以凸显办公室的高大。用浅蓝、浅绿做墙面的颜色都不错，但不要用米黄色，因为米黄色会让人昏昏欲睡，如果有灰尘，还会显得陈旧。

（2）背阴的办公室宜用暖色

阳光充足的办公室让人心情愉快，而有些办公室背阴，甚至还没有窗户，让人觉得很冷，这样的办公室最好不要用冷色调，砖红、印度红、橘红等颜色都能让人觉得温暖。墙壁一定不要使用反光能力强的颜色，否则会因光线刺激而导致

眼部疲劳，没有精神，无形中降低了工作效率。

（3）创意人员的办公室宜用亮色

职员的工作性质也是设计办公空间色彩时需要考虑的因素。要求工作人员细心、踏实工作的办公室，如科研机构，要使用清淡的颜色；需要工作人员思维活跃，经常互相讨论的办公室，如创意、策划部门，要使用明亮、鲜艳、跳跃的颜色作为点缀，以刺激工作人员的想象力。

（4）领导座椅颜色宜深

办公室所使用的色彩不仅要整体一致，还要考虑通过局部色彩的差异来区分员工不同的等级。比如，某公司的普通员工的办公桌为浅灰色，座椅为暗红色，既是整个冷色调中活泼的点缀，又可以使领导一目了然地看到哪个员工不在座位上。如果中层管理人员和高层管理人员的办公桌用木纹棕色，那么中层管理人员的座椅可设为蓝灰色，而高层管理人员的座椅则设置成黑

色，以便显示出其庄重和权威。

（5）会议室与办公室的色调风格应该不同

很多公司的会议室和办公室几乎一模一样，只不过把办公桌换成了会议桌，让人不能将注意力集中到发言者的身上；还有的公司会议室布置得像领导的办公室，让人觉得缺乏民主气息。其实，会议室的主色调可以和办公室一致，但是桌椅的色彩可以和中层管理人员的桌椅近似，使普通员工感到"往上迈了一层"，而高级管理人员又能俯下身来倾听，给人以上传下达的感觉，使所有参加会议的人都能平等地畅所欲言。

（6）各种区域推荐使用的风水色彩

颜色	关键词	效果	适合使用的场所
紫红色	自信、喜悦	带来变化	会客室
紫色	自尊心、直觉	振奋精神	董事长室、接待室
蓝色	平静	放松、集中精神	开放式办公区
绿色	环保、温柔	协调	休息室
黄色	快乐、乐观	活化左脑	开放式办公区、前台
橙色	活泼、幽默	提高免疫力	餐厅、休息室
红色	能量	增加热情	会议室
棕色	与大地结合	增强活力	装修中的墙壁、地板及家俱选择

2. 照明

办公空间的环境设计中，采光的好坏直接影响工作的效率以及人们生理和心理上的舒适感和安全感。在空间设计时，我们一般从内部格局、工作性质等方面把握采光，从而满足办公空间的各种功能需求。

（1）办公室宜采光充足

办公室的光线明暗度与公司事业的成败有绝对的关系。办公室采光充足、明亮宜人，才可以提振士气，使员工们各尽所长、通力合作，公司的业绩方能蒸蒸日上；而幽暗的办公室，则经常会有阻滞与不顺，士气萎靡不振，工作效率低下。

（2）采光要接近自然光

采光越接近自然光，越容易调动人体基因，使其调整为最佳状态。当然，办公楼很难处处都有自然光，即使是四面都有大玻璃窗的办公楼，

小办公室，必然影响整个空间的光线和互动，这两者对办公室来说是很重要的。多数公司讲的是团队合作，一个宽敞明亮的空间才能开创佳绩，如果分隔成一个个小方块，不仅使人与人之间的互动减少，而且容易造成本位主义、固步自封。若是一定要做隔间，则隔板要做得低矮，以免遮挡光线。

（4）采光和通风的关系

办公室的格局宜整齐雅致，布局要紧凑、自然、和谐、温馨，最忌讳闲置、稀松、凌乱。

办公室是一个做重大决策的地方，光线一定要充足，并且以自然光线为佳。一般的办公室已经安装了中央空调，自己不能开窗换气。事实上，人在换气量不够的办公室里工作，往往会头昏脑胀，很难发挥好的工作状态。

也不见得人人都能分到靠窗的位置。即使坐在窗边，如果角度不好，阳光从背后照到电脑屏幕上，反而不利于工作，因此，我们可以用一些人工的方法来弥补这方面的不足。

人工补光，以尽可能模拟自然光为好。由于日光灯光度明亮、价格便宜、用电节省，办公楼内多半使用日光灯照明。事实上，日光灯会有肉眼看不见的闪烁，易造成慢性视力损伤。所以，使用日光灯时最好多盏同时使用，以减少对眼睛的伤害。另外，日光灯色调偏冷，可以在桌面放置一盏小台灯，这样既可以弥补日光灯的照明死角，又能增加视觉上的柔和效果。

（3）内部格局与采光有关

现在很多办公室采用欧美流行的隔间，同一间办公室中有许多的小隔间，形成每人一个独立的办公空间。这种布局虽然照顾到个人办公的私密性，但是并不适用于所有的办公室。试想，一间大办公室分成许多的小隔间，形成许许多多的

（5）眼睛健康依赖光源

眼睛健康依赖光源，因此光源最好是从工

作者左后上方照射过来。坐位不可对着窗，这是因为整日对着窗，光线强烈，对视力会有不良影响。

（6）办公室光源设置的宜忌

①现代大楼都给窗子加装窗帘或百叶窗，然后在室内开灯，这是不正确的做法。因为自然光源总比人工光源要好，所以不宜拉上窗帘再开灯，否则对眼睛害处极大。

②大楼办公室的天花板习惯一般用吸音板间隔装设内嵌式日光灯，尤其是开放式的大办公室，通常可以看到成排的天花板日光灯，因此一定会有人坐在日光灯下，这实在不宜。

③头顶上方最好不要有大吊灯。头顶上方最好不要有灯，更不可以有大型吊灯。这样一则会在桌面上产生反光，对眼睛不利；二则万一装修不牢掉下来，会砸到灯下的人。头上有灯，也会让人在潜意识中产生危机感，导致心神不宁。若光线不足，可在桌上加个台灯。

（7）办公室的照明设计

办公室的照明灯具宜采用荧光灯。视觉经常触及的地方以及房间内的装饰宜采用无光泽的装饰材料。

办公室的一般照明宜设计在工作区的两侧，采用荧光灯时宜使灯具横轴与水平视线平行，不宜将灯具布置在工作位置的正前方。在难于确定工作位置时，可选用发光面积大、亮度低的双向蝙蝠翼式的配光灯具。

办公室照明要考虑写字台的照明度、会客空间的照明度及必要的电气设备。会议室照明要以会议桌上方的照明为主，使人产生集中的感觉，还可以在周围加设辅助照明。另外，会议为主的礼堂舞台区照明可采用顶灯配以台前安装的辅助照明。

在有计算机终端设备的办公用房，应避免在屏幕上出现人和杂物（如灯具、家具、窗等）的映像。

七、办公饰品

想要打造一个舒适优雅的办公环境，可以在办公室适当的位置放一些办公饰品，一来增加美观，二可改善风水。但并不是所有的饰品都能在办公室随意放置的，比如一些金属品、一些与办公无关的饰品，这些都是必须要了解的。

1.生肖风水饰品的摆设

为什么要摆设风水物品？古人看屋，都是先择地，后建屋，然后再买家具，即是先选择一处合乎风水法则的旺地，再依地形建造一间完全合乎风水法则的楼宇。门向可以自己决定，间格可以自己决定，家具的布置也可以自己选择。在这种情况下，风水摆设基本上是不需要的。因此，如果可以的话，最好是在楼宇未装修前看风水，因为这样可以及早知道每个位置的吉凶。因为装修后就很难做出大的更改，只能做轻微的改变，这就说明装修前看风水是非常重要的。

可是，现代几乎所有的住宅或写字楼都是现楼，其门向当然不是自己可以决定的。因此，风水摆设就成了必需的东西。例如，室外有尖角等煞气，如果要挡煞，可以放一块凸镜，不能放凹镜。因为凸出来的镜是用来挡煞，而陷进去的镜是用来吸煞的。所以用风水物品前应先弄清楚，切勿胡乱摆设。

（1）办公室的生肖饰品宜按五行选择

生肖饰品可以给人带来好运，但是在布置生肖饰品时，一定要根据个人的五行属性来选择。

命中需要金的人，可在办公室内布置蛇（摆东南）、鸡（摆西方）、牛（摆东北）三肖的金局以增吉运。

命中需要木的人，可在办公室内布置猪（摆西北）、兔（摆东方）、羊（摆西南）三肖的木局以增吉运。

命中需要水的人，可在办公室内布置猴（摆西南）、鼠（摆北方）、龙（摆东南）三肖的水局以增吉运。

命中需要火的人，可在办公室内布置虎（摆东北）、马（摆南方）、狗（摆西北）三肖的火局以增吉运。

命中需要土的人，可在办公室内布置龙（摆

东南)、狗（摆西北)、牛（摆东北)、羊（摆西南)四肖的土局以增吉运。

（2）十二生肖饰品忌与工作人员相冲

许多人喜欢在办公室里摆放各种动物造型的工艺品来作为饰物，但应谨记不可与自己的生肖相冲，以免有入门犯冲之虞。十二生肖相冲如下：

生肖属鼠忌马，属马忌鼠；

生肖属牛忌羊，属羊忌牛；

生肖属虎忌猴，属猴忌虎；

生肖属兔忌鸡，属鸡忌兔；

生肖属龙忌狗，属狗忌龙；

生肖属蛇忌猪，属猪忌蛇。

举例来说，你的生肖属鼠，就不宜摆放马的饰物。若户主属牛，便不宜摆放羊型的饰物，依此类推。

至于可以催旺和化煞的风水物品，最好不要稀奇古怪的，而应是很自然地与现代写字楼互相配合。这里推荐以下物品来做风水上的催旺和化煞：

催旺财运：风水池、风水轮、金黄色或透明方解石等。

催旺事业：水养富贵竹、奖牌、奖杯、奖状、锦旗、绿色山水画、绿晶球、白晶柱、紫龙晶等。

催旺人缘：桃花、紫水晶等。

催旺异性缘：粉晶、月亮石等。

催旺健康：海蓝石（喉、牙、眼、气管）、橄榄石（神经系统）、琥珀（避邪、定惊）、石榴石或红碧玺（内分泌、情绪）。

化除衰气：铜片、黑曜石、茶晶等。

其他：紫晶洞（催旺，但不可乱放）、大叶植物或八粒石春或钱箱（聚财）等。

2. 挂饰

办公室通常都会有一些吉祥物挂饰，一则增加美观，二则改善风水，以求得趋吉避凶的好风水，但要注意不可乱挂。这是因为各种挂饰有其无形的好坏功能，像虎挂饰图，就不能随意挂。

有人喜爱挂国画，这是又好又简单的室内美化方法，但也要符合自己的身份。如：一般公教人员可挂颜色淡雅的山水画；企业人士则可挂象征富贵吉祥的牡丹花、荷花；军警则适合挂严肃的书法字画。室内字画不宜挂太多，否则会适得其反。

3. 金属制品

现代企业都流行使用铁柜、金属办公桌，并配合电脑、传真机、影印机等，使得室内金属制品很多。其实，这是极不符合健康要求的办公室摆设。因为金属制品易导电及感应磁场，使室内磁场很杂乱，容易干扰脑电波，导致身体不适。

因此，办公室最好使用木质办公桌，老板的办公室内最好全部采用木质制品，这样一来不仅格调高雅，而且对健康有利。决策者的座位附近也不可有大型电器设备，如大冰箱、冷气机等，这些电器产生的磁场对人体有很大影响。近年有科学家指出，癌细胞益高斯的磁场强度在50~60赫兹频率的环境中，会以5.2倍的速度成长。

4. 水晶

水晶乃矿物，是石英之精粹，呈现六角状结晶体，有并行的断纹，含有有机物质。茶晶呈现褐色，黑晶呈现黑色，黄晶为呈褐色或黄色而内含氮的有机化合物，紫晶含锰而色发紫，发晶含纤维状杂质。

水晶能够起到与脑电波频率共振的作用，令人脑中涌现轻松、愉悦的感觉，所以水晶具有增强能量的作用。事实上，各种设施都在不停地轻微振动，如果这些振动作用在水晶柱等风水助运物品上，就能够使水晶振动，产生轻微电流。在财位、贵人位和桃花位上放置水晶，能增强财运、人缘和桃花。可见，水晶对风水中气场会起到增强的作用。不过，水晶要放在正确方位，否则会有相反的效果。

如果想增旺桃花，可用粉水晶（玫瑰晶、经晶、芙蓉晶、粉晶、玫瑰石英等晶石），它对应着人体七轮中的心轮，可以增强人体气场里的粉红光，增加对异性的吸引力，因此可使感情特别顺利；若想催旺人缘，可用紫水晶，它对应着人体七轮中的眉心轮，有助于人的思考力、记忆力和创作力，增加个人的智慧，拓阔视野，进而使人的紫光气场增强，增进人缘。可见，水晶除了可用来当作饰物外，亦有增强风水运程的功用。

以自然物理学而言，既然水晶属于结晶体结构，就有增加及扩散同一组合基因的能量，所以过吉时会将吉旺之气的能量增强，过凶时则会将不吉的气运的能量放大，尤其是死气。如果将死气增强，则会大大影响风水。

（1）以水晶催旺风水

水晶颜色	性质	方位	催旺
黄晶	财富	流年正财位	财运
红晶	感情	流年桃花位	桃花
白晶	宁静	流年文昌位	事业
绿晶	学业	流年文曲位	升职
紫晶	创作	流年九紫位	吉庆
蓝晶	健康	流年五黄位、二黑位	健康
黑晶	灾难	流年九紫位	吉庆

凡是与能量有关的，应用得不好就会有问题。因此，宜小心地运用水晶。事实上，水晶能增强吉利气场，同样亦能增强凶位的气场，如运用水晶开运，一定要用天然的水晶，而且还要放置在吉位上。在购买水晶时，最好是买形状简单的水晶，如水晶球、水晶柱或水晶簇。至于选择水晶时，不一定非得挑选那些通透、巨大或体态完美的水晶，只要将水晶放在手中，能够出现轻微振动的感觉就可以了。

第四章 办公室的布局及装修风水

（2）以水晶功效改善健康

水晶类别	功效	改善说明
白晶	消除烦恼	令头脑清晰、胃病、眼病
黄晶	增强横财运	消化系统、肠胃
金发晶	加强财运	呼吸系统
方解石	增强财运	消化系统、肠胃
绿发晶	增强事业运	肝病、风湿、痛风
紫晶	增强人缘兼带点横财	偏头痛、增强记忆
紫黄晶	增强人缘兼带点横财	减压、增强记忆
茶晶	吸收负能量	减压、消除抑郁
虎眼石	帮助集中精神	减压、关节痛
蜜蜡	气脉顺畅、宁神安静	头颈痛、风湿

（3）其他水晶催旺法

水晶类别	功效	改善说明
芙蓉晶	改善人际关系、增进感情	催旺水晶，又名粉晶、爱情石
金发晶	催旺偏财运	增强权势能量特别强
绿幽晶	催旺正财运	改善事业运、利于升职和考试
碧茜	改善气血、增强健康运	治疗风湿、关节炎

231

5. 办公小物件

①办公室的垃圾桶要"藏"好。有句话说得好："小地方，大问题。"我们常常会忽略一些小地方，总认为这些小地方没什么大不了的。办公室的垃圾桶如果放在显眼的地方，小浊气就会转化成大浊气，如果大浊气再随风散播到整个空间里就是大问题了。垃圾桶要放在隐秘处，而且垃圾桶不要选用红色和复杂的色系，最好用柔和的色系，如乳白色、浅蓝色、浅黄色等，黑色亦可。

②不宜在办公室出现的小物件：办公室里要招人气、旺财运，有些小物件是不宜出现的，比如化妆品、修指甲刀、针线、刮胡刀、袖扣等私人用品，这些与工作无关的小物件要收好，忌放在明处。

6. 升职吉祥物

在中国的习俗中，有很多吉祥物品是可以旺财和助升职的。职员都希望快些升职加薪，那么在办公室该摆些什么吉祥物品呢？

（1）马上封侯

"猴"与"侯王"的"侯"字谐音，而猴子在马的上方，故有此名。"马上封侯"最利做公务员的人，他们可以佩戴或摆放此等玉器和饰物。

（2）鹿

"鹿"与"禄"字谐音，最适宜摆放在办公室内。

（3）天禄

天禄是一只瑞兽，其造型是腿短、有翼、双角、连须。因为"鹿"与"禄"谐音，在办公室内摆放，主升职快。

第五章 办公室重要 隔间风水

任何事情都有主次、轻重之分，办公室的风水布局也不例外。当今社会的职业种类繁多，每个人的命局组合又不同，办公室风水布局自然也不能千篇一律。本节将主要介绍门厅、前台等重要办公隔间的风水布局常识。

一、公司最高领导办公室

办公风水中，最为重要的是一把手的办公桌位置及方向，因为一把手影响着企业的整体发展

趋势。"企业首脑"象征火车头，带动着企业车身、车尾的运行方向与速度。老总是一个企业的领导核心，他的办公环境至关重要，如办公位置的选择、坐向的选择、办公设备的摆放等。

办公室带动人气、招进财气，是一家公司业绩能否蒸蒸日上的重要因素。只要站在这家公司进门处，就可以预知此公司能否顺利地拓展业绩。从整个办公室装潢的色彩，办公桌摆设的动线、方位，便可窥知一二，再加上办公室成员人数和座位安排，便可以看出日后整家公司的业绩能否提升。

1. 总经理办公室的方位

总经理是一家之主，如一国之君，我们可把他的办公室安排在帝王之相的西北方，让他有君临天下、一统大业的雄心。这个方位宜尽量用白、金黄色来装潢，饰物以方形为佳，切忌在这儿放一些瓶瓶罐罐及污秽的物品。

公司经营者办公室一定要独立，不可敞开办公，因为公司业务有一定的机密性，应加以注意。总经理掌管公司的政策，需具有绝佳的决断力和精准的判断力，环境会影响人的情绪和工作效率。

一个公司的总经理必须坐在旺气生财的位置，才能具有整体的领导统御能力。那要如何来选定使用空间的位置呢?现在细述如下:

233

坐东南朝西北的房子，应以东南方及西南方为总经理办公室。

2. 总经理办公室的形状和面积

公司经营者办公室的形状不宜为"L"形，柱角多、圆形的办公室也不宜采用。公司经营者房间的面积不宜太大，千万不要以为房间越大越气派，房间过大不易聚气，呈孤寡之局，业务会衰退。当然太小也不宜，代表业务不易拓展，格局发展有限。一般来说，应该在15~30平方米之间，并且最好设在较高楼层。

3. 总经理的桌向

无论是政府官员还是基层领导，无论是小店老板还是大公司总经理，领导者办公桌的摆放都至关重要。因为办公桌吉祥方位的气场对领导者的胆略、智慧提升都有一定的帮助作用，进而影响到生意的兴衰、事业的成败。

公司经营者的房间内，不宜有太多玻璃，宜用帘子装饰。桌位应面向窗户，或看得见员工。应与员工坐向一致，或与房子的坐向一致，如此方能上下一条心。若公司经营者的坐向与员工的坐向相反，则为背道而驰，不利风水。

办公桌前应有一个比较宽阔的空间，以形成一个小明堂。明堂亦即办公室正前方的位置，可以说直接涉及到公司经营者的前程吉凶。所以，如果办公室的明堂狭窄闭塞，则象征公司经营者前途有限，阻碍众多，开发艰难。反之，如果办

坐北朝南的房子，必须以正北方及西南方为总经理办公室；

坐南朝北的房子，必须以正南方及东北方为总经理办公室；

坐东朝西的房子，必须以正东方及西北方为总经理办公室；

坐西朝东的房子，必须以西北方及东南方或正南方为总经理办公室；

坐东北朝西南的房子，应以西北方及东北方为总经理办公室；

坐西南朝东北的房子，应以正东方及西南方为总经理办公室；

坐西北朝东南的房子，应以正西方及西北方或正北方为总经理办公室

公室的内外明堂均开阔清雅，则象征公司经营者前途似锦。

4. 总经理的座位

一个企业的成败，最重要的在于老板的聪明才智、经营能力和企业理念等因素。从风水立场来看，老板办公室如果安排理想，便可以利用房屋空间无形的自然力量，来提升领导能力，加强管理效果，帮助推进业务，减少不必要的麻烦和挫折。

一个对老板领导有利的办公空间，房舍最好是方正无缺角，尤其最忌讳缺西北角乾卦部

分。乾为天，代表父亲、老板或主管领导人。如果缺了此位，则代表老板地位低落，影响企业的发展。因此，在选择办公房舍时便要注意不能有这种缺陷。老板的小办公室房间，乾方也不能有缺，不要放置不雅或尖锐的东西，否则不利。

一个公司的负责人（老板或董事长）是最高的决策者，其办公室一定要安排在最后面部分，即以整个空间距离门口最远的位置为宜。绝不可以将负责人的办公位摆在员工的前方，如此会形成"宾主不分"或"奴欺主"的现象，象征老板事必躬亲，劳碌疲累。

5. 总经理办公室的布局细节

公司经营者办公室除了要遵循以上的基本法则之外，还应该注意以下的布局细节：

（1）套间

公司经营者办公室一般都设有单独的套间，并配有洗手间。这时就要注意，办公桌左右不可对着洗手间的门口，也不宜面对洗手间的墙壁。

（2）隔屏

公司经营者办公室如有隔屏，就不宜用夹板全部密封。隔断最好用玻璃装饰，以利于透光，达到监控作用。

（3）前后

为防止是非，并且避免对健康不利，公司经营者的办公桌座位不可压梁，不可在厕所或厨灶、机房的上下方，进门不可有镜子正对门，桌前不可被屏风遮挡，办公桌前不要放酒橱。公司

经营者的座位附近也不可有大型电器设备，如大冰箱、空调、影印机、抽风机、变电器等，这些大型电器产生的磁场对健康大有影响。

（4）桌面

公司经营者的办公室内应该使用木质办公桌。木质办公桌不仅格调高雅，而且有益健康。

办公桌面要比员工的大，如果不够大的话，就要在办公桌旁边安置几个柜子，以增加气势。

（5）颜色

公司经营者办公桌的质地一般都以木质的为主，颜色要和命理属相配合。

生肖属猴、鸡，五行属金，办公桌宜金色，如白色、金色、银色。

生肖属虎、兔，五行属木，办公桌宜木色，如绿色、青色、翠色。

生肖属鼠、猪，五行属水，办公桌宜水色，如黑色、蓝色、灰色。

生肖属蛇、马，五行属火，办公桌宜火色，如红色、橙色。

生肖属牛、龙、羊、狗，五行属土，办公桌宜土色，如黄色、咖啡色、茶色、褐色。

6. 总经理增权力法

老板都希望自己拥有无可置疑的权力，令属下对自己言听计从、忠心不二。如果上下抗衡，必定对公司产生不良影响。要增强自己的权力，一定要借助风水布局。

（1）辅弼从主

公司经营者办公室的左方及右方都要有办公室，老板便仿如有左右护卫保护。

（2）忌坐山穷水尽办公室

山穷水尽者，即是于公司最角落位置的办公室。凡坐于此位者，于风水不利。

（3）运用权力星布局

八宅风水派的星曜以延年星最具权力性，也最利于布置增加权力运的格局。因为延年星的另一个名称是武曲，此星执掌权力。所以，公司经营者办公桌适宜摆放在延年位上。

7. 天医位招贵人

许多经营者虽贵为公司之尊，但在致力于公司业务时，事无巨细，经常要亲力亲为，自己独力承担解决许多问题，却没有他人的助力，此之谓为"缺乏贵人命"。

而有贵人命的公司领导者经历往往会是这样：公司需要资金时，便会出现其他合作者入股或者轻易得到资助如银行贷款等；在需要技术支持时，便出现各种技术人员来应聘；需要职员加班时，职员除了效尽全力外，并无半句怨言。换句话说，自己在需要帮助时，"贵人"便会自动出现。

在八宅风水中，生气星为财星，而知医星却属于贵人星，只要办公室大门开在生气星财位，办公桌在天医星贵人位，则财与贵人兼得。或者将办公电话摆放在自己命卦的天医方位，都可以招贵人来相助。

8. 谈判致胜法

公司经营者在办公室中接待商务谈判的客户时，可以巧妙地根据八宅风水派的星曜所指示的

方位，将谈判空间切割成若干小气场，调整王气来路，使自己处于生气、延年、天医的强势位置之中，而令生意对手处于伏位、五鬼、六煞、绝命、祸害的弱势位置中，则接洽谈判尽可从容抢占地利先机，先声夺人。

二、经理主管办公室

办公室是生财的重地，想要财运兴旺，风生水起，就得找个好环境、好风水。

经理主管级别的人员是公司政策的执行人，起着承上启下的重要作用。他们执行公司的经营决策，必须具有出色的决断能力和高效的执行力，如果不利的办公风水影响他们的能力，势必给公司造成损失，所以应该为其创造良好的环境，创造最佳的决策能力，与公司的高级领导形

成"君臣配合"的和谐之局，才能为公司赢得尽可能大的利益。

从专业的风水角度分析，选择经理主管办公场所，一定要让场所处于五行生旺老板的命中喜用神之位，同时最好能与主管的命局相合或相互生旺，这才是最理想的。一个兴旺的公司或单位，老板与主管之间的命局或喜用神多为相生相旺的，如果不是，必定给老板带来麻烦和损失。对于老板来说，选择主管办公室及选择主管是公司成功经营的第一步。一个好的环境风水所产生的气场对老板以及属下的身体、胆略、智慧、财运都有很大的促进作用，进而保证生意兴隆、事业成功。

1. 办公环境的伦理秩序

办公环境的伦理秩序是需要相当重视的。总裁办公室乃至办公桌的朝向要以大气场来考虑。而无需决断大事，只需将某一具体项目完成的中层级别干部，他们的办公桌则只要以小气场来考虑就够了。

为了发挥部门负责人的积极作用，就要考虑重要部门负责人的办公桌位置。事业由人来做，处于重要位置的负责人，其位置亦不可忽视。

2. 阴阳线与无形的领导力量

大家都知道地球是个大磁场，会有磁场感应，人也有磁场，也会产生磁场感应。事实上，每一个物体都会有磁场感应（万有引力），这与

"赤道线"，不过这条线是太极图上的阴阳线。

这里所指的阴阳线，是把罗盘二十四方位。从辰字起到辛字上，分成东西界线，凡在界线的东北方称为阳方，在西南方称为阴方。由图上可以看出，所谓阳方，即后天八卦的乾卦（戌乾亥）、坎卦（壬子癸）、艮卦（丑艮寅）、震卦（甲卯乙），也就是乾统三男之位；而阴方，即是巽卦（辰巽巳）、离卦（丙午丁）、坤卦（未坤申）、兑卦（庚酉辛），也就是坤统三女之位。

古人所谓"物物——太极"的看法极为相似。正是因为磁场感应的关系，古人依各人出生的年份不同，产生年命配卦，即依出生年份而分别配得一卦，依照传统八卦形成的关系，自然形成了两个系统，即所谓东四卦（坎、离、震、巽）和西四卦（乾、坤、艮、兑），以致有方位喜忌和吉凶的产生。

就地球磁场来说，地球中央有条赤道，这赤道便是南北磁极的分界线，只要拿磁针来做实验，便会立即发现南北显然有不同的区别。所以，当一艘船经过赤道的时候，磁针如果是指向北，便会在经过的瞬间回转180度而指向南。如果磁针是指南的，同样地，也会在瞬间180度回转指向北，航海的人一般都会有这种经验。

地球有赤道线而产生此种磁场感应的现象，那么宇宙间其他无数的星球，也一定会有它自己的赤道线。而人体既有磁场，同样也有自己的

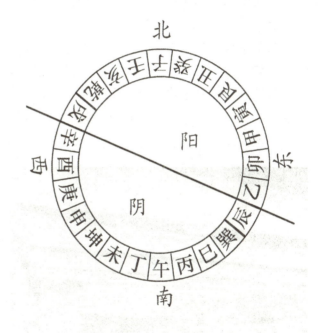

这条阴阳线在任何空间方位都会有，因为方位本来是相对的，而非绝对的，同样南北方位处处都在使用。但因位置不同，同一个地方对不同两地而言，便可能南北互异，这种相对性的方位观念，在空间安排上可以应用。

3. 依命卦安排位置

了解了阴阳方之后，公司机构应以老板或主管负责人为主，依工作人员的生年命卦安排，凡东四命卦者安排在阳方，西四命卦者安排在阴方，同仁之间也可以依东、西四命相对位置安排座位，如此可以达到彼此磁场感应平衡、沟通良好的格局，才有益于事业的推动和扩展。

主管的位置正确，气旺势强，有利于建立领导权威，也有利于推动公司业务。因此，最高主管应安排在最旺的方位上，一般应安排在最后面的位置。

至于要依照卦位安排的方位，可以利用罗盘测定，即将罗盘置于老板的座位上，便可以排出与老板的八卦相对位置，乾（戌乾亥）、坎（壬子癸）、艮（丑艮寅）、震（甲卯乙）即为阳方，而巽（辰巽巳）、离（丙午丁）、坤（未坤申）、兑（庚酉辛）即为阴方。再依各人年次命卦来排列位置，即东四命（离、巽、坎、震卦）人排在阳方，西四命（乾、坤、艮、兑）人排在阴方。

4. 经理办公室布局要点

经理室的门不要正对大门。经理需要冷静思考公司的决策，如果位置正对大门的，会被人来人往的气场冲到，容易分心。

不要正对老板或会议室的门。经理室的门如果正冲老板或会议室的门，在风水上属不利。

窗外不能有角煞。经理室窗外如果能看见对面建筑物的锐角，不仅会形成煞气，而且无形中会消耗更多能量，使人精神无法集中，脑波的磁场也会被干扰。

办公室上方不能有梁柱。如果经理室上方有梁柱，则代表工作进行不顺利。

经理室内不可有厕所。有些经理为了显示气派，要求在自己的办公室内设置一个专用的洗手间。这虽然方便，但时间一长会造成不良影响。经理室的门不能直冲厕所门，因为厕所内有秽气，如果直冲，会吸入过多的秽气。

不规则和缺角屋是禁忌。不规则状的房间，因气场分布不均，磁场不稳定，不利风水。

经理座位的背后可以为落地窗，但是窗外不可对着其他建筑的墙边，也就是说墙角呈一直线在眼前划过，不利工作。

经理办公室内不可设有水龙头及洗手台，否则会漏财。

经理室的位置不可在员工最前面，最好的摆设方法是将经理室移到员工桌的后面。一来可以避免员工因长期面对经理所产生的心理焦虑；二来也能达到监视员工的作用，让员工不敢有所懈怠。

办公桌的位置应布置在当旺的方位。

办公室的门口方位五行要生旺办公室主人的命局。

办公室的沙发位应设在办公室主人的聚气之位或财位上。

办公室的资料柜应布置在青龙位或办公室主人的凶位，但不要放在正前方或正后方。

除整体的布置要配合命局之外，还要顾及到青龙白虎朱雀玄武的四灵。

装饰及色彩布局是风水设计的核心部分，不但要求整体的和谐、完美，还要与五行方位相通。

5. 辅弼从主局

所谓辅弼，是指左辅右弼，亦即是君主的朝臣及得力助手。办公风水必须严格恪守尊卑有分、上下有别、长幼有序的原则，实现和谐空间的法度和秩序。由于自古就有群臣佐使之分，因此老板必须有辅弼，才合"辅弼从主局"的原则。

总裁室左方及右方的房间便是左辅右弼。左方有房间，右方却没有房间，属于有左辅而缺右弼局，是为有龙无虎，即有辅缺弼；总裁室右方有房间，左方却没有房间，属于有右弼而缺左辅局，谓之有虎无龙或有弼无辅。两种格局中，以后者最为不利，主白虎强则欺主也。

住宅的居住者，都是家人，自以本人为尊，而公司的职员甚多，如君主须有宰相、将军等方成气候。所以总裁室左右的房间，必须供仅次其下的高级行政人员采用如集团其他的经理等，才显尊贵。

6. 经理主管办公桌的设置

主管人员的办公家具摆放，首先要注意风水中的直观喜忌布置，其次要注意办公场所的方位五行要生旺命局，喜用五行才行，这是调整风水的根本。

许多公司由低级职员至高级职员的职位、级别差距比较大，在布局时便要特别仔细地进行配合。大型公司当以总裁为最高级，所以他的办

公室必须是全公司内面积最大的；其次，便是董事总经理等，他们的办公室应该比总裁的房间略小，又要比其下属的房间略大，如此类推。

凡大型机构的室内格局，房间大小都要依此原则来层层推进，否则便烦事多矣。

从风水的室内格局角度出发，经理的办公桌最好是向着门。在现代风水中以前方为明堂，宜较空旷，而办公桌向门，便符合前方空旷的道理。不过仍要看该办公桌是否放在吉方，这是理气与格局的配合。

办公桌在财位内而又向着门，自然旺财，同时又可以拥有一定的权力，这便是配合之道。

找出各自的办公桌吉位，以十二生肖属相分类，大家只要依据自己的生肖，便可找出经理办公桌坐向的吉方。

三、员工办公区

为了充分发挥个人的能动性及创造性，现代办公对格局"个人化"的需求越来越普遍。

针对一些组织形式、工作方式较灵活的机构，办公空间的规划应考虑弹性发展和重组的需要，在工作单元的设计上应采取便于组装、整合、分隔的空间组织形式。

1. 根据空间性质营造工作环境

这里所谈的"空间性质"是从人的行为和心理的角度来定义的。一个办公空间通常包容了一系列的行为，其中有个人行为，如阅读、思考、独自休息、等候等；也有群体行为，如会见、谈判、接待、协作等。要使空间充分地发生作用，就需要为不同性质的行为提供不同性质的空间，使空间的形式根据特定行为的需要而成立。人们在办公空间的行为归纳起来主要涉及到两组性质的行为：流动与静止，离心与向心。

（1）流动空间与静止空间

流动空间的尺度合理、路径便捷、无障碍、组织有序是保证机构办公效率的条件之一。在办公空间中，当各项功能分区明确、组织有序时，人们在办公环境中的流动是自然、流畅、目的明确的。流动与静止是相对而言的，静止空间可以说是流动空间的一个节点，在空间上的动静对比、一张一弛都能丰富空间，增强空间的节奏感，能调节对空间需求的心理平衡。静止空间的设计相对较为复杂，涉及空间界面的设定、空间视觉的独立性、空间布置的稳定感、空间内容的相关性等。

（2）离心空间与向心空间

空间设计中具有聚合力、能促进交往和交流的空间称为向心空间；不适合相互交往、交流，强调个人特性的空间则称为离心空间。

对于这些空间性质的认识，在日常生活中几乎人人都有所体会，例如：公共汽车站是过往客人等候乘车而短暂停留的地点，等车的人们往往互不相识，也不需要更多的交流，候车座位的排列方式和间距都倾向离心的设计；而走进咖啡馆却通常是相识的人们聚在一起，他们娱乐、交谈、结识新朋友，空间的设计必定要考虑向心的功能。

所谓离心与向心都是根据空间环境发生的人与人之间的关系来决定的。当人们不期望在某一空间中发生积极的交往时，空间设计应趋向离

心的考虑，以免造成相互的尴尬和被动，如等待区、个人工作空间、资料查阅室等就需要排除他人的干扰。需要营造加强交流、鼓励交往的空间环境，空间设计则应趋向心性，如讨论空间、小组协作空间、娱乐空间等都需要积极的交流。从空处理上来说，空间的闭合程度、稳定和舒适程度等都会影响空间的离心、向心性质，但起决定作用的却是空间布局所造成的人与人之间的位置及距离关系。

在个人办公空间、图书资料室、等候区等场所，人们可以较长时间停留，但不希望他人干扰，就需要一种具有离心性质的空间环境。因此，空间设计中在考虑人的活动尺度、行为方向、心理距离、环境形式等因素时，应从人的心理需求出发，营造一种相对独立、互不冲突、安静宜人的工作环境。

（3）明确界定空间区域

所谓"空间区域"是指为特定行为提供的一个区域。空间区域的界定包括三种形式：一是被围合封闭具有独立功能的空间；二是没有围合封闭，但处于不同空间界面，具有明确功能分区的空间区域，如行驶车辆的道路与供人行走的路就属于两个不同的领域；三是既没有围合封闭，又处于相同空间界面，功能分区也较模糊，但由于空间设计上的某种暗示，形成了相对独立的空间领域，如大厅中地面图案和对应的天棚造型，就可以确定大厅的视觉中心位置等。

在办公环境中对某一特定空间领域界定的明确程度和界定方式，对引导视线、暗示心理、规范行为具有非常积极的作用。要使人们按设计的意图，进行自然轻松、严谨有序、互不排斥、互不干扰的活动，对不同功能的空间领域做出相应的空间界定，是满足空间行为与心理的基本保障。

空间领域界定的常用方式，包括以地面的高差、材质、图案变化界定空间，以天棚造型、灯光布置界定空间，以墙立面的凹凸变化及装饰处理界定空间。

以地面界定出空间领域是常用的手法。它可以适当抬升或降低特定功能空间的地面，在材质、色彩、图案处理上有意识地与外界形成区别等。

以天棚界定出空间领域。天棚的造型和灯光设置会造成强烈的视觉效果，特别是灯光较为集中的区域，很容易界定出一个相对应的空间领域。

以墙立面界定出空间领域。在立面处理上为空间领域的界定提供了多种方式，如墙面线性装

饰暗示了一个特定"面"的存在，而"面"的完整性取决于装饰元素的距离和延续的程度。这样的空间领域界定方式在心理上形成了界限，但又不影响视觉上的通透性和行动上的延展性。以垂直的两个立面所界定的空间领域，空间的轴线朝向两个开口，使不同的空间维度比形成了不同程度的流动感。L形组合的两个立面，界定出一个以对角线延伸发展的空间领域。U形立面形成半围合的空间领域，具有较强的完整性和稳定性。以四个立面围成一个向心空间领域，与外界完全分离，形成独立、完整的空间领域。

2. 开放式办公室的布局之道

开放式办公室意味着所有的人在同一个大房间里工作，有的公司里只有高层管理人员有私人的办公室。在开放式的办公室里，个人没有决定办公桌朝向的权利，因为开放的办公室使用的是放置好的隔断和桌子，而且桌子还是面对面的。在开放式的办公室里要遵循以下原则：

（1）建立保护墙

应该在桌子上通过摆设电脑、灯具、植物和照片等建起一座保护墙来保护个人的空间和隐私。如果办公室很冷清，缺少活力，则应尽量添加些色彩、植物和可爱的形象，把这些东西放在眼前，让它们激励并且保护自己。

经常用到的东西放在办公室之外保存起来；把纸张、记事本和手提电脑整齐地放进公文包里。

（3）员工休息区的布置

如果公司条件允许的话，可以在办公楼里留出一块员工休息的地方，增加几把沙发和咖啡桌，创造一个舒适、轻松、自由的休息环境。

（2）细节布置

必须要清除办公室里所有无用的物品，为工作创造前进的动力并且刺激新鲜的感觉。把全新的计划放在红色的活页夹和笔记本里，可加快目标实现的进度。

勤清除杂物，如：擦掉桌面上的灰尘，把文件、办公用具放在合适的位置；定期清理所有的抽屉，把钢笔、铅笔、橡皮、剪子和纸夹有条理地放进抽屉里；及时修理破损的物品，净化箱柜书架和壁橱，只保留手头有用的文件和计划，不

休息区的设置也体现了以人为本的企业文化和企业对员工的关怀。员工把公司当作家，公司也要把员工的休息区域布置得舒舒服服，让他们在忙碌的工作之余有个放松心情的地方。

休息区要尽量布置得温馨宜人，可以把绚丽的花朵以及相关的专业书籍放在休息区，但不要把休息室的壁橱或者书架装得满满当当，过度利用反而会使房间显得拥挤。有条件的公司还会专门开辟出一个地方，设计成一个轻松的吧台，作为大家早餐和下午茶的区域，并提

供饮品和小点心。就算空间很有限，也不妨在阳台上搁几把有靠背的舒适椅子，给办公空间留一个透气的位置。

需要注意的是，员工休息区要设在相对隐蔽的地方，不要直接面对办公区域，因为休息室的气氛相对来说比较放松，与办公区域严谨的工作状态刚好相反。

（4）一般座位布置宜忌

办公室是事业营运的最重要的地方，办公室的布置摆设与气氛关系公司事业发展。有的人每天一进办公室，精神抖擞，心情愉快，工作效率高。有人一上班便萎靡不振，烦躁不安，或抑郁不乐，凡事杂乱无章，理不出头绪。这种现象，除了与个人的工作能力、做事态度或公司经营理念及管理方式等因素有关外，与办公室的风水和布置安排是否理想也有很大关系。

（5）座位周围的环境要整洁

办公场所和居家一样，都必须有一个整洁的环境，良好的环境才能让四周的气场顺畅，才能有好的财运和事业运。所以，如果发现座位四周有堆放杂物、放置垃圾箱或出入的动线不顺畅时，应该将环境整理干净，或者在放置垃圾箱的位置摆一些绿色植物等来转化气场。

（6）座位不可正对大门

大门是一间办公室的进出口，所以气场的对流最旺盛。除前台外，如果座位正好对着大门，就会受到气场的影响，思绪会变得紊乱，情绪也会不稳定。座位正好对着大门者，可以将座位往旁边挪移一些，若不能移动，便可以在座位前用屏风或资料柜遮挡。

（7）座位忌大镜子照射

现代建筑经常用玻璃幕墙作为外立面，这

很容易产生光污染，也是最厉害的光煞，被照射的办公人员会出现很多不吉之事。如果办公座位被镜子照射，久而久之就会发觉自己经常头晕眼花、思维混乱、睡眠不好等。所以还是避开为妙。

（8）座位不冲门和路

办公桌冲到门或路，在风水属大不利。办公桌的正、侧面最好不要是走道，因为这样的室内路冲也会有不良影响。座位后面也应该无走道，桌后有人走动，会心神不宁，影响工作效率。

（9）窗外不能冲大楼的墙角

如果在窗外正好能够看见其他大楼尖锐的墙角向自己冲射过来，这就是所谓的角煞。无形中会受到煞气的干扰，造成能量的流失。

（10）座位不对切角

座位不可被不对称的走道及座位切到。如果

坐在这个地方办公，会不顺利。

（11）座位不正对着主管

主管象征着权威，员工在面对主管或老板的时候，情绪往往会处在比较紧张的状态，如果长期与主管对桌而坐，一定无法集中精神工作。

（12）座位前方最好无人

如座位前方也有人面对面而坐，同样会没有自己的隐私空间，不仅会造成彼此的视觉冲突，还会因分散注意力而影响工作。遇到此种情况，最好的解决办法是两人之间用盆栽或文件隔开。

（13）出入的动线不宜有阻碍物

座位的出入口代表对外的联络通道，如果出入线摆设太多的大型物品，不仅走路不方便，而且会导致工作和人际关系不顺利。

（14）座位上方宜光线充足

座位上的光线如果太弱，会造成阴气重，久了会让人怠惰消极，容易悲观。

（15）座位前方不能紧贴墙壁

人的眼睛要捕捉比较多的信息，如果座位太贴近墙面，由于缓冲区不够，就会看不见四周的人、事物，就会造成潜意识的不安。

（16）座位不能正对厕所门

厕所是秽气聚集之地，厕所门就是秽气排出之处。长期坐在厕所门附近，或正对着厕所门的人，会因吸收过多的秽气而生病。如不能避免，便可以在厕所和座位间加装一道屏风或大型阔叶植物，而且厕所门也必须保持关闭。和厕所一样，垃圾桶或杂物堆也是秽气的来源，避之则吉。

（17）办公桌上不宜摆设的三类物品

为了使工作更有效率，办公桌上应尽量避免不必要的摆设，应该将不必要的东西收进抽屉内，保持桌面的整洁。

桌上适当地摆设小装饰品可以稳定工作情绪，如摆上几张家人或朋友的照片、有励志小语的纸条或饰品、一个小盆栽等，都有激励人心的作用。但是切忌在桌上摆放以下几种物品。

尖锐的金属饰品：金属的尖锐部分会让人产生很大的压迫感，在不知不觉中让人情绪紧绷，还会使自己消耗掉许多能量。

枯萎的盆栽：植物象征着人的生命力，越是欣欣向荣，人的运势就会越发达。如果植物开始枯萎衰败，就应该立刻丢掉，否则会影响到运势。

藤类植物：室内的植物以阔叶类为主，因为叶子大既可以挡煞，又可以吸收天地的能量，如绿萝等就可助旺风水。而小叶或是会缠绕的藤类植物，基本上都属阴，会吸收能量，最好不要摆设。

（18）企划人员宜坐文昌方

一个公司从事企划工作或设计的规划人员，其工作性质都是创造发明、突破现状、开发新产

品或创作新作品，随时要有新创意、新点子，这类工作人员的办公室可以安排在文昌方或属于气的卦位上。

每个办公室都应依照八卦九宫方位的安排，配合房屋的坐向，安排一个文昌方。在阳宅风水学上，文昌方五行属木，为绿色，代表智慧，影响读书升学的运势，也影响名誉、形象等。所以这个位置最忌讳作为厕所，因为厕所的污秽之气对文昌星不利。古人认为污秽文昌，就象征与科举考试无缘；而现代工商企业如果污秽文昌，就可能损害公司的名誉和形象。

一般住家的文昌方最适宜用作书房或小孩房，而办公室则适宜用作企划、设计等具有创造性的空间，有利发挥智慧、展现才华。

依据房屋的坐向方位，这里列出适合作为企划等性质的工作位置供参考：

坐北朝南（坎宅）以东北方（艮卦）、西方（兑卦）为宜；

坐南朝北（离宅）以南方（离卦）、东南方（巽卦）为宜；

坐东朝西（震宅）以西北方（乾卦）、西南方（坤卦）为宜；

坐西朝东（兑宅）以西南方（坤卦）、东北方（艮卦）为宜；

坐西北朝东南（乾宅），为东方（震卦）、南方（离卦）为宜；

坐西南朝东北（坤宅），为西方（兑卦）、北方（坎卦）、南方（离卦）为宜；

坐东南朝西北（巽宅），为近中宫位置及北方（坎卦）为宜；

坐东北朝西南（艮宅），为北方（坎卦）、东方（震卦）、东南方（巽卦）为宜。

当然，这些位置也可以安排作为顾问或咨询、会议等性质的空间使用。

（19）业务先锋迎纳生气

每一个公司、机构经营类别性质不同，对于办公室应依其需要规划隔间，也要依照工作内容等作不同的安排。如老板、主管，最好有独立空间，一方面可保持商业机密，也能有个安静空间，运筹帷幄，思考决策。其他员工可以视情况作适当安排。一般而言，业务人员是公司推展业务最先锋，直接面对顾客。正如军队的先锋部队，时时要面对肉搏之战，必须随时保持旺盛精力，蓄势待发以备战。在办室位置的安排上，便须摆放在最前线位置。

业务人员既然为先锋部队，其位置便应安排在接近门口或客人接待处相联接的位置，接近顾客较容易。如果需要经常走动出入，也不会影响其他部门。当然需要时，也可以在面临门口或接待处，摆设矮柜台以作区隔，以便工作顺利进行。

一般业务工作性质属动态，各种宅局不同，可以作不同位置的安排，如：宅局坐北朝南，可以规划设置在接近南方的西南方（坤卦）或东南方（巽卦）。坐南朝北则可设置在西北方（乾卦）或东北方（艮卦），接近东方（震卦）也很理想。坐东朝西的办公室则宜安排在西南方（坤卦）或西北方（乾卦）。坐西南朝东北宅则以东南方（巽卦）或接近中宫的位置为宜。坐东南朝西北则适合安排于北方（坎卦）或西方（兑卦）。坐西南朝东北则宜置东方（震卦）或北方（坎卦），坐东北朝西南，可以安排在西方（兑卦）或南方（离卦）的位置。

通常业务部的人员坐向，应该面对门口方向

或迎面为门口的来路，以能迎向入门的顾客为原则。一则表示欢迎之意，二则能迎纳旺气。当然门的位置和方向都是旺运最好，则每天汇集生旺之气，每个人都有旺盛的精力开展业务，自然财源广进了。

四、门厅

公司门面是一种实力的体现，但这里所说的并非只是指装修的豪华效果，而是指整体感，保留一种完整的风格，是使客户保持一种均衡心态的好办法，这也是设计风格的一种趋势。多数办公室主人最希望办公室给予客户三种感觉：实力、专业、规模。

1. 门厅是公司的第二门面

办公室的进门设计，会影响整个办公室的格局，因此必须加以仔细考虑。办公室门口就像一个关卡，其方位、摆设、设计会影响整个办公室的磁场，进而影响财运。进门时的左右墙角，是最显眼的位置，应该加以布置，如摆放艺术品、盆景、花瓶等，既可以美化办公室，又能提高工作效率。

门厅是纳气口的第二道关卡，就如同人的咽喉一般，为进出这个房子的转气口，是迎来与送往的重要部位，必须注重它的气势和气流的转动原理，以利内部的和谐。

门厅位置忌讳摆设凌乱，否则会显得整个公司制度乱无章法。也不宜有镜子往外照射，有的公司设有门厅镜，虽代表明镜高悬，可吸纳吉气，排除煞气，但这也有排斥客人的意味，故镜子不宜对外直照，侧照则无妨。在墙上悬挂吉祥字画，能带给公司祥瑞之象。

一个气派的公司必须设立一个迎客的门厅，用来吸纳旺气，这就如同伸出双手拥抱来者，表示一种热诚。进门的旋转门厅若有逼迫感，则于风水不利，所以必须改成宽敞明亮的门厅空间。

如同住宅一样，办公室的门厅是整个空间的纳气口，它的设计对整个办公室的格局会有决定性的影响，所以必须认真考虑。

2. 门厅的整体设计

门厅的整体装修设计可以给人如下感觉：

①加强公司的实力。通过设计、用料和规模来体现实力的形象化。

②加强公司的团结感。通过优化平面布局，让各个空间既能体现独立的一面，又能体现团结的一面。

③加强公司的正规感。这主要是由大面积的用料来体现，例如：600mm×600mm的块形天花和地毯，已经成为一种办公室的标志。

④加强公司的文化感。这主要是由设计元素的运用来体现公司的形象设计，形成公司独有的设计元素。

⑤加强公司的认同感。这包括客户的认同感和员工的认同感。

⑥加强公司的冲击感。这就是所谓的第一印象，它将在未来很长的时间内影响到生意伙伴对一个公司的认可度，进而影响到合作方的信任感。

3. 门厅屏风的用法

想要趋吉避凶、催财旺财，就要将公司大门出入口的位置布在生旺之方。在公司入口处设屏风，亦讲究颇多。

《荀子·大略》云："天子外屏，诸侯内屏，礼也。外屏，不欲见外也；内屏，不欲见内也。"顾名思义，屏就是屏蔽，风就是空气的流动，屏风是转换气流的重要家具，其作用形同影壁，可谓是活动式、可拆式的影壁，也是避邪的工具之一。

有些公司在入口处设有固定式屏风及接待员，如果不明就里，则有碍对外发展。如果为隐蔽性的考虑，倒不妨多利用花架屏风，或利用半矮柜种植常青植物，但切忌用人造花。

门在旺位、向旺方时，不要放置屏风，以免阻碍旺气进入。如有必要，可在进门的地方设个回旋式的门厅，作为进门的缓冲区。门厅可设计成低矮的花架屏风，上面放置植物盆栽，这样既美观，又可带来好风水。不过，要注意的是不能让植物枯萎。若玄关不设置服务台，则玄关处最好摆设圆形花瓶，以圆形之物来导气，能助旺气

入局。

如果门向不好，就会接纳到不好的煞气，这时最好在门厅处设置一个流动的水景或鱼缸。因为水能转化磁场，将衰气转为旺气，所以流动的水景或鱼缸对公司整体发展有正面的助益。

门在当运旺位时，可放置一个较高的固定式屏风，使门口处形成一个缓冲区，屏风的气口转为旺向，这样便可以接纳到旺气。

五、会议室

会议室是能够提高公司向心力、凝聚人气的重要地点，是群策群力进行重大决策和体现公司民主的地方，也是公司里人气最旺的地方，因此，会议室的风水非常重要。

1. 会议室的位置

会议室是公司里人气最旺的地方。一般来讲，会议室有一个整体的互动关系。很多公司的会议室附带有样品展示的空间，既是会议室，又是样品展示间。所以，从大格局来看，应该把会议室设在公司的前部分。如：从外面来公司开会的人，不需要经过公司内部就到达会议室，尽量减少对公司内部工作人员的影响，公司的运作机密也不会有流失的顾虑。外面的经销商来公司洽谈时，也能有个很好的沟通场所。

2. 常见会议室的布局

（1）教室型

这种布置与学校教室一样，在椅子前面有桌子，方便与会者做记录。桌与桌之间前后距离要

大些，给与会者留有座位空间。这种布置也要求中间留有走道，每一排的长度取决于会议室的大小及出席会议的人数。这种摆设还让参加者可以做笔记与参加小组练习。一般要求每个座位上放有垫，或者每个座位放置一个水杯。

（2）讨论会型

用两张长桌并列成长方形讨论桌的形式，一般有方形、圆形和椭圆形三种，多用于讨论会，也可用于宴会等。这种布置可以鼓励小组讨论，也能让参与者在活动中扮演主要角色。会议桌一般要求有台布，而椅子则应与台布接近。

（3）剧场型

此种形式对于大型团体的演讲以及全体会议较为适合。

（4）马蹄型

此种适合小型聚会，较不拘束的摆设让参加者能做笔记和参与小组讨论，能调动积极性。

（5）U形

很多小型的会议室倾向于面对面的布置和安排，U形是较常见的，即将与会者的桌子与主席台桌子垂直连在两旁。

如果只有外侧安排座位，桌子的宽度可以窄些；如果两旁安排座位，就应考虑提供更大的空间来陈放材料。

（6）交叉型

此种布置能改善坐在会场后面参加者的视觉效果，并使其在训练中更有参与感。与参加会议的工作人员沟通，以确保场地要配合使用的布置。

（7）方框形

将主席台和与会者桌子连接在一起，形成方形或圆形，中间留有空隙，椅子只安排在桌子外侧。

这种布置通常用于规格较高、与会者身份都重要的国际会议及讨论会等形式。这种会议人数一般不会很多，而且不具有谈判性质。

使用会有好效果。圆形的自助餐式的桌子布置多用于与饮食结合在一起的会议如酒会等，在中间的圆桌上可以放上鲜花或其他展示物。

自助餐式还有很多的变化形状，可根据具体场所来安排。

3. 会议室基本设施的布置

（1）音响

音响系统是大多数会议室内所有视听设备的一种。音响设备必须保证声音逼真，所有与会者都能听清楚，麦克风架和音箱是会议室最基本的音响设备，高质量的扩音系统是办好会议的关键，可以保证演讲者在使用时不出现声音失真或发出尖鸣等现象。当音响设备和放映设备一起使用时，音响和屏幕应放在同一地点。研究表明：当声音和图像来自同一方向时，容易增加人们的

（8）圆桌形

这种摆设形式在与会者地位都平等的会议中

理解程度。

音响必须保证所有观众都能听清楚，要事先检查室内音响系统的质量和可调性。音响系统通常能够将讲话声音传得足够大，但是，有时候音响会出现问题，应提早解决或预防所有可能发生的问题。将一个大厅分隔成若干小间的通风墙通常不太合适，因为这样不能隔音。另外，要检查室内有无死角。

（2）讲台

讲台即演讲人的讲坛，可以放置文件和材料，并配上适当的照明。比较现代化的讲台有供演讲人调节照明和视听装置的控制器。

会议室应配有桌式、立架式和其他一些配有音响系统的优质讲台。讲台面应足以放置水杯和书写文具，如笔、纸、粉笔和镭射笔等。走道要有一定的照明，防止演讲者被电缆和其他障碍物绊倒。讲台高度应适中，正面中央一般写有会议的名称，在新闻媒介报道尤其是电视转播时便于

向社会宣传。

（3）幻灯机

会议室中的幻灯机，除了更换灯泡外，基本不需要其他的维修和服务。备用的灯泡、保险丝和延伸线应齐全。幻灯机可以两台同时使用，有时可用幻灯机配录音带播放，放音的节奏应与幻灯节奏一致。

（4）录像机

录像磁带在培训会议中广泛使用，这是一种声音与图像的新结合体。录像机能将演讲稿、事件等录下声音和图像，然后播放，并且可以重复播放。

（5）多媒体投影仪

多媒体投影仪是一种可与电脑连接，将电脑中的图像或文字资料直接投影到银幕上的仪器。其特点是：

一方面无须将电脑中的资料打印出来制成幻灯片、胶片，再使用幻灯机、投影仪放大给会议

观众看，从而做到节约成本，减少中间环节，使用也快捷。

另一方面具有动感，可以通过电脑播放DVD、CD-ROM、通过录像机放映录像带等。电脑中资料需要更改时，可使用电脑直接操作，如书写、画图、制表等，观众可以立即在银幕上看见。对于需要强调的部分可通过在电脑上进行局部的字体放大，提示与会观众。再者，多媒体投影仪体积小，搬运、安装、储藏方便。

但是，如果使用多媒体投影仪，则必须要有与之相配的投影银幕和电脑设备。在会议开始前，一定要做好电脑的连接与银幕的距离调试，保证投影效果清晰、不变形。因投影银幕的大小有限，多媒体投影仪不能使用于大型会议。

（6）VCD、LCD、DVD

用于放映光盘，取代录像机。自身体积小，操作方便，所放的光盘小而薄，可压缩进大量图文、声像信息，而且清晰、保真，制作成本也不贵，比录像带好携带。

4. 会议室的光线

会议室的光线应较为明亮。除了在使用投影幕的时候需要较暗的光线环境外，其他时候明亮的光线更容易使参加会议者的心态放松。会议桌

的设计应根据会议室的大小来搭配选择。一个大小适当并有一定活动空间的会议室，往往容易使客户的心理松懈，有利于洽谈。

5. 会议桌的选择

布置好一间会议室能够使会议成功举行。会

议室的大小直接影响会议的气氛，而会议室的大小又取决于会议室的布置。

作为大多数客户必到的会议室，不仅要体现整体形象，而且要采用装修策略来减少对抗元素，为自己和生意伙伴创造愉快、轻松的商务洽谈氛围，为商业洽谈的成功助力。

首先涉及到家具的设计问题。会议室的布置当然以桌椅的布置最为重要。会议桌的设计要尽量避免一种谈判的对峙布局，即便不可避免，也应尽量予以柔化。另一方面，注意为新的谈判元素预留位置，例如：投影幕、音响、互联网接口等，都是提高商业洽谈成功率的一种辅助因素。

会议桌的选择需要仔细考虑。圆形或者椭圆形的会议桌便于达成共识，启发创意和发挥团队精神。椅子的摆设方式能够鼓励合作和促进亲密关系，更能加强领导体系及权威。

如果将尖锐的桌角进行打磨处理的话，矩形或者正方形的桌子也能提高工作效率。U形会议桌让人们很容易看到其他人，同时，能为U字顶端的会议陈述人提供很好的聚焦作用。

在会议室的空间布局中，还应该考虑会议桌及座位以外四周的流通空间。根据人体工学原理，从会议桌边缘到墙面或其他障碍物之间的最小距离应为1220毫米，该尺度是与会者进入座位就坐和离开座位的必备空间。

除了安排好会议桌之外，还要在会议室的角落放上植物，打开窗户让新鲜的空气和阳光进来，在墙上挂设能启发人的艺术品以及公司取得的成就和相关目标的图表，以营造一个积极向上的氛围。

6. 会议室的有关内容

（1）会议的筹划

从公司经营者到秘书，每个人都可能会参与

会议的筹划，只不过有人是专职从事这项工作，有的是兼任此职。无论是专职还是兼职，最终结果都是使会议顺利完成，他们的工作效率代表着主办单位或公司的工作水平。

会议筹划者的职责和任务是制定计划，确定必须要做的事项以满足会议的需要，并达到会议确定的目标。还要制定会议议程，布置会议场所，检查且比较各项设施安排事宜，制定可行预算或按既定预算安排有关工作。

召开会议是要达到一定的目的和目标，因此会议有各种类型，不同的会议需要不同的环境。

（2）会议目的和目标

确定会议的目的和目标、制定会议议程是会议的重心所在。会议的目标和目的有以下范畴：培训、通知、教育、探讨问题、做决策、引入新项目或介绍新人员、激励、开发、展示、促进与改善、解决问题、讨论如何赢利和赢利总结等。

（3）七大性质的会议

销售会议：一般是为了宣布开始销售某种产品或销售期限，如季度销售会议或者是对前一个销售期间进行总结和表彰。

年会：可以是公司股东大会，也可是行业协会每年一次的会员大会。

产品发布会：是为了向专业群体和消费者介绍和推广某一新产品的会议。

研讨会：是为了提供信息和讨论该信息而举办的会议，研讨会一般让与会者相互交流并有意见反馈。

专业会议：是就某个领域的问题进行讨论、咨询和交流信息而召开的会议，一般会议包括主会和讨论问题、解决问题的小组会议。

表彰会议：是为了员工、分销商或客户的出色工作表现进行表彰、奖励的会议。

培训会议：一般要用少则几天，多则几周时

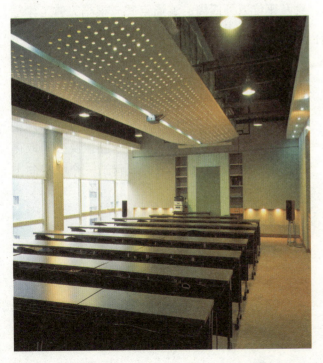

间来开展培训活动的会议。这类培训内容高度集中，则某个领域的专业培训人员教授，而且通过培训要实现某些目的和目标。

六、前台

前台服务区既显示企业实力，又发挥着商业礼仪、人际交流、形象战略等作用。很多公司对前台的装饰极为重视，但为什么商业发展的结果却不尽人意呢？其实，这与前台风水有很大的关系。

1. 设置前台的必要性

办公室前门如果正对后门，形成直线通道，则违反了"藏风聚气"的风水法则。出现这种情

况，就应该设置有导气效应的前台，既可吸纳旺气，营造热忱的空间，又可挡煞，确保公司内部私秘性。

2. 前台布局要得当

前台在风水学中属于明堂区，也就是聚气纳气之所。布局得当，自然生意兴旺、财源广进；布局不当，必然不利于发展。因此，要结合业主命理、坐向方位、地理环境以及从事行业等综合布局设计，这样布局才是成功的。其中，青龙、

白虎、朱雀、玄武四灵布局非常重要。门口位要生旺前台，更重要的是门口位五行不能冲克业主，还有天花、地面、墙壁、梁柱及门外环境风水等都要布局得当，才是最佳的前台风水布局。

前台的位置，最好是面对大门，空间够大

的话，就在后方设置公司标志，以显贵气。前台不宜设在入门的侧方，因为侧方无法挡住外来杂气。气场以迂回为吉，直受之气为煞。公司前台可过滤不必接见的客户，侧置的服务台因为直穿入室的关系表现会较弱。如果门厅没有设服务台，最好在门厅位置摆设一个圆形花瓶，以圆形之体来导气，必能帮助入口处气场的运行。

3. 前台的设计风格

前台是体现公司形象的门户所在，客户和生意伙伴的第一印象就从前台开始，因此前台的装修绝对不能应付。宜将它设置在象征美丽、光明的南方，并尽量用红、紫色来装潢。千万不可用三角形的饰物。

办公室的整体风格可从前台初见端倪，设计

前台最重要的是风格的选择，不同风格的前台除设计因素以外，材质的使用影响最大。其中，最主要的是材料在使用上的细腻程度。根据行业和面对客户与生意伙伴需要建立的印象不同，一般有以下几种装修风格。

（1）稳重凝练风格

这种装修风格适合老牌的大型外贸集团公司，目的是让客户和生意伙伴建立信心。从装修特点上来看，较少选择大的色差，造型上比较保守，方方正正，选材考究，强调高雅和尊贵气质。

（2）现代风格

普遍适用于中小企业。造型流畅，运用大量线条，喜欢用植物装点各个角落，通过光和影的应用效果在较小的空间内制造变化，在线条和光影变幻之间寻找对心灵的冲击。

（3）超现实风格

适用于新兴的电脑资讯业、媒体行业。装修设计不拘一格，大量使用几何图案和新式装修材料作为设计元素，明亮度对比强烈，突显公司新产品的特征和创新科技的氛围。

（4）创意风格

适合艺术、工艺品、品牌公司。造型简洁，用料简单，强调原创的特征，尽量不重复，在造型上具有唯一性。

（5）简洁风格

一般适用于小型公司和办事处。简单进行装修和装饰，强调实用性和个性。

前台不管选择哪种风格，都必须要全面考虑，不能与办公室的整体风格格格不入，不能简单地从引人注目或是朴实入手，而是要寻求一种整体的和谐美。

七、秘书室

秘书是以"为领导服务"为宗旨，以"近身、直接、综合、辅助"为核心内容的重要员工，是领导人的贴心助手。秘书位的风水对领导的事业影响巨大，绝不能轻视，如果能巧妙运用风水布局，让秘书提升自己的运气，在事业上就会如鱼得水，领导也会如虎添翼。

1. 秘书旺主命

如何运用风水布局，提升秘书的运气呢？首先，应该根据领导办公室的方位找出旺位，如生气位及延年位便是旺位。然后，再把秘书的办公台放在自己的旺位内。由于现在一般的秘书桌多是设在领导的办公室外，所以秘书位置便要以领

导的办公室为中心，将秘书安排在领导的旺位之中，这样方能催旺领导的财运，带动公司的业务发展。

2. 秘书的办公台

（1）办公台面可摆水种植物

秘书除了按时完成公司领导交办的各项工作外，还要撰写文稿，因此启迪文昌对秘书的作用非常大。在秘书办公台面上可以摆放柔和的水种植物，如水仙、富贵竹等，既可催动文昌、启迪思维，又让秘书一帆风顺、妙笔生花。

（2）秘书座位后面宜靠领导

秘书座位如果能够后靠公司老板，则事业会有强大助力。对老板而言，秘书可为其先锋，阻挡、过滤掉不必要的外来干扰；对于秘书而言，

背靠公司最大的靠山，可获得保障，两者可谓相得益彰。

3. 电器催旺法

办公电话是现代公司的必需品，也是公司联系顾客的桥梁。作为公司的要员，秘书使用电话的频率很高。从办公风水角度看，秘书可借电话来催旺财运。

利用电话催旺，最好是先找出自己命卦的财位，财位便是生气位及延年位，电话应尽量放在这些财位内。

传统的通讯工具除了电话外，传真机也随时都担负着重要使命，如报价单、订货表、合约等，经常要利用传真机作为往来媒介。传真机在风水上非常重要，一些公司会使用传真机来接

单、签合约，那么其对公司办公风水吉凶衰旺的影响就会更大。传真机的摆放位置，应该是在全公司的财位，如果单属秘书使用的传真机则以个人命卦的财位为主。

八、财务室

财务的职能是对外提供企业经营报表；对内部管理者提供报告和分析，以辅助决策，使企业形成和保持健康的财务状态、管理筹资、投资决策以及资本运营。公司的财务办公室是公司的财神驻地，资金及财务是企业的经济命脉，企业的

盈亏与财务状况休戚相关。因此，财务室的位置和装饰有诸多宜忌。

1. 财务室的位置

财务室的工作就是与金钱打交道，所以最好将其设置在财位，并将保险柜的位置设在旺财位置上，以确保公司财源广进。另外，财务室不可太接近电梯间，因为电梯是吸气的重要载体，并且人来人往，干扰极大，所以财务室应该尽量远离。否则，容易导致财来财去，使得公司耗财连连，自然难以聚财。

2. 财务室的装饰

财务部是和钱财有密切关系的部门，一个公司的财务室具备很重要的地位，应该设置在办公室的西方，这个方位主金，在装饰上应该尽量用白、银色，且不可太接近电梯间。俗话说"财不露白"，财务室宜静不宜动，所以财务室以紧挨着财位或董事长室而设最为理想。

3. 财务座位不可犯冲

财务主管、会计、出纳人员的座位不可直对大门，容易受到直冲而来的煞气；如果受到冲煞，会导致公司的事业不顺，工作人员的身体不佳。同时这些财务人员座位的后面，绝不可以留出走道，让人在身后来往走动，非常影响工作。

4. 财务室可放盆景

在财务室里宜摆放常青树盆景，象征财源滚滚。最好是选择超过室内高度一半的大花瓶，盛水养植万年青，或摆铁树、秋海棠、发财树、开运竹等盆景。一般要选叶片圆大的树种，这样才有利纳财入局，但不可选择针叶树种。

如果财务室靠窗，在落地门窗前的阳台上摆一排盆景，或在窗台上做盆景花台，既可以接气，看起来又能满室生辉，有助于健康和财运。

财务室的盆景一定要天天细心照顾，让它能

茂盛生长，如有叶子枯黄，就要尽快剪除，否则宁可不放。当然，更不能在财务室放置人造花和代表死亡的干花，因为这些花不会接地气，对公司气运并无益处。

5. 财务室不可放鱼缸

财务室宜静不宜动，所以不可摆流动之物，如有流水的盆景或鱼缸等。如果有需要用水调节的地方，则可以选择摆放开运竹。

6. 财务室的保险柜

财务室的保险柜宜隐蔽，不可让外人看到，以免漏财。保险柜里放着公司的钱财和重要文件，若暴露在外，容易引起一些有非分之想之人的注意力，难保公司的钱财不受损失。将保险柜加以遮掩装饰，使人不知道里面是保险柜是最理想的做法，同时要注意柜门的开向和朝向不要犯冲。

公司的财务办公室实为企业的"活财神"，掌管现金及账务，是企业的经济命脉，因此企业的盈亏与财务状况休息相关。财务室的保险柜不宜放在横梁下，如果财务室的保险柜受横梁压顶，就会对公司的财运不利。

7. 财务室的其他禁忌

财务室不可胡乱堆置物品，布满灰尘。财务室里不可放置会发热的电器，如电视、电扇、电炉、电源线等。财务室上方的天花板不可漏水，墙壁或地板油漆不可脱落或瓷砖斑驳。

第六章 办公风水养鱼

人们在办公室放置鱼缸，不外乎两种期盼，一是聚气，即聚集旺气，如此便能聚财、旺财；二是挡煞，也就是可以利用水的力量将衰败之气挡住。古人认为：气乘风则散，界水而止。所以鱼缸水具有止衰气、聚旺气的双重作用。

本节我们将从鱼缸的摆放、鱼种的选择搭配方面为你讲述主流的办公风水养鱼知识。

一、办公风水鱼缸的位置

从事脑力工作的人每天都在办公室里，无论是行政高官还是办公室职员，无论是集团老总还是大公司经理，办公室的方位和室内的摆设都是至关重要的。因为吉利的气场方位对人的谋略、胆识、智慧、财运、仕途都有一定的帮助，从而使人更好地发挥自己的才能，办公室的环境自然就会影响到决策的正确与否和事业的成败。在办公室里养鱼，不仅能松弛紧张的神经，还可以促进事业发展。

在办公室养一缸鱼来求财运、保平安，是非常可取的。虽然"水"的力量能挡煞聚财，但水能载舟亦能覆舟，因而办公室里并不是任何地方都可以摆放水。在风水学上有所谓"旺山旺水"固然有利，但如果是"上山下水"，山水颠倒摆错位置，则会造成伤丁败财的后果。

养鱼以求财运，也有其一定的规则，如果不遵照这些规则，很容易弄巧成拙。鱼缸只有放在合适的位置才能真正产生旺财招福的效果，因此，在办公室摆放鱼缸的时候，一定要注意风水鱼缸的位置选择，务必确保风水鱼缸放在正确的位置，并很快就收到效果。为了弥补办公楼风水的缺陷，摆设鱼缸的最吉方位为西南方，因为，此方位是大运方，其次是东方角，也是贵人水。

1. 门厅

办公室的鱼缸，最好能置于进门附近，即公

司前方明堂位置。门厅就是一个不错的选择，此处接近进门气口，感应迅速，有利于化解外来的冲击。

同时，在门厅处设置风水鱼缸，也可以成为公司景观的一部分，若设计美观，足以令人心旷神怡，有助员工提振精神，有利公司扩展关系网络。

2. 会议室

会议室的氛围一般都比较严肃庄重，里面只有会议桌和椅子，会显得有些空荡。如果在会议室里放上水族箱，则不仅可以缓和一下会议室的气氛，拓展与会人的思维，做出对公司更有利的决策，而且还可聚气，有利于公司内部的团结。

若将风水鱼缸放在会客室，则应放置在东南角，可提升文昌气，为智能水。

3. 办公区域

公司的办公区域，一般是指大厅，如果面积够用，也是放置水族箱的好场所。在此处放水族箱，最主要的作用是聚气，形成团结的气场，弱化员工的异心，以使得所有人都朝着一个方向而努力工作，对公司的经营者来说，这是求之不得的。但是在办公区域设置风水鱼缸，不要正对着老板、主管室或会议室的门，否则会造成彼此的不信任，容易发生歧见。

4. 公司经营者办公室

公司经营者的办公室因人来人往，形成煞气进入，气动频繁，旺气无法聚集。在煞方设置风水鱼缸，化解外煞，并聚集和保护经营者自身的气，有利于公司经营者"近贤臣，远小人"。

5. 办公桌

办公桌的正前方是朱雀位，朱雀喜鸣易飞，因此适宜面对面交流。一般来说，办公桌前方应洁净，忌摆放污物，宜对明窗。如果办公桌的正前方对面是墙，则此处是设鱼缸的最佳方位。职员也可在办公桌上放一个小鱼缸，以平复烦躁之气，从而更加专注工作，日子久了，还能吸引高层的目光，得到升职加薪的机会。

双斗鱼来增加斗志，这样也没有不妥当的地方，只是需要注意鱼缸的清洁并将鱼缸放置在办公桌的左方。以下是市场主流的办公风水鱼品种：

1. 虎头鲨

形态特征：原产于泰国，最大体长30厘米。流线型，体色为黑色，但腹部为白色，眼圈为银色，头部看起来有一点像小老虎，因而得名。

饲养要点：对水质要求不苛刻，最宜水温22~26℃。杂食性，摄食量较大，体格健壮，容易饲养，要用大型水族箱，加盖防跳。性情温和活泼，喜欢集群游动。幼鱼时期可和其他种鱼混养，长大后应单养或和体格相当的鱼混养。

风水寓意：虎虎生风，精气十足。

2. 闪电王子

形态特征：原产于非洲东部的马拉威湖，最大体长12厘米，地域变异种至少5种。蓝色为体色的基本色调，有深蓝、黑色的体纹，对比极为强烈，因形同闪电，故得"闪电王子"之名，是

二、适合办公室的风水鱼品种

办公室养鱼，种类很重要，一般而言，应该尽量饲养色彩鲜艳的鱼。气质祥和、颜色鲜艳的鱼类可以使办公室充满平静安宁的气息，同时又带有吉利兴旺的意味。它们不仅可以增加视觉上的效果，还能让人感觉到健康和活力，给人一种前途光明远大的感觉。

因此，热带鱼是办公室风水鱼的首选，热带鱼体积小，吃得少，并且非常容易饲养和照料。

另外，在公司经营者的办公室，还可以饲养龙鱼；而在其他管理者或职员的办公桌上，则可以饲养金鱼。一些上班族喜欢在办公室的桌子上养一

外销评价不错的鱼种。

　　饲养要点：属杂食性卵生鱼类，偏向藻食性，此鱼平和温顺，可以和其他鱼种一起饲养。适宜pH值8.0、水温22℃的水族箱，适合在有岩石造景的鱼缸中生活。

　　风水寓意：快捷迅速，节节进取。

3. 尖嘴鳄

　　形态特征：原产于北美洲的五大湖区，最大体长50厘米。体态呈长筒形，嘴部前突，上下颌有骨板，有牙齿，很像鳄鱼嘴，长相凶猛。全身呈青灰色，体表有暗黑色花纹。

　　饲养要点：适宜饲养水温20~26℃，对水质要求不严。杂食性，摄食量较大，体格健壮。可喂食小活鱼、鱼肉、水蚯蚓等，容易饲养。但尖嘴鳄生性比较凶猛，会攻击其他鱼类，因此不宜与其他鱼种混养。

　　风水寓意：威力十足，桀骜不驯。

4. 五彩琴尾鱼

　　形态特征：原产于西非洲，最大体长6厘米。体形如梭，尾柄宽长，雄鱼的尾鳍比较长和大，上下叶鳍端延长，形似古代竖琴而得名。鱼体橙黄或蓝色，嵌有朱红色斑点花纹；背鳍、臀鳍红棕色，镶有淡紫红色或黄色边；尾鳍中部蓝色，上下叶边或红或白。

　　饲养要点：喜欢弱酸性软水、老水，一次换水量要少。适宜水温25℃、水生植物茂盛的水箱，对活饵感兴趣，不宜与其他鱼混养。

　　风水寓意：愉乐人生，美妙音符。

5. 金老虎

形态特征：原产于泰国，最大体长40厘米。幼鱼的基本体色是白色，有黑色条纹，成年以后，白色会逐渐变成淡淡的金黄色，形成与老虎一样的花纹，因此而获得"金老虎"之名。

成长，适宜水温24℃以上。肉食性，可喂以碎肉、鱼块，但最喜欢吃活鱼虾。所以不能与小鱼混养，可以和大型鱼混养。

风水寓意：昼伏夜出，身怀壮志。

饲养要点：属于肉食性鱼类，需要喂食大量的肉类饵料，最好是喂食小鱼，也因此不能和小型鱼混养。需弱酸性至中性软水，水中需加少量的盐，且喜欢水草茂盛、有岩石、石洞的水族箱。

风水寓意：食住八方，不落人后。

7. 斑马

形态特征：原产于南亚印度，最大体长6厘米，体呈纺锤形，稍侧扁，因头稍尖而身上有斑马样的条纹而得名。体侧从头至尾分布有很多蓝色条纹，眼眶虹膜黄色，泛红光。臀鳍宽大，胸鳍较小。

饲养要点：对水质要求不苛刻，适宜水温

6. 七星刀

形态特征：原产于泰国、缅甸、印度，最大体长90厘米。身体前半部分宽厚，尾部尖小，背微弓形隆起。体色灰黑，幼鱼的体侧由头到尾有淡淡的斜纹，长至成鱼后变成3~10个镶白边的黑色斑点。

饲养要点：容易饲养，在一般的水质中都能

21~26℃，但在15~40℃仍可生活。活泼好动，喜欢在上层水域活动觅食，对饵料不挑剔，各种鱼虫及人工饲料均可投喂，性情温和，宜混养。

风水寓意：水中龙马，精力十足。

8. 七彩凤凰

形态特征：原产于委内瑞拉，最大体长5厘米，体形为纺锤形，较侧扁。头部和胸鳍基部附近呈黄色，眼圈为红色，体表中部有一些黑色的浓淡相间的圆斑，各鳍橘黄色，体表及鳍上有艳蓝色小斑点。

饲养要点：水质为弱酸性软水，水温在20~30℃。较胆怯，易受惊吓，除繁殖期间有领域性外，其余时间与其他鱼均能和平相处。杂食性，喜食水蚤等活饵，也能喂食干饲料。

风水寓意：人生百味，七情俱全。

9. 绿河豚

形态特征：原产于东南亚，最大体长15厘米，是生活在淡水中的河豚的代表品种，体形短小而厚实，整体体表呈绿色，体表上还布满黑色的斑块。

饲养要点：此鱼比较容易饲养，属于杂食性鱼类，可喂食红虫等动物性饲料，也可喂食颗粒性饲料，适宜饲养水温为25℃左右。此鱼脾气很暴躁，常常会咬同种类或其他种类的鱼，因此不宜混养，应选择单独饲养。

风水寓意：攻守相宜，不受人欺。

10. 黄剑

形态特征：原产于墨西哥南部及危地马拉，剑尾鱼的改良品种，最大体长8厘米。纺锤形，体表为黄色。雄鱼体细长，尾鳍会随着年龄而变大，形成棒状的生殖器，尖端有剑状的交接器；雌鱼体短而肥，臀鳍扇形。受惊后喜欢跳跃，弹跳力很强，最好在水族箱顶端加盖板。

饲养要点：杂食性，食量大，可喂食多种人工饲料。性情温和，能与其他鱼混养，适宜水温24~26℃。

风水寓意：剑气逼人，外邪不侵。

11. 玉麒麟

形态特征：原产于非洲，最大体长6厘米。体扁，背部及体侧上半部鳞片为咖啡色，体侧下方有的鳞片浅蓝带绿色。背鳍、尾鳍、腹鳍透明中带黄色，且布有浅蓝色花纹。此鱼成群戏水时，很是壮观。

饲养要点：适宜水温25℃，可接受人工饲

料。此鱼因基因不稳定，所以比较难养，如果饵料、饲养工具和水质不好的话，养出来的鱼鱼体会很黯淡，甚至无法存活。

风水寓意：吉祥瑞兽，护宅安宁。

12. 七彩雷龙

形态特征：原产于印度，最大体长15厘米。属于较小型的雷鱼，此鱼全身色彩斑斓，鳃盖后的鳍呈扇形，游动起来很美，富有细腻的魅力。

饲养要点：此鱼不容易饲养，因其无法适应水质的变化，饲养七彩雷龙的水必须是经过充分过滤的。可喂食红虫、蚯蚓等食物。此鱼性情较为温顺，一般而言，除了小型鱼外，与自身体格相当的鱼种都可以与之一起混养。

风水寓意：先声夺人，力量雄浑。

13. 虎斑恐龙王

形态特征：原产于苏丹，最大体长75厘米。

属大型淡水观赏鱼，身体扁平，以淡灰色为底色，并布有老虎一样的花纹，也因此而得名"虎斑恐龙王"。

饲养要点：此鱼属于肉食性鱼类，自然环境下会食用卷贝或甲壳类，饲养在水族箱中，则要喂以活的饲料，如金鱼。适宜饲养水温25℃，因其体积过大，所以在饲养时应选择较大的水族箱，以便于其活动。

风水寓意：高视阔步，舍我其谁。

14. 黄三角吊

形态特征：原产于太平洋的珊瑚礁海域，最大体长15厘米，呈三角形。幼鱼及成鱼体、头部及各鳍皆一致呈鲜黄色，尾柄棘白色，体侧中央有一偏白色之黄带，当光线昏暗时，鱼体颜色变浅，黄带附近变成浅褐色。

饲养要点：喜食海藻，甚至也喜欢撕咬短的丝状海藻。可喂以动物性浮游生物、藻类及人工专用饲料。适宜水温26℃，相对容易照料，水族箱适应指数高。

风水寓意：应变自如，如影随形。

15. 红闪电神仙

形态特征：原产于大西洋的珊瑚礁海域，最大体长10厘米，棘蝶鱼科海水鱼。幼鱼和成鱼在体色和花纹上并没有太大差异，成鱼体椭圆形，背部轮廓略突出，眼睛靠近身体前方，头部粉红色，身体鲜红色，体表密布黑色圆点，背鳍、臀鳍浅黑色。

饲养要点：饵料有冰冻虾蟹肉、海水鱼颗粒饲料等，也可将附生藻类的石块投入水中，任其啄食。饲养难度小，适宜水温27~28℃。

风水寓意：快捷迅速，先声夺人。

16. 魔鬼鲉

形态特征：原产于印度洋、太平洋的珊瑚礁海域，最大体长35厘米，有橙、黑褐等多种颜色。头扁平，眼睛位于头顶，胸鳍由数十根硬条组成，背鳍由数根硬刺条组成，背鳍后半部分是软鳍条，尾鳍和臀鳍银白色并有黑色圆点。

饲养要点：肉食性，可喂以甲壳类饵料生物，适宜饲养水温26℃。鱼体鳍条有毒，善于伪装，体色能迅速与周围环境一致，不可与小型鱼类混养。

风水寓意：多面人生，暗藏威力。

的纯鱼缸或珊瑚、活石和海藻生态缸。

风水寓意：财神威武，钱银不绝。

18. 纹吊

形态特征：原产于印度洋和太平洋珊瑚礁海域，最大体长40厘米，椭圆形而侧扁，鱼体上半部黄色，下部淡蓝色，头部及体侧有镶黑边的蓝色横纹，上部数条伸达背鳍，腹鳍黄色至橙色而有黑缘，胸鳍淡褐色透明，背鳍和臀鳍黄绿色，尾鳍黑褐。

饲养要点：可喂藻类及人工饲料，适宜水温26℃，有强烈的领域性，通常由一条体型较大的

17. 羽毛关刀

形态特征：原产于印度洋、太平洋的珊瑚礁海域，最大体长18厘米。成鱼体形侧扁，背缘高而隆起，吻部黄色，体银白色，体侧具3条黑色至棕色斜带，背鳍软条部及尾鳍淡黄色，臀鳍软条部有眼点，胸鳍基部及腹鳍黑色。

饲养要点：杂食性，主要以珊瑚虫为食，适合饲养在28℃以下、pH 值8.1~8.4、200L水容量

雄鱼控制界限分明的摄食领地及雌鱼。

风水寓意：自在骄雄，统帅一方。

19. 荷兰凤凰

形态特征：原为七彩凤凰在荷兰改良的品种，最大体长5厘米。淡水观赏鱼，对比七彩凤凰，体型更短、更圆润，颜色没有七彩凤凰艳丽，但也有它独特的魅力。

饲养要点：杂食性，人工饲料和生饵都可以，但要注意活饵要彻底消毒，冰冻的饲料解冻后再喂。适宜水温25~28℃，喜好中性偏酸软水，水质保持清洁。可以成对饲养，也可以饲养单性，可以在水族箱内布置一些水草，光线不必太强。

风水寓意：丰富生机，增添趣意。

20. 红尾玻璃

形态特征：原产于亚马逊河，最大体长6厘

米。近似透明，鱼体银白稍带黄色，可清晰看到骨骼和内脏，鳃盖后缘有一条纵向的银白色带，尾鳍粉红色。

饲养要点：脾气粗暴，经常会招惹比自己体型更小的鱼，在混养时要特别注意，混养时应选择和其体质相当的鱼类。对水质比较敏感，喜欢新鲜的水，所以应经常换洗水，保持水质清洁。杂食性，喜食水蚤等活饵，也能喂食干饲料。

风水寓意：透明示人，不留城府。

21. 宝莲灯

形态特征：原产于南美洲巴西，最大体长5

厘米。脂鲤科属，是热带淡水观赏鱼中的珍品。体侧扁，呈纺锤形，身体上半部有一条蓝绿色带，下方后腹部有一块红色斑纹，全身都带有金属光泽。

饲养要点：性情温和，宜群养，喜欢在水的下层活动。在饲养上有一定的难度，适宜水温24~26℃，弱酸性软水，光照要暗，可以在鱼缸中栽种水草，起到遮光作用。可喂食体型细小的活饵。

风水寓意：身怀宝物，气运提升。

22. 珍珠马甲

形态特征：原产于婆罗洲、马来西亚、泰国，最大体长15厘米。体形优美，呈长椭圆形，侧扁，尾鳍浅叉状。体表以褐色为基色，散布着珍珠状的斑点，因此称为珍珠鱼。从吻端经眼睛至尾基部，有一条黑色纹路，腹鳍为金黄色，呈须状。

饲养要点：性情温顺，能与其他鱼混养，对水质也没有苛刻的要求，容易饲养。喜欢栖息在

浓密的水草中，可喂食线虫、水蚤及人工饲料。

风水寓意：珠光宝气，有助钱银。

23. 剪刀鱼

形态特征：原产于马来西亚、泰国等地，最大体长15厘米。此鱼侧扁，全身为银白色，尾鳍的上下叶均有特殊的黑白相间的斑纹，尾鳍分叉好似一把剪刀，游动时尾鳍的上下叶时开时合，由此而得名。

饲养要点：性情温和，要避免与大鱼和性情凶猛的鱼混养。适合水温20~25℃、弱酸性软水的水族箱。可在水族箱中栽种水草，不仅起到遮光的作用，更有美化环境之功效。

风水寓意：兵分两路，有条不紊。

24. 荷兰菠萝

形态特征：荷兰的改良品种，最大体长20厘米。体态扁平宽大，体色呈浅黄色，头部颜色较

尾鳍的部位，有一条黑线贯穿，故得"黑线鲫"之名。

饲养要点：此鱼比较容易饲养，但对水质的要求比较严格，会受水质变化而影响到健康，应经常换水，但换水时也应多加小心。适宜饲养水温为25℃，可喂食人工薄片、颗粒等饲料，还可在鱼缸中种植一些藻类供其啃食。

风水寓意：目标明确，发展迅速。

深，背鳍的第一根棘上有一垂直的黑色条，鱼体上有淡蓝色的斑点，雌鱼体上斑点较少，颜色也比较淡。

饲养要点：此鱼性情温和，容易饲养，可与其他相同性情的鱼种一起混养。适宜水温为23~28℃，喜欢吃活饵料，饲养时可喂食面包虫、红虫、红线虫等。

风水寓意：外事机警，城府深藏。

26. 红沿三线

形态特征：原产于巴亚玻美河及巴拉圭河水系，雄鱼最大体长6厘米，雌鱼最大体长4.5厘米。成熟的雄鱼体表闪耀着蓝光，背鳍有三条硬棘，背鳍外缘缀着红色，十分美丽，胸鳍基部及臀鳍基部间有细小的黑色斜纹。

25. 黑线鲫

形态特征：原产于东南亚，最大体长8厘米。身形比较瘦小，体表整体呈黄色，从吻部到

饲养要点：属于肉食性鱼类，容易饲养，只要将水质维持在酸性软水，就能把它饲养得体色尽显，十分美丽。可喂以红虫、蚯蚓、小鱼、小虾等动物性饲料。

风水寓意：点缀生活，平凡从容。

27. 反游猫鱼

形态特征：原产于非洲刚果河流域，最大体长6厘米。热带观赏鱼中的珍贵品种，长椭圆形，体表基调色为黄棕色，腹部黄白色，背鳍黑褐色，其余各鳍与体色相似，全身布满不规则的或浅或深的棕色和紫红色斑块。

饲养要点：适宜水温24~26℃，除吃鱼虫等动物性饵料外，还可种植一些菊花草、金鱼藻等软性水草供其啃食。喜在较暗的环境中活动，最好用间接的散射光照明。

风水寓意：逆向思维，静待时机。

28. 豹猫鱼

形态特征：原产于哥伦比亚，最大体长13厘米，属淡水观赏鱼，系小型鲶鱼，全身分布着很多豹点纹，会甩着长胡须在水族箱内游来游去。因其形态似豹似猫，故获得"豹猫鱼"的名号。

饲养要点：可喂食颗粒饲料、红虫等饲料，容易饲养，但换水时要特别小心，因为水温的

变化可能会导致染上白点病，适宜饲养水温为25℃。可在水族箱中种植一些水草供其玩耍。

风水寓意：滑不留手，见缝插针。

29. 熊猫神仙

形态特征：原产于亚马逊河，最大体长15厘米，体扁，圆形。体色银白，头顶和背鳍为金黄色，体表有数个大小不等的黑斑，黑白清晰。背鳍高耸，臀鳍宽大，腹鳍是两根长长的丝鳍。

饲养要点：适宜水温22~26℃，喜弱酸性软水，能和绝大多数鱼类混养，但喜欢啃咬神仙鱼的臀鳍和尾鳍，虽不是致命的攻击，但为了保持

神仙鱼美丽的外形，应尽量避免将神仙鱼和它们一起混养。

风水寓意：万千宠爱，呵护倍至。

30. 蓝万隆

形态特征：原产于三星万隆的改良品种，最大体长15厘米。体表以蓝色为主基色，在鱼的体侧中部一直延伸到尾柄处，有一些黑色的块状斑纹。其体侧有三块极其鲜明的黑色圆斑，一个在鳃盖后，一个在躯部中央，一个在尾柄基部，把鱼体装饰得非常俏丽。

饲养要点：生命力很强，极容易饲养。属杂食性鱼类，可喂食薄片、线蚯蚓、红虫等饵料。适宜水温为25℃，弱酸软性水质。

风水寓意：健康成长，进取岁月。

31. 越南黑叉

形态特征：原产于越南，最大体长20厘米。

鱼体黑里透彩，一般体形比较修长，流线型，背鳍和尾鳍边缘有漂亮的红边。另外还有一种是黑里透蓝即蓝天堂，体形为流线型，鳍的表现力很强，特别是尾鳍展示的时候幅度很广，眼睛和胸鳍透红。有些优秀的品种会很鲜红。

饲养要点：适宜饲养水温25℃，可喂食人工饲料。此鱼生性好斗，因此不适宜与其他的鱼种混养。

风水寓意：五行补水，增添色泽。

32. 七彩神仙鱼

形态特征：原产于南美的亚马逊河，最大体长25厘米。体型有如圆盘，体表有淡蓝、黄色的花纹，对水质的变化特别敏感，水质若出现问题，会造成鱼体的不适，导致鱼体颜色变黑。

饲养要点：适宜水温为20~28℃，喜欢微酸的软水，对水质要求较高。杂食性，喜欢吃红虫及丰年虾等，也可喂食人工饲料，胆子很小，很容易受到惊吓。

风水寓意：灵性多姿，不同凡品。

风水寓意：积极应变，莫测人生。

三、办公风水养鱼实例

办公室的环境常常影响到员工的工作效率和客户对公司的第一印象。从风水学角度来讲，影响办公室环境风水的因素有内部环境和外部环境，我们对外部环境可能无能为力，但对内部环境可以做出改变，但是有的布置已经定型了，短期无法改变，这就需要借助一些其他的方法来改善这种不利局面。

饲养风水鱼即是一个改变环境、扭转运势的有效方法。现在很多公司布置办公场所都会放置个漂亮的鱼缸，既能美化环境，又可彰显品味，还能使员工们怡情悦性。但是很多公司所饲养的鱼种及数目都很随性，其实每一缸搭配得当的鱼儿，都会有着不同的寓意，能对办公室内的气场和能量场产生巨大影响，在扭转运势方面也会催生出意想不到的效果。

以下是我们为大家推荐的几种人气很高的搭配方案，以供大家参考。

33. 豹点蛇

形态特征：原产于南美的亚马逊河，最大体长25厘米，圆盘形，体表有红、蓝色的密集花纹，对水质的变化特别敏感，水质若出现问题，会造成鱼体的不适，导致鱼体颜色变黑。

饲养要点：适宜水温为20~28℃，喜欢微酸的软水，对水质要求较高。喜欢吃红虫及丰年虾，也可以喂食人工饲料，胆子小，很容易受到惊吓，可以在水族箱中种植一些水草，供其休憩玩耍。

1. 威仪四方

● 人气指数　★★★★★

● 鱼只组合　虎头鲨、闪电王子、尖嘴鳄、五彩琴尾鱼、金老虎

● 风水大师精讲　虎头鲨有趋吉避凶、拱卫门庭之效，再加上闪电王子的聪颖机敏和智略超群，一定可以所向披靡，更何况还有尖嘴鳄勇往

直前、义无反顾的精神，你在生意场上可谓是风生水起，步步稳健。即使是稍有阻碍，五彩琴尾鱼的聪敏机敏和乐观愉悦也可为你挽回大局。这组"威仪四方"的鱼缸可放在办公室大厅的前台处，也可以置于会客室，但是都不宜放在太显眼的地方，以免客户看了会产生不自在的感觉。也可在入门处设置一水族台，可抵挡不利之气进入办公场所。

2. 壮志凌云

● 人气指数　★★★★★★

● 鱼只组合　七星刀、虎头鲨、斑马、闪电王子、七彩凤凰

● 风水大师精讲　七星刀威风凛凛的黑白斑点，昭示着雄心壮志，可在水中聚集大量有利的气场。再在水中配置虎虎生风、精气十足的虎头鲨，更是能加强气场的力量。斑马寓意着精气十足的水中龙马，可稳定鱼缸周围环境中的大量气场，闪电王子节节进取的雄姿，更是能为你的办公场所增添一种蓄势加油、积极进取的力量。

在办公环境中摆放这样一缸"壮志凌云"，

无论对普通职员，还是高级管理者，或是老板本人，都有着催人奋进的积极作用。鱼缸周围可放置一些植物来加强气场的聚集，也可吸收鱼缸中释放出的不良气场。

3. 外邪不侵

● 人气指数　★★★★★★

● 鱼只组合　尖嘴鳄、绿河豚、黄剑、玉麒麟、七彩雷龙、虎斑恐龙王

● 风水大师精讲　桀骜不驯的尖嘴鳄绝对不允许外敌侵犯本土，绿河豚也是一副随时准备攻守的备战状态，而虎斑恐龙王舍我其谁的姿态，

更是让外敌胆寒三分。

这缸"外邪不侵"的淡水鱼绝对是护卫办公门庭的最佳选择。即使对手步步紧逼，这缸鱼也能蓄势积聚强有力的风水气场，置于门厅处，更是能严密防守污浊之气。此缸鱼同样也可置于居家环境中，但是切忌放在财神位上，以免冲散了财气。

4. 财权两旺

● 人气指数　★★★★★★

● 鱼只组合　黄三角吊、红闪电神仙、魔鬼鲉、羽毛关刀、纹吊

● 风水大师精讲　黄三角吊遍身的鲜黄色，闪耀着富贵之气，光线昏暗时变成浅褐色，富贵中显出威严和庄重。黄色代表着"财"和"权"，集"财"和"权"于一身，自是不凡。而红闪电神仙，从名字就可猜想其风水寓意，它可令你像闪电一样快速地飞黄腾达，获得权力与财富。再加上魔鬼鲉、羽毛关刀、纹吊的辅助力量，这缸鱼是催生财富和权力的最佳组合。

这缸"财权两旺"的能量场巨大，放置时没

有太多禁忌，摆放在哪里都可以释放其强大的能量场，镇住邪气。

5. 才华横溢

● 人气指数　★★★★

● 鱼只组合　七彩凤凰、荷兰凤凰、红尾玻璃、宝莲灯

● 风水大师精讲　在办公室中养鱼似乎已经成为了时下的一种风气，不仅美化了办公室的环境，让人在愉悦的心情中认真工作，而且还有助于事业以及财运的发展。这组鱼中的荷兰凤凰，色彩艳丽、体态娇小，寓意着勃勃的生机与活力。红尾玻璃因其透明的体色而得名，也因其透明的体色被风水师寓意为"透明示人，不留城府"，在尔虞我诈的商场中，为自己也为别人留一片净土。宝莲灯一直以来就被视为是吉祥之鱼，被称作是"身怀宝物"之鱼。如此之高的评价，加之前面两种鱼的衬托，"才华横溢"这组鱼便成了备受上班一族喜欢的鱼组。

6. 雄心勃勃

● 人气指数 ★★★★★★

● 鱼只组合 珍珠马甲、剪刀鱼、闪电王子、荷兰菠萝

● 风水大师精讲 商场中，谁不希望自己的事业如鱼得水。于是，招财猫、风水鱼等也开始进驻到了办公室中。暂且不说招财猫怎么摆放，我们这里先讲一下办公室该如何养鱼。这组鱼中选用的都是体积比较大的鱼种，寓为"雄心勃勃"之意。在商场中讲的就是这种气势，气压群雄才能让自己在复杂的生意场中独占鳌头。养好这缸鱼，事业的路上顺风更顺水，反之则可能遇到重重阻拦。"雄心勃勃"这组鱼中，都是容易饲养的种类，因此，只要有心饲养，定可保你的事业蒸蒸日上。

7. 游刃有余

● 人气指数 ★★★★★

● 鱼只组合 五彩琴尾鱼、黄剑、黑线鲫、

红沿三线、反游猫鱼

● 风水大师精讲 "游刃有余"这组鱼中选用的都是比较容易饲养的鱼种，其中的"反游猫鱼"，因其性格特征被风水师誉为"逆向思维"的风水之鱼。在商场中打拼，难免会遇到这样或者那样的事情，有些事情是可以马上解决的，但有些事情则比较头疼，这时我们就不可墨守陈规，而应换一个角度去思考问题，这种"逆向思维"的解决方法，很有可能会将你头疼很久的事情马上明朗化。"游刃有余"地养鱼，"游刃有余"地处事。

8. 金玉献礼

● 人气指数 ★★★★

● 鱼只组合 豹猫鱼、熊猫神仙、七彩雷龙、蓝万隆

● 风水大师精讲 在商务领域，讲策略、斗勇谋，纵使能运筹帷幄、深思熟虑，也仍难避免身后冷箭、马失前蹄。有人说，生意场上，一半靠自己，一半靠运气，此话说得有理。熊猫神仙的头顶和背鳍都呈金黄色，是"金玉献

彩，一般体型比较修长，流线型，背鳍和尾鳍边缘有漂亮的红边。红乃风水上的喜色，再加其黑体又可去煞，便是一发千里，势如破竹，声高名望，智谋权力必集于一身。此组"锦绣前程"很适合属猴之人饲养，因猴属相的人善于交际，而此鱼以红带运，能助其呼朋引贵，见山开山，见水引水，若能将鱼好好饲养，鱼在健康生长的同时也可助主人终成大业。

礼"这组鱼中的"财神"，其招财旺运的功效当数第一。试想一下，如果能在风云变幻的商场中，为自己添一缸幸运、招财的鱼组，不失为一个套牢财源的好办法。尤其是在事业转折的关口，和招财风水鱼来一次亲密接触，往往会有意想不到的收获。

10. 财源广进

● 人气指数　★★★★★

● 鱼只组合　刚果扯旗、网球、双线鲫、红招财、地图鱼

9. 锦绣前程

● 人气指数　★★★★★★

● 鱼只组合　越南黑叉、七彩神仙鱼、豹点蛇、剪刀鱼

● 风水大师精讲　越南黑叉的鱼体黑里透

● 风水大师精讲　传统家庭皆希望能够财运亨通、万事如意，而现实中往往有很多羁绊会阻碍这些愿望的实现，所以风水鱼缸正是为了解除这些羁绊而设。

　　刚果扯旗的外表金光灿烂，是镇宅招财的最好鱼只，尤其适合放置于大厅之中；而左右逢源、广受喜爱的网球则可以适度缓解刚果扯旗带

来的强烈视觉冲击，从风水寓意上来说也可以中和过盛的财气，因为财气过度旺盛会冲散住宅内的和谐之气，影响家庭的安定团结，此缸鱼虽名为"财源广进"，但在搭配上极其注意和谐，也是这个道理。

11. 好人平安

● 人气指数　★★★★★

● 鱼只组合　红眼天使、天使、米老鼠、笑猫鱼、黑裙

● 风水大师精讲　虽不能显贵，但求一生平安无灾，是大多数中国人骨子里的愿望，但愿这组"好人平安"能伴你度过安稳惬意的人生。红眼天使是这缸鱼的核心鱼只，红眼天使鳍为红色，眼睛为红色，寓意着鸿运、和谐、平安，能时刻祈祷福运的到来；米老鼠和笑猫鱼的灵活、可爱能为这缸鱼增色不少，加上这两尾鱼灵动多姿，亦能聚集不少变动的能量，危急的关头，这些气场可化解你的不祥之运，使你转危为安。

四、风水养鱼速查表

为了便于大家快速地制定养鱼方案，我们分别从个人属相、职业以及星座方面做了些汇总，大家可从以下表单中快速地找到自己该养什么样的鱼及养多少鱼合适。

1. 属相与风水养鱼

属相	最适宜的颜色	最合适的数目	风水点评
鼠	蓝、黑、白、金	1与6	足智多谋
牛	红、黄	5与10	勤劳致富
虎	绿、蓝、黑	3与8	八面威风
兔	绿、蓝、黑	3与8	捷足先登
龙	红、黄	5与10	福运长存
蛇	绿、红	2与7	循序渐进
马	绿、红	2与7	高瞻远瞩
羊	红、黄	5与10	顾全大局
猴	黄、金	4与9	才智兼备
鸡	黄、金	4与9	天生多福
狗	红、黄	5与10	诚恳正直
猪	蓝、金、白、黑	1与6	大公无私

2. 星座与风水养鱼

星座	最适宜的颜色	最合适的数目	风水点评
白羊座	红色	5	充满希望
金牛座	粉红	6	稳定从容
双子座	黄色	7	反应敏捷
巨蟹座	绿色	2	仁慈内敛
狮子座	金、红、黄	9	热情大方
处女座	灰色	7	力求完美
天秤座	褐色	3	成就共享
天蝎座	紫色、黑色	4	善恶分明
射手座	蓝色座	6	实事求是
摩羯座	黑色、咖啡色	6	四平八稳
水瓶座	金色	2	自我完善
双鱼座	白色	1	包容万象

3. 职业与风水养鱼

职业	最适合的颜色	最合适的数目	风水点评
五金首饰、珠宝首饰、汽车交通、金融银行、机械挖掘、鉴定开采、司法律师、政府官员、职业经理、体育运动	黄、金	4与9	掌握财权
文化出版、报刊杂志、文学艺术、演艺事业、文体用品、辅导教育、花卉种植、蔬菜水果、木材制品、医疗用品、医务人员、宗教人士、纺织制衣、时装设计、文职会计	绿、蓝、黑	3与8	居高声远
保险推销、航海船务、冷冻食品、水产养殖、旅游导购、清洁卫生、马戏魔术、编辑记者、钓鱼器材、灭火消防、贸易运输、餐饮酒楼	蓝、金、白、黑	1与6	开源节流
易燃物品、食用油类、热饮熟食、维修技术、电脑电器、电子烟花、光学眼镜、广告摄录、装饰化妆、灯饰护具、玩具美容	绿、红	2与7	才华横溢
地产建筑、土产畜牧、玉石瓷器、顾问经纪、建筑材料、装饰装修、皮革制品、肉类加工、酒店经营、娱乐场所	红、黄	5与10	稳步攀升

第七章 办公风水 宜 忌

兵法上讲究"天时、地利、人和",三者兼得可得天下。生意场上的竞争也同样可看成战争,如果能够掌握好这三项要决,那么在生意场上自然可以稳操胜算,游刃有余。在这三者中,我们天天所处的办公室就是地利,这地利就是风水,这是我们可选择和改造的。而在改造的过程中,一些风水上的细节尤其需要注意,因为这些细节性问题足以影响我们整体的风水,从而影响到公司的经营及个人的发展前景。

一、办公风水之宜

宜 办公楼的外形宜方正

办公大楼的外形最好设计成方正的样式,以方正形或略长的长方形格局为佳。方正的办公楼令公司运势平稳,工作人员在里面也较有安全感。假如办公楼形状不正或有其他缺陷,都为不吉,不建议选用,否则会有不良的风水影响。但以一个格局方正的房子来作为办公室或店铺,也必须注意前方的视野,若视野开阔才能称得上"吉相"。

宜 办公楼宜前窄后宽

办公楼前窄后宽是代表旺盛的格局,也代表路越走越宽。此种布局可享天时地利之宝贵机运。如某镇镇政府的一栋办公楼,自从1995年重建之后,布局前窄后宽、雄伟壮观,颇有藏龙卧虎之气势。此后,在此楼内工作的大部分人都得到了较好的提升,仕途光明,可以说与其布局有着很大的关系。

宜 工厂后方宜有高地

工厂若坐山当令,则为有靠;若向星当令,则为有气;处于这种旺山旺向,工厂才能人丁兴旺,财源广进。也就是说工厂后面若为高地、或有楼房,工厂的大门方向有水(河流、路),地势较开阔、低平,或是停车场、公园、广场等,此类工厂皆为明堂开阔,财路如潮之局。

宜 工厂宜在交通便利处

工厂在选址的时候就应该注意,附近的建筑物是否协调,而且地段要良好,交通要便利。只有交通便利,原材料的运输以及产品的输送,才能快捷高效。另外风水上"水主财",而道路又为虚水,只有临近大道才可吸纳财气、财源广进。

宜 办公楼门厅宜宽敞明亮

门厅是给来访者的第一印象,大公司的办公楼一般都设置有豪华的门厅和服务台;小公司

若没有门厅，则可在门的当运旺位放置一个较高的固定式屏风，使门口形成一个门厅。屏风可使气口转向旺位，这样便可以接纳到旺气。设立迎客的门面门厅，就如同伸出双手来拥抱来者，表示了一种热诚，还可利用入口的光线，来吸纳旺气。进门的门厅如果给人以压迫感，则表示员工的心态不正，员工流动性会很大，比较无法留得住，必须将门厅改成宽敞明亮的格局。

宜 办公楼前宜设圆形水池

传统风水学中，水一般代表"财"。"水"安排得恰当与否，和公司的财富也有密切关系。办公楼前所设的池塘称为风水池，风水池的形状对办公室的运势吉凶有至关重要的影响。圆的形状能够藏风聚气，水池要设计成圆形，形状圆满，圆心微微突起，以增加办公环境的清新感和舒适感。水池设计成圆形不易有犄角旮旯隐藏污垢，也比较容易清洁。如果办公楼前没有水池，则可在大堂设水池。

宜 办公楼大门宜有绿化植物

办公场所的风水受大门和窗户的影响很大，因为大门是住宅的气口，是连接办公楼与外界的咽喉，也是房主因势利导、趋吉避凶的首要屏障。大门前宜宽敞、明亮，有利于保持良好的风水和光线。良好的绿化环境能给办公楼带来好的气场，也能给出入办公楼的人带来视觉上的美感。绿化植物不可有藤缠树，也不可正对着大树或枯树，这样不仅会阻挡阳气的进入，也会加重阴气，不利健康和财运。

宜 办公室宜远离玻璃幕墙

如果办公室位于玻璃幕墙对面，受到了反射光的照射，则形成了反光煞。首先在玻璃幕墙的影射下办公，会产生一种压抑的感觉。其次阳光反射，形成光污染，令办公室温度有异于常温，生活规律被打乱，对人体健康非常不利。试想如果每天在对面的玻璃幕墙上见到自己被扭曲的倒影，则感觉必是十分难受，工作生活深受影响。一般反光煞的化解，可在玻璃窗贴上半透明的磨砂胶纸，再把明咒葫芦两串放在窗边左右角，加上一个木葫芦，则能化解普通的反光煞。如果反光较弱者就不必加木葫芦，反光强的建议安放两串五帝古钱，再配以白玉明咒，便可减少反光煞的负面影响。

宜 办公楼附近最好有"竹"

苏东坡云："宁可食无肉，不可居无竹。"竹高雅脱俗，无惧东南西北风、四季常青，更可以成为住宅的风水防护林。因为竹青葱脱俗，是平安的象征，故世俗有"竹报平安"之说，有"生旺"之效。如果外部有不良的煞气，竹可以起到化煞的作用。"阳宅大全"亦有这样的记载："住宅四畔竹木青翠，运财！"在办公楼附近种竹，或在办公室摆放开运竹盆栽，可以起到招财开运的效果。

宜 办公楼宜远离立交桥

立交桥交叉口的正对处好像剪刀口，办公楼不宜选在此处，容易犯"剪刀煞"。如果将其

建在跟立交桥同高处，且跟立交桥弧形的方位正对，则好似一把弯刀迎面来。解决方法：可以在楼前的门店摆对石狮挡煞，或者加设一扇屏风，或者将门的入口改到侧面，以挡住和避开大路迎面而来的风尘。

立交桥对建筑物的风水有着极大的冲击，对人的身心健康及财运不利。建筑物若被立交桥包围，相对之下则建筑物的高度被压制，周围发展的视野及气脉均被隔断，发展前景不容乐观。而且立交桥为交通要道，车辆往来，噪音极大，空气质量不佳，常有交通事故发生，会极大地影响居住心态。建筑物若建在交叉的大道旁，则向外发展的气势会被拦腰截断。

现代都市因为人多车多，原有的道路空间往往不够使用。如果过多地为行人建造高架桥、地下通道，为车辆建高架桥等，不但对都市景观

有影响，对处在两旁的房屋也会产生风水效应，直接影响到居住者或办公人员的吉凶祸福。高架桥通常横跨于马路或流水的两边，让行人从桥上通过，这种桥往往会冲到两边的商家或住宅，造成风水上的桥冲，无论对住家、办公或商店皆不利。虽然经常可以见到桥上人来人往，但是商家的生意仍做不起来，因为桥冲会形成煞气的进入，导致气动频繁，使旺气无法聚集；只要有高架桥的地方，这种现象到处可见，商家开店或办公室选址最好能避开此处。如果不得己，可在煞方摆放鱼缸或做水池，当然最好能聘请专业人士指点。跨河桥梁的桥头两边，通常都是交通的瓶颈处，场面混乱，废气排放过多，对健康、事业都有不利的影响，自然不利办公、经商或住家。如果想要大展鸿图，建议改迁别处。

宜 办公楼宜远离垃圾站

办公大楼的风水与周围的环境密不可分，如果附近十分脏乱，会使人心情不好，秽气也会冲乱办公大楼内的运势，给周边的商铺带来不良影响。如果附近有垃圾站，按照佛教的观点，灵体喜欢聚集在阴森及有臭味的地方，所以如果办公楼附近有垃圾站，则容易有灵体入屋，导致楼内职员的精神出现问题，影响公司整体运势。办公场所是一家企业、公司的颜面，垃圾站散发着令人难受的味道，如每天对着垃圾站，既给人脏乱的感觉，又会影响形象，自然对业务不利，也影响员工的身体健康和工作状态。

化解的办法是在大门口安装一盏红色的长明灯。

宜 办公楼前方宜光线明亮

选择办公楼的地理条件，首选方位是坐北朝南，这样办公楼内的阳光会非常充足。其次是店面或办公楼的正前方必须要明亮，不能有高楼、大树等障碍物，否则就会挡住公司的财路和运势。楼内有充足的光线，代表阳气聚集，自然风生水起。当然，如果光线太过强烈，也会令人感到不舒服。

宜 办公空间窗外宜开阔

办公风水中称窗的前方为"朱雀"，又称"明堂"，很多的风水人士都会以窗外为明堂位。我们以办公室内开得最多的窗的一方为向，因为窗是光线能够透射进来的入口，而光线是属"阳气"，故办公室的向是以阳为向。找到了办公室的向之后，站在窗前向外望，开阔的视野、

美丽的风景都会令人心情愉快。如窗外有水池、泳池、公园、球场、停车场、环抱路、大海等，就属于明堂吉利。

窗前见水，视为明堂水，可使财运加强，选择这类楼宇作办公室，业务更加旺盛。若窗前空旷但不见水，视为明堂宽阔，从八卦的角度而言，办公室正前方为明堂位，正属于离位，离卦在八卦中乃事业的象征。因此明堂，亦即办公室正前方的位置，直接关系到这个公司的前程。如果办公室的明堂狭窄，则象征公司前途有限，阻碍众多，难以发展。反之，如果办公室的内外明堂均开阔清幽，则代表这家公司或这个单位，前程似锦，事业顺利。

宜 办公室通道宜通畅

办公室的通道畅通，则象征公司的运程顺畅。但有些办公人员经常会摆设一些杂物在通道

上，给日常生活带来诸多不便。此种情况象征公司运势窘困、财源阻塞、沟通不良、行事费力，严重者会影响事业的发展。走廊作为连接办公楼间的通道，作用也非常大；但是办公楼的走廊只宜局部设置，不可贯穿全屋而将其分为两半，否则也是凶相。

宜 办公楼宜左高右低

地理风水有"宁可青龙高千丈，不宜白虎乱抬头"之说，其中"青龙"为左方，"白虎"为右方。从风水角度来讲，办公室向前方望过去，最好是左边的物体高于右边的物体。同时，左前方的建筑物宜略高于右前方的建筑物，因这表示整个办公室的气运往正面发展，从而诸事吉祥、万事如意。反之，如果右边"白虎"方高于左边的"青龙方"，则往往会有恶人当道、好人遭殃、好事落空等不良现象发生，这种现象为犯白虎煞。

化解方法：在受冲煞位置的墙边放置两串五帝钱，如果此方位同时犯流年凶星煞，则要放上一对麟麟和佛教大明咒葫芦。

宜 办公室的楼梯宜靠墙而立

楼梯一般分为螺旋梯、斜梯，折梯三种类型，楼梯一般宜靠墙设立，这样既节省了现今寸金寸土的空间资源，又避免了一些风水问题的产生。楼梯的第一个台阶位置在房屋中心还无大碍，如果楼梯尽头的平台是办公室的中心点，则是大凶的格局。

射、直入直出的风煞，需要加以避免。而缓慢的气流在办公室或家居中是必不可少的，可以利用屏风或照壁来阻挡风势，从而积蓄办公室内的气。通风一般是采用自然通风，利用空气的自然流动达到通风换气的目的，较经济实用。现在办公室内一般安装了中央空调，往往自己不能开窗换气；事实上，人在换气量不够的办公室里工作，往往头昏脑胀，很难保持好的工作状态，就更谈不上为公司创造多少利润了。

宜 办公空间宜合理使用

公司办公空间一般面积很大，但是经常会有部分空间没有加以利用，出现空闲方位。空闲方位是代表客户群的位置，会造成公司的产品或服务不被市场认可，导致长时间的门庭冷落。在租用或购买空间时一定要适量，并且要合理地安排内部的分配，大而散的公司布局会带来很多隐患。

宜 办公室内宜通风

办公室的布局与家居一样，除了要注意采光外，还应尽可能的创造条件以保障适度的通风，而良好的通风可以帮助保持办公室的整洁舒畅。风水上虽然讲究藏风聚气，但主要是针对一些对人体有危害或风速较大的风，这些都是直冲、直

宜 办公室开窗的方位宜与五行相生

窗的形状、方位与五行相关，运用得当，会有助于加强办公室能量的吸收，增加工作人员的活力。现代的五行对应的形状如下：金形——圆、木形——长、水形——曲、火形——尖、土形——方。直长形窗属木形窗，其最适合的方位是住宅的东、南与东南部，它能使办公室的外立面产生一种向上的速度感，亦会对公司产生进步和蓬勃发展的气氛。正方形和长方型窗属土型窗，其最佳的位置是办公室的南、西南、西、西北或东北部，它能使办公室的外立面产生一种较安定稳重的感觉，亦会使公司产生平稳踏实的气氛。圆形或拱形的窗户属金型窗，设置在办公室的西南、西、西北、北与东北最为适用。它能使办公室的外立面产生一定的吸引力，亦会使公司产生团结的气氛。

宜 办公桌宜靠墙摆放

办公桌的摆放要注意后方要有靠，这样才有利于办公人员的事业，办公室里所谓的"靠

宜 办公桌大小宜适中

办公室内办公桌的大小宜适中，过小则不够放置常用的办公用品，也没有空余的位置来进行工作。办公桌也不宜过大，要合理利用办公桌上的空间。一些最常用的物品，如电话、文具盒、便笺等，应该放在不必起身就可以拿到的地方。办公桌上应尽可能少放东西，桌上所放的东西应以够用为度。另外，领导的办公桌要比员工大，如此才为正确；如果不够大的话，要在旁边安置几个柜子，来增加气势，如此才能够顺利地指挥员工。

山"就是一堵墙壁，座位要尽量靠近墙壁，墙壁与座位之间最好不要留太多的空间。如果后方是走道，办公会比较不安稳，使人心神不宁。后方可以是墙壁，或配置桌子、矮柜都可以。坐在办公桌之后的人要有墙一类的凭靠。避免办公桌后有多余的空虚，主要是为了使坐在办公桌办理商务的经商者，减少来自身背后的空虚和不踏实之感，增加可靠性。

宜 座位前方宜有一定的空间

办公室的座位前方不能紧贴墙壁，宜保留一定的空间与距离，否则办公的时候就会像"面壁思过"一样。人的眼睛长在前面，就是要捕捉比较多的信息；如果座位太贴近墙面，而看不见四周的人或物，会造成潜意识的不安，导致无法专心工作。墙壁一片空白，会使眼睛的缓冲区不够，也会影响到人的视力。

宜 办公桌宜远离水龙头

风水上认为水即财，水本身能聚气，也能扰乱磁场。有水出来的地方，就会影响到整个办公室的气场。长期坐在水龙头旁的人，会有神经系统失调或运势反复的现象。办公室的主管、负责人旁边有水龙头的话，公司还会出现财务上的问题，除非其座位后方有牢固的靠山，否则最好是避开。

宜 办公桌面布置宜左高右低

书云："宁可青龙高一丈，不可白虎高一寸，"青龙位（左边）要比白虎位（右边）高是风水学里铁的定律。所以，我们在布置办公桌的桌面时，要注意将文件夹、台灯、显示器等放在青龙位（左边），将鼠标、笔筒等小物品放在白虎位（右边）。这种摆放方式既符合风水之道，又方便日常使用。因为鼠标、笔都是要用右手来操作的，放在右边更方便使用。

宜 座位旁边的出入通道宜畅通

办公室座位旁边的出入口代表对外的联络管道，所以座位的出入线不宜摆太多阻碍物。如果在出入线摆设太多大型物品，走路时就常常要左躲右闪，久而久之，心理上会有些不舒服。这种心理煞会导致工作和人际关系不很顺利。

宜 办公室金库宜设隐藏处

办公室金库是公司藏金聚气之处所，是极为秘密的场地，亦是个人储藏隐私的地方。有的办公室如财务室，每天都会有现金的收入，所以最好将金库安置在隐秘之处，这样较不易破财。在靠近金库、保险柜或店面的收银台之处，摆设关帝君、钟馗、达摩或护法金刚等摆件，有挡煞招

财的功效。另外，金库的方位应配合工作人员的属相，做最妥当的搭配。

宜 办公室宜设玄关挡煞

一般的玄关服务台最好是面对大门，不宜设在入门的侧方，因为侧方无法挡住外来的杂气。若玄关处没有设置服务台，最好在玄关处摆设圆形花瓶，以圆形之物来导气而入；如同一个马达在打水般，能助入口通行。玄关布置忌太过凌乱，会使得公司杂乱无章法。不要将镜子设置于玄关照射，国家机关设置玄关镜有明镜高悬、吸纳吉气之意，但在公司则有排斥客人之意。

宜 办公室的颜色宜上轻下重

办公室颜色的布局是有讲究的，一般来说，地板的颜色重于墙壁，而墙壁的颜色重于天花板。如果天花板的颜色比地板深，很容易形成上重下轻、天翻地覆的格局，象征公司上下不和睦，使领导管理困难。天花板的颜色较地板的颜色浅，上轻下重，这才是正常之象。所以办公楼的天花板色调宜选用淡雅的颜色，而地面则应选择较重于天花板的颜色。

宜 办公室颜色宜按工作性质设计

在办公环境里，颜色的运用会对工作的效率产生很大的影响。办公室职员的工作性质是设计色彩时需要考虑的因素。如果是要求工作人员细心、踏实工作的办公室，如科研机构，要使用清淡的颜色；如果是需要工作人员思维活跃，经常

互相讨论的办公室，如创意策划部门，则要使用明亮、鲜艳、跳跃的颜色来作为点缀，以激发工作人员的想象力。

宜 办公室宜有"水"

风水学认为办公室临水可以增加赚钱的速度。在都市里面不可能有真的河流，所以汽车人潮就是水。在大楼办公室里面的座位要顺着车和人的方向来坐，如果没有靠近大马路，办公室座位靠着楼的后面或里面的，通常都是主管或者老板的位置；这时座位的前面可以挂一幅山水画，让水往自己的方向流过来，就是迎着水。如果在没有别人的办公室，就准备一个装有水的杯子，并且在里面放上有圆圈的玻璃球，每天进办公室时添一点水即可，这代表水向自己的方向流，有助于增加事业运。

宜 办公室宜采光充足

办公室光线的明暗度，与整体事业的成败都有绝对的关系。办公室宜采光充足、明亮宜人，如此业绩方能蒸蒸日上，使得好人出头、赏罚分明，员工们能发挥所长、负责尽心。反之，阴暗的办公室，则往往会带来阻碍与不顺的运势，使得公司小人当道，员工们士气低落。

宜 偏行行业的办公室宜摆放貔貅

貔貅是一种瑞兽，在风水中一般用来驱邪、挡煞、镇宅，其作用是毋庸置疑的。相传貔貅是龙的第九子，以金银财宝为食，而又没有排泄器

官，财宝只进不出，故又可作为招财之物。貔貅在五行风水中带火性，可招来大量的金钱，打开世间财源。在家宅或办公室的适当位置放置貔貅，可收旺财之效。一般做偏行的人都认为貔貅是可以旺偏财的，所以他们都会在公司或营业地方摆放一只貔貅，属偏行的行业有外汇、股票、金融、赛马、期货等。

宜 竞争性行业办公室宜挂牛角饰物

从事竞争性的行业，如律师的办公室，宜挂牛角的饰物。因为从事律师工作的人士，都是带怀疑眼光看待一切事物，并喜欢钻牛角尖，同时也因为这个行业竞争性大，摆设牛角饰物，象征着斗胜与辟邪。

宜 办公室宜摆"三羊开泰"

"三羊开泰"象征大吉大利、招财开运，可在办公桌上安放"三羊开泰"，其最佳安放位置是正对公司门口和办公桌，头朝外即可。但属鼠、属狗和属牛的人不适合摆放羊的摆件，因鼠与羊是相害，牛与羊是相冲。

宜 办公人员宜用钱币催运

由于办公室内人来人往，所以不太好布置过于复杂的催官局，用钱币催运是不错的选择。准备好3个古钱、3张20元钞票、3张50元钞票、3张100元钞票，把这些钱聚拢，然后在一张红纸上面写上个人的生肖属相，与钱放在一起，用红纸袋包好，并且在纸袋上写上"招四方财"。如果是从事业务工作的人，则要准备两包，一包放在办公室的桌内，一包随身带在身上；不论是坐飞机，还是坐船、坐火车，都有保平安的效果。

宜 办公室门厅宜挂吉祥字画

在办公室门厅入口的位置，若能在其墙上挂上吉祥字画，必能给楼内的公司带来祥和之气或招财之兆。所挂字画一般以招财进宝、太平有象等风水吉祥画为吉。

宜 五行缺木者办公室宜多摆盆景

在办公室内适当地摆放一些叶片大的、绿意浓浓的盆景，能够增加生气、净化空气，还有化煞、挡灾之功效。盆景在五行中属木，如果公司

负责人五行缺木的话，则可多放置一些盆景来补充木的能量。哪些是放置盆景的理想位置？一般说来在财位最好摆放一盆万年青或富贵竹，而负责人的办公室也应在天医方位放置水晶或单数的富贵竹，或者在大门口的龙边（左边）放置一盆带土的绿色植物。

宜 办公室植物宜茂盛

办公室摆放着的郁郁葱葱、生机盎然的盆栽，除了可以愉悦感官外，更重要的是，盆栽会在这个相对独立的空间里形成一个充满生气的气

场，增加欣欣向荣的气氛。这种状态会漫延至整个办公空间，从而增强公司的财运，无形中为公司增旺。

对于办公室植物要小心呵护，切勿以为只要布置了就可以坐收其利。因为植物的生长代表整个办公室的运势，如果发现有花枝枯萎，应尽快修剪、及时打理。

宜 办公室宜摆盆栽柑橘

"桔"与"吉"谐音，象征吉祥。桔果实色泽金红，充满喜庆，盆栽柑橘是南方人新春时节办公空间、商业空间以及居家空间的重要摆设饰品，而橘叶更有疏肝解郁功能，能为家庭带来欢乐。柑橘是一种喜阳植物，一般摆放在室内，不需要太多打理，都能存活。最关键是要保持湿润，一般每天须浇水一次。

宜 招贵人宜将办公桌摆在天医位

许多经营者虽为公司之主，但在致力于公司业务时，却事无巨细，经常要亲力亲为。需要自己独力承担解决许多问题，却没有他人的助力，此之谓为缺乏贵人命。

在八宅风水中，生气星为财星，而天医星却属于贵人星；只有办公室的大门开在生气星的财位，办公桌在天医星贵人位，才与贵人兼得，会招致贵人出现来帮助自己；或者将办公电话摆放在自己命卦的天医方位，都可以招贵人来相助。有贵人相助的领导者，在公司需要资金时，便会出现其他合作者入股或者轻易得到资助如银行贷款等；在需要技术支持时，便出现各种技术人员

来应聘；需要职员加班时，职员会效尽全力，且无半句怨言。

宜 电脑旁边宜放水杯

在现代社会里，电脑是办公室内不可缺少的工具。由于电脑属金，如果办公室内的电脑数量过多，会令人变得脾气暴躁，思绪紊乱，也无法集中精神专注地工作。

化解方法：可以利用五行的相生相克，在电脑桌旁摆设一个透明或白色的水杯，并注入六分水。因为水有助泄去金气，所以在此摆放水会令

人头脑清晰，疏解暴躁的情绪。为免太过刻意，也可用平时饮水的杯子，每次喝剩六分放在此处，或者在电脑上摆放白色圆形水晶。

宜 业务人员宜坐在办公室的旺位

业务人员是公司拓展事业的先锋，需要直接面对顾客，代表着公司的形象，且时常要与客户"狭路相逢"，必须要保持旺盛的精力，才能战斗在最前线。通常业务人员的办公位置，应该安排在公司进门口附近的位置上；而业务人员的坐向，则应在面对门口方向或迎面为门口的来路，以能迎向入门的顾客为原则，一方面表示欢迎之意，另一方面也可以迎纳旺气，当然门的位置和方向最好也是旺运，这样每天汇集生气，每个人都有旺盛的精力开展业务，公司自然就财源广进了。

宜 办公室财位宜摆吉祥物

财位有明财位和暗财位之分，其分法是要依房子的坐向来决定。在财位上摆放吉祥物，更能提升财运，依八宅紫白飞星，取生旺方即是。如坎宅（坐北向南），财位在西南方、正北方。离宅（坐南向北），财位在东北方与正南方。震宅（坐东向西），财位在正东方、正北方。兑宅（坐西向东），财位在正南方、西北方、东南方。巽宅（坐东南向西北），财位在西南方、东南方。乾宅（坐西北朝东南），财位在正西方、西北方、正北方。坤宅（坐西南朝东北），财位在正东方、西南方。艮宅（坐东北朝西南），财位在西北方、东北方。如果大门正好是在暗财位，则财源较多。亦可在财位上摆放音响、钢琴、敲动财星，增加财源。

宜 办公室宜少用金属制品

现代办公楼大都是使用中央空调系统，而办公室内用塑料屏风做隔间，也流行使用铁柜、金属办公桌，并配合电脑、传真机、影印机等多种事务机器，使得室内金属制品很多。其实这种办公室布局很不健康，因为金属制品易导电及感应磁场，使室内磁场变得很杂乱，容易干扰脑波、使身体不适，对工作就会有影响，如是家居式办公就应该尽量减少使用金属制品。

宜 办公室宜按主次顺序布局

任何事情都有主次轻重之分，办公室风水的布局也不例外。

办公风水中，最为重要的是一把手的办公桌位置及方向，因为一把手的综合状况，影响着企业的整体发展趋势，如火车头，带动着企业车身、车尾的运行方向与速度。

其次要考虑的是财务、收银保险柜之位置，因为企业办公室之财务会计、收银、保险柜实为企业的"活财神"；现金及账务实为企业的经济命脉，企业的盈亏与"活财神"息息相关。与"活财神"基本作用一致的是"文武财神"塑像，何处放文财神，何处放武财神，要依企业的具体位置及具体情况而定。

再次，要考虑重要部门负责人的办公桌位置，处于重要位置的负责人，为了发挥其积极作用，其位置亦不可忽视。

宜 领导者办公室宜显庄重

作为领导者，其办公场所必须达到这个境界，才有助于加强个人的权威性和防卫性。领导者的办公室在风水上属于公司的核心，所以马虎不得，必须构筑严肃的心理场。门与办公台的

距离必须最大化，使尺度扩张，增加个人领域空间，房间体量应通过装修及灯光布置放至最大。办公家具应颜色统一，布置不能花哨，路径宽阔，增加严肃性，空间序列应有节奏，不然领导者就没有权威感。

宜 领导者宜坐高

据《青囊经》，"龙为君道，砂为臣道；君必位乎上，臣必伏乎下"。所以领导者所坐地面水平最好高过大门水平面。以巍峨俯视的角度，

更增加领导者的优越感，不管对内对外均可产生威严的气势。

宜 宜座后有靠山

从风水学的角度来看，好风水的第一大原则是"山环水抱"，也就是说背后有依靠，可旺人，前面有水来环绕，可旺财。所以座位背后必须要有靠山才有利于工作者的事业，办公室里的所谓"靠山"就是一堵墙壁，座位要尽量靠着墙壁，墙壁与座位之间最好不要留太多的空间。

宜 领导者座位宜体现择中意识

办公桌须放置于办公室后半部几何中轴线上，体现光明正大和居中为尊的意识。

二、办公风水之忌

忌 办公楼忌有缺角

所谓的缺角，是指建筑物的一个方向有缺陷，而呈现出凹入的部分。办公楼凹入的部分越大，运气越差。办公楼的平面上，若南北两方皆有缺角或凹入，代表会官司不断、灾病连连。若是户型的东西两方皆有缺角或凹入，虽无大祸，但象征经营者和职员庸碌平凡，有志难伸，难有大成就，所以此类户型也不宜选择。

忌 员工宿舍忌高过厂房

厂房是公司的主要生产场地，员工宿舍是供员工休息、住宿的地方。厂房为主，员工宿舍为辅，所以员工的宿舍要低于工厂的楼房，食堂等

生活设施的布局也宜低于厂房，而且要离宿舍和工厂的位置较近，方便员工日常生活。卫生间设在工厂的绝命、五鬼方位，以镇住凶位。这样才可保平安，使经济效益好，工厂不发生事故。

忌 办公楼的大门忌路冲

办公楼的大门如果正对着一条直路，则犯了"枪煞"。枪煞是一种无形的气，所谓"一条直路一条枪"，直路有如长枪般向着自己直冲而来，大凶，此处办公楼内的员工健康会日渐恶化。如果一条直路不冲前门而直冲后背，则为冲背煞，象征楼内职员多小人是非，无论工作如何勤奋努力，也难以得到上司的赏识。

忌 办公楼大楼忌对岔路

如果从办公室一出门，就对着这两条岔路，称为"隔角煞"，"隔角煞"属于尖锐的矛盾，冲入门内，十分不吉，这种交叉的气场会影响到公司领导人的决策能力和判断力。

忌 办公楼大门忌对屋角

办公楼大门不可正对其他房屋的屋角。从心理学上讲，一半是墙壁，一半是天空，会产生被切成两半的不良感觉。从气场来分析，门口一半的气流完全失衡，形成不好的格局。若是无法避免大门正对着屋角，最好的改动方法是将大门略向龙边移动；若是大门无法移动，则不妨稍改一下大门的角度，让它与屋角偏离10度至20度为宜。

忌 办公楼前水池忌有尖角

如果将办公楼的水池设计成方形、梯形、沟形等长沟型，这种格局在设计学上被称为"汤胸弧形"，容易积聚秽气，使办公人员易患肺部的疾病。尖角如果正对大门，因光的作用使水面反光反射办公室内，也不利办公人员的健康问题。

忌 办公楼的中庭忌有大树

很多大厦都有挑高的中庭空间，一般会在进门处设置一个小水池、假山、喷池等。中庭的绿化有一定的讲究。传统风水学认为，如果在中庭中央的位置上种植树木，会形成一个"困"字局，影响人的运势。有一种说法是"大树容易招灵"，也就是灵界之气特别喜欢聚集于树阴下。现在有的楼盘，窗边出现许多树木。如屋主本身忌木，则不宜入住这一类住宅。

忌 办公楼忌正对人行道出入口

人行道两头的出入口处会产生不良的风水影响。如果办公场所、商铺或住宅正对着人行道的出入口，形成一个大洞，犹如白虎开口，就会非常不利，尤其对女性的健康不利。人行道两头流动的人员多，空气污浊，不适宜用作办公室，否则对事业发展会有阻碍，也会影响公司业务的开展。假如办公楼正对人行道的出入口，建议利用鱼缸、水池或植栽树木阻挡其煞气，也可以放置泰山石敢当或石狮子挡煞。

忌 办公楼忌对停车场入口

一般停车场的入口气场较混乱，如果办公场所设地下停车场的入口，更为不宜。地下停车场的气会下泻，如果办公室靠近停车场的入口，就难以聚气，公司也很难获得发展。

忌 办公楼附近忌有烟囱

烟囱是专为焚烧排废而设的，形体虽然耸直如笔，但其顶部喷出的却是炽热、污浊的烟雾。风水学古籍《阳宅撮要》中有"烟囱对床主难产"之说，由此可知烟囱对健康有损。撇开风水不谈，单从环境卫生的角度来说，烟囱密集的地方，会喷出大量的浓烟和火屑，非常不利健康。烟囱正对办公大楼前，为冲天煞。如果是三条烟囱并排，寓意为插在香炉上的三支香。如果大厦犯此煞，预示经营者身体多病，企业运气反复。

化解方法：在窗门位置挂一个凸镜，凸镜后方粘上五帝古钱。凸镜有化煞的功效，而五帝钱

可将凸镜的功效提高，因为五帝钱得天、人、地三气，故有此功效。但要注意，五帝钱要用真的古钱才有效，仿制的古钱效力甚微。

忌 办公楼前忌有怪石

办公楼前怪石突起，给人以嶙峋之感，还会给人的心理上产生压抑感。其实风水主要也讲究人们的心理状态。如果为了装修的另类，将另类的怪石摆在办公楼前，则表示业主会有血光之灾，办公楼的公司容易被盗窃，员工也容易做违法的事。

化解方法：在办公楼的门、窗前摆设石头所制的狮子来震慑此煞。

忌 办公楼忌在加油站附近

加油站常为火灾之隐患，车辆往来，噪音大，住宅环境质量也较差。按照五行相克来说，油属火，而现代办公楼多是由钢筋、混凝土建成，钢筋属金，火能克金。所以，办公楼一定要避免靠近加油站。

忌 办公室的门窗忌正对招牌

如果办公楼的大门、窗正对着一个大招牌，招牌犹如菜刀的刀身，称为天刀煞。通常只有在较低的楼层才会犯此煞。若犯此煞，则有如刀斩过，象征员工身体多病，或公司多是非。

忌 办公楼忌割脚煞

办公楼的割脚煞在市中心不多见，多数在郊外山边或海边的办公楼。既然为"割脚"，从形势上来说，即是水的形状如同镰刀一样，或者象被刀在脚上割了一下。割脚水（煞）是指办公楼接近水边。水有迫近厦或房屋的感觉，当运者就

要利用这段时间进取，努力发展、能招财，但因受"割脚煞"的影响，发展时间难以长久。割脚煞的化解没有固定的方法，因为它的特点是运气反复；当运时大富大贵，失运时一落千丈。

化解方法：可在旺位安放白玉，但旺位每年有变，所以特别要留意。

忌 办公楼忌中央开天窗

有的办公楼的面积较大，或者办公楼的三面无法采光，于是设计师会在办公楼的中央设计一扇采光的天窗，这其实是建筑师不考虑风水而犯下的大错误。办公楼是绝对不可以在中央位置设置天窗的，在办公楼的中央开设天窗，就如同一个人的心脏瓣膜有问题，会导致楼内工作之人的健康出现问题，影响事业和财运。即使不得不在中央开天窗，也不可开得太大，否则阳刚之气太过旺盛，物极必反，易给公司带来不利的风水影响。

忌 办公楼忌近宗教建筑

在风水学上，神前庙后都属于孤煞之地，所以在住宅附近有寺院、教堂等一些宗教场所都是不好的。教堂的钟声会影响到日常办公，同时，宗教建筑阴气较重，会令附近的气场或能量受到干扰而影响人的生态环境。办公场所设在宗教建筑物附近，主业务难以开展，员工性格易走极端；或冲动易怒，或软弱善良，常被人欺负。

忌 办公楼忌对变电站或高压电塔

变电站或高压电塔属火，对磁场的影响最大，对人脑及心脏、血液的影响也最大。如果居所附近有变电站或高压电塔，工作人员的健康则容易出问题，如心脏病、心血管疾病等，对大脑也有一定的影响，另外，人容易冲动，所以做事易出错，员工内部不团结，客户不稳定。大门前面不可有高长旗杆，也不可正对电线杆或交通信号灯杆，否则，无形中会影响人们的脑神经及心脏。

忌 办公楼忌对"天斩煞"

天斩煞是指两栋高楼大厦之间狭窄的空隙，空隙愈窄长便愈凶，但如果在其背后有另一建筑物填补空隙则无妨。办公大楼的前方应该尽量开阔，如果正好面对两栋大楼中间的空隙，这在风水上称为"狭路相逢"，为天斩煞，破坏力极强，象征公司、企业竞争激烈，事业不顺，员工不稳定。

忌 办公楼忌近风月场所

办公室的位置宜远离风月场所，因风月场所属偏门行业，煞气极重，也是藏污纳垢之地，尤其因其经营模式多为夜间活动，会导致阴气过重。再说，办公室设在这类场所附近，会使员工精力分散，工作效率低下，不利于工作的开展。如果你的办公室靠近这类经营场所，可以养一些带有煞气的鱼，以煞制煞。

忌 办公室大门忌正对长廊

办公室大门不宜正对长廊。有许多的办公场所，在出电梯之后，要经过一条长长的走廊，才可以达到自己的办公室。如你所住的办公室正好位于长廊的尽头，大门口正对走廊，千万别以为此屋可以吸纳好的气场。长廊越长越不好，风水上称其为"一箭穿心格"。凡大门口正对长廊，当打开办公室大门时，一条直线的气流从外直冲而入，风水学称之为"一枝枪煞"。凡气流直入，代表无情，对于老板或正对长廊办公的人都不好。一般来说，可以在大门前加设屏风，或摆放矮柜，来阻挡一枝枪煞。公司或住宅在大门口放置屏风，并非完全为了美观，而是要阻挡大门直冲的枪煞。

忌 大门忌用透明的玻璃

许多办公大楼的墙面及大门常采用玻璃式的铝门，最好能改成有色的玻璃，绝不要用透明式的，因为从外面就能将里面的活动看得一清二楚，这是不理想的。最重要的是，透明的玻璃里暗藏着安全隐患，有时候人们在匆忙进出的时候，或是视力不是很好的朋友容易碰到玻璃上，发生流血事件。

忌 办公空间的楼梯忌正对大门

大门通常被视为"吞气""吐气"的口子，如果这个纳"气"的口子正对着楼梯，就有碍"气"的流通。楼梯本身是由阶梯组成，如果"气"一进门就先遇见楼梯的话，楼梯会像横着的一条条切线，一下子把"气"全割断了，使

"气"不顺畅，而搅乱气场。由此可见，开门即见楼梯，未必见得有多方便，反而会给公司带来不良影响。所以办公场所的楼梯宜隐蔽，不宜一进门就看见楼梯，楼梯口及楼梯角也不可正对办公楼的大门，特别是不能正对董事长办公室和财务室的门，否则代表公司经营方面会出问题。

化解方法：一是把正对着大门的楼梯转一个方向，比如把楼梯的形状设计成弧形，使得楼梯口反转方向背对大门；二是把楼梯隐藏起来，最好就隐藏在墙壁的后面，用两面墙把楼梯夹住，这样不仅没有了"割断气场"之忧，而且倍增工作人员上下楼梯时的安全感；三是用屏风在大门和楼梯之间放置一道屏蔽，使"气"能顺着屏风流进办公室。

忌 办公室前门忌直对后门

与居家格局一样，办公空间的前门也不宜直通后门。风水理论最忌气流互通，"气流直通财气流空"，如果气流形成直线通道，则违反"藏风聚气"的风水法则；容易致使钱财流失，员工容易意见不合。出现这种情况，可以设置一个门厅，并在门厅上标记企业标志，既对外表明公司形象，又起到"回旋"的作用，使得气流曲线流通。

忌 办公位置忌横梁压顶

办公室内有的人头顶上正好是一个横梁，有的人头上则是低矮的吊顶，包括座位和办公桌都位于横梁下。这些东西在风水上叫"横梁压顶"。长此以往，会让人在工作上产生压力，容

易心神不宁，头昏脑胀，出现差错；也经常会受到上司的责难，遭到小人的中伤，或者颈椎疼痛，运气阻滞，应该尽量避开。

化解方法：风水里葫芦有化病、收煞的作用，去工艺品店买几根带葫芦的装饰藤缠绕在横梁上面，既美观又化解了横梁压顶的煞气；也可以将整个天花板重做，装修时将横梁封在天花板里面，压梁的不良煞气自然就消失了。

忌 办公室隔间忌成刀状

现代办公室经常会隔出许多小的单元格。有些在设计上为了讲究美观、追求另类，而将隔间组成一把刀的形状，上面宽、下方狭小。殊不知，刀形的煞气很重，这种格局的办公室容易造成老板和员工之间的劳资纠纷。如果办公室为此种格局，应立即重新装修，以免出现不利公司经营的因素。

忌 办公室的窗户忌正对窗户

有些办公楼之间靠得很近，于是可能会出现这种情况，一栋楼办公室的窗户与其他办公楼的窗户相对，而且距离很近。在这种情况下，首先要考虑两间办公室之间的距离，如果距离不超过十米，便可谓接近了。如果两楼的窗门距离超过这个限定，在风水上则可谓互不相干。两个办公楼的风水未必好坏一致，当内气从窗、门交流时，就会呈现运气反复的现象。出现这种状况的时候，只要在窗位设一窗帘，问题自然解决，但要注意深色的窗帘会影响办公室的采光。

忌 办公室的窗户忌过高

办公室的窗户宜宽敞明亮，高度以适中为好。如果办公室的窗户设计得较高，而且窗户又小，就像牢房的格局，因为牢房窗子都很高。像这种情况当然是搬出此办公室办公为上策，或者是将窗户重新整改。如果长期在此种环境下办公，公司容易惹上官司，或者出现违法现象。

忌 办公室的门窗忌对尖角

办公室的门窗以及商铺的大门，如果刚巧正对着一些不规则建筑物的尖角或突出的建筑物，就好像正对着一把尖刀，会令人在心理上感觉到不舒服，这就叫"尖角煞"。尖角距离越远影响越小，距离越近则影响越大；这种情况十分不利，在无形中会受到煞气的干扰，造成能量的流失。办公室的门窗也不可正对着其他建筑的墙边、墙角，否则对工作也很不利。窗户对尖角或

者不洁之物，而且相距甚近，那便应在窗户安装木制百叶窗，防止煞气进入，并且尽量以少打开为宜。

忌 办公桌忌摆在角落处

摆在公司最角落位置的办公桌，就像位于山穷水尽之处。角落是气流停滞的地方，凡坐于此位者，会经常受到领导的批评，办事不顺，难以受到重用，也会导致退财。化解方法：在角落的地方摆放植物，有助于刺激停滞在角落的气流，使气场活跃起来，还可以软化那些因尖角而产生的煞气。

忌 办公桌忌坐靠走道的窗边

窗是房屋的一个进气口，会纳入生气或煞气，但是窗外有行人走道的窗，不但会纳入来来

往往的杂气，还会有行人的脚步声、喧哗声，以及其他的噪音一类的声煞干扰自己的工作。如果将办公桌设于行人道窗下，就等于将写字台置于一些形煞之下，如果需要研究公司的机密，自然会担心有一些闲杂之人窥视。在这种靠近窗口的办公桌上工作是很难安下心来做事的。

化解方法：写字台要尽量离窗户稍远一些，远离窗口的距离为在过道之人看不清楚办公桌上的文件。同时也要利用窗帘，经常用窗帘遮住窗口，避免窗外来回晃动的人影影响工作者的思维。

忌 办公室忌声煞

喧闹声或震耳欲聋的声音皆为声煞。邻近机场、铁道、地铁站附近的楼宇，以及正在施工的建筑物，多犯声煞。声煞一般使人的精神方面受到影响。声煞是一种不易化解的煞，若是在坤方（西南方）出现，凶性尤强。

化解方法：可以在坤方安放桃木葫芦，以吸收凶气及镇煞。若亦不能消除其煞之声音全部，可尽量关闭窗户，或选用较厚及隔声效能较佳的玻璃。

忌 办公桌正前方忌为主通道

办公室内的主通道是公司全体人员进出之路。办公桌的正前方如果是主通道，那么一整天都会有人在你的面前进进出出；这种来往流动的气场，会干扰到你的磁场，导致你的精神不集中。时间长了，就会使人心浮气躁，做事易出差错。除非你是前台，否则的话，最好是

换位子，或者是在座位前方加设屏风。如果将办公桌摆放在过道旁，人来人往的脚步声、嬉笑声，都会影响到工作人员的工作情绪，进而影响其工作效率。

忌 办公桌忌两两相对的格局

有的办公室的布局，是将两个办公桌对拼在一起。这种情况下，两边坐的人是面对面的，会造成一种心理上的煞气，没有个人的隐私空间。这种相对的格局会分散双方工作的注意力，造成彼此疏离。两两相对的话，如果喜欢和对方聊天说笑，则会因而分心影响工作。

化解方法：最好是在两人之间用隔板隔开，或用一些文件架、盆栽隔开。

忌 办公桌忌正对洗手间的门

洗手间是秽气聚集之地，而洗手间的门是秽气排出之所。如长期坐在洗手间门附近办公，或正对着洗手间门，会因吸入过多的秽气而生病，也容易导致破财。如客观条件不允许远离，则可以在洗手间和座位之间放置大型阔叶植物或加装一道屏风，这样多少可以挡掉一点秽气，而洗手间的门也必须随时关上。

忌 办公桌忌正对柱子

柱子从风水角度来说是刀把的意思。如果办公桌正对着柱子，就好像受到当头棒喝，在工作上必然会出大错，导致事业不稳定；平常自身也容易有头痛的毛病，严重的话连工作都难保。此种现象若没有化解，大部分人都会有腰酸的现象。这是会影响身体健康的磁场，不得不慎。如

果客观条件不允许改变的话，可以在桌面的左边摆放绿色植物，或者放置中国结的大彩带，来隔绝此角度磁场的冲射。

忌 办公桌旁忌设垃圾桶

垃圾桶是秽气的来源，应该谨慎地对待。最好将其隐藏起来，因为对于看不见的东西，风水上有"看不见不为煞"的说法；该物件既然不为你所见，便不会形成冲煞。如果不能将其隐藏起来，必须摆在外面，则可以买一个漂亮的垃圾桶，令人远看去分不清那是不是垃圾桶，这是比较有保障的摆设方式。原则上，垃圾桶愈漂亮愈好，代表无论放在何处，也不会带来凶运。

风水上，"辰、戌、丑、未"此四方位称为"墓"，也称为"仓库"，即落叶归根之处，也为所有的垃圾聚集之处。在"辰、戌、丑、未"四方位摆放垃圾桶的话，便不会招来凶运。办公室中的垃圾桶愈少愈好，而且愈小愈好。垃圾要按时清理，不可使之发出臭味。

忌 电脑密码忌与使用者相克

在现代社会中，特别是由于网络和无纸化办公的日益发展，电脑与风水的关系愈来愈密切，在进入电脑前，我们可以设定密码，这个密码也可以根据五行去设计。在此提供各种号码的选择：

五行缺火的话，可选3和4，3代表丙火，4代表丁火。

五行缺木的话，可选1和2，1代表甲木，2代表乙木。

五行缺土的话，可选5和6。5代表戊土，6代表己土。

五行缺金的话，可选7和8。7代表庚金，8代表辛金。

五行缺水的话，可选9和10。9代表壬水，10或0代表癸水。

忌 座位忌正对大门

一间办公室的进出气口就是大门，所以大门气场的对流最为旺盛。如果你的座位正对着大门，会很容易受到气场的影响，思绪会变得比较紊乱，情绪也会比较不稳定。避免办公桌正对着门，主要是为了使领导者在工作时，不容易受到来自门外噪音的干扰或受到他人窥视。座位也不能直冲大门，由于大门为整个办公室的气流和能量出入口，座位正对着大门，会被入门的气场冲到；容易影响一个人的潜意识、神经系统，易产生脾气火爆或无端生病的情况。

忌 员工座位忌正对主管办公室的门

公司的主管或者老板，一般来讲是协调与管理上班族的，从风水的角度来讲，就是与上班族相克。除非在你的眼中根本就没有老板和主管，不然最好不要正对他们的房间；因为你会受到他们一举一动的影响，而无法集中精神，久而久之也容易和他们起冲突。有传言说，如果老板想辞退某个人，只要把他的位子调到门口，过不了多久，他可能就自动离职了。

忌 董事长办公室面积忌太小

如果董事长办公室面积太小，一套大班桌椅就占据了办公室很大的面积。这种过小的办公室，工作起来会碍手碍脚，在经营上易受束缚，难以发展。应尽快调整一间大的办公空间，如果确实因条件受限、无法调整，就必须合理利用空间，尽量不要摆放大件的办公家具。会客的沙发和茶几也要安排合理，尽量靠墙摆放，以便节约空间。

忌 总经理办公室忌为"L"形、圆形

总经理办公室的形状不宜为"L"形，因为"L"形的办公室易犯桃花，或者会有暗箱作业的情况发生，在这种办公室办公的总经理也不易与员工、客户进行协调和沟通。同时，柱角多的

办公室不宜选择，易产生口角。圆形的办公室也不宜，这样的办公室难以聚财。

忌 经理室内忌设洗手间

有些经理为了突显气派，要求在自己的办公室内设置一个专用的洗手间，这虽然看上去方便，但时间一长，也会带来不良影响。因为洗手间毕竟是聚集秽气的地方，如果在独立的办公室里设洗手间，离产生秽气地方就很近；办公室的空气易受污染，经理的思维和能力也容易随之下降。另外，洗手间里的水龙头流水，也会令你的钱财如流水一样流走。

忌 总经理办公室面积忌过大

古代的风水理论指出"屋大人少是凶屋"，认为"大房子会吸人气"。因此，即使是皇帝的寝宫，面积也不会超过20平方米。其实，风水中所说的"人气"就是我们后来发现的"人体能量场"。人体是一个能量体，无时无刻不在向外散发能量，就像工作中的空调，房屋面积越大，人体所耗损的能量就越多。因此总经理房间的面积不宜太大，否则容易呈孤寡之象，业务会衰退。当然房间太小也不宜，否则业务不易拓展，格局发展有限。一般来说，应该在15~30平方米之间。如果公司的规模较大，最好将总经理办公室设在较高楼层。

忌 主管人员座位忌在员工座位前方

主管人员的座位不可在员工座位的前方，否

则就产生一种喧宾夺主的感觉，好像是员工监视主管人员的工作。最好的摆设方法是将主管人员的座位移到员工办公桌的后面，一来可以避免员工长期面对主管人员，产生心理焦虑，二来也能起到领导监视员工工作的作用。

忌 办公室内部忌门对门

有些公司内有许多小间的办公室，设置在走廊的两端，会出现好多同级别的部门门对着门的情况，这样极容易使这些部门之间产生意见冲突，出现内耗的状况，长此以往不利于公司长远的发展。调整的办法是，让门对门的部门级别拉开，在靠上位安排级别高的办公室，下位安排级别低的办公室，这样就可以使君臣各安其位。

忌 总务部忌光线阴暗

光线阴暗象征着性格孤僻，高傲，难以相处。而总务部的工作是要与公司各部门打交道的，如果总务部的人不容易与他人相处，就很难开展工作，公司内部协调都出现矛盾，更谈不上发展了。所以在选择总务部办公室时，应尽量选择采光良好的办公环境。如果条件实在有限，最好在办公室内安装良好的照明灯，来弥补自然光线的不足。还要注意，切忌在总务部堆放一些瓶罐及污秽的物品，也不宜把总务部当成临时仓库。

忌 总经理办公室忌玻璃过多

总经理的办公室，窗户玻璃不宜太多、太大，否则会减低其隐秘性，宜用帘子装饰。办公桌位置应面向窗户，或看得见员工，最好与员工座位一致，或与房子的坐向一致，如此方能上下一条心，亦可以俯天下之背。

忌 董事长办公室忌座后有窗

董事长室或总经理室要注意座位后方是否为窗户，如果办公座位靠窗，旺气被吸散，则会影响董事长的思维；不但会经营失策，还易遭人算计，导致破财。另外，要注意座位的左右是否有柱子矗立两侧，若有此种状况，必须以盆景或中国结的彩带隔绝角度磁场的冲射，此种现象若没有化解，大部分的人都会有腰酸的现象。

忌 办公室前台忌设在大门侧方

公司的接待前台不宜设在大门入口的侧方，因为侧方无法挡住外来的煞气。公司前台的主要作用除了为客户提供咨询外，还可过滤不必接见

的客户。气场以迂回为吉，直受之气则为煞气。因为气是直穿入室的关系，所以侧置的服务台表现会较弱。如果门厅没有设置服务台，最好在门厅位置摆设一个圆形花瓶为吉，以圆形之体来导气而入，这样就如同一个马达在打水般，可以帮助入口处气场的运行。

忌 秘书办公位忌与领导办公位背对背

秘书与领导的办公桌位置不可背对背，因为这样不仅会造成两者工作、事业理念上的不统一，也经常使两者意见产生歧见，从而使公司管理不善。秘书与领导背道而驰为办公风水的大忌，一定要及时调整可掉以轻心。

忌 财务人员座位不可犯冲

财务主管、会计、出纳人员的座位不可直对大门，容易受到直冲而来的煞气；如果受到冲煞，就会导致公司的事业不顺，工作人员的身体不佳。同时这些财务人员座位的后面，绝不可以留出走道，让人在身后来往走动，非常影响工作。

忌 财务室忌接近电梯间

财务室的工作就是与金钱打交道，所以最好将其设置在财位，并将保险柜的位置设在旺财位置上，以确保公司财源广进。另外，财务室不可太接近电梯间，因为电梯是吸气的重要载体，并且人来人往、干扰极大，如果财务室离电梯近。否则，容易导致财来财去，使得公司耗财连连，

自然难以聚财，所以，财务室应尽量远离电梯。

忌 洗手间忌设在过道尽头

在风水中，洗手间在走廊的尽头为大凶。因为洗手间属阴，如果设在走廊的尽头，就等于设在一个死胡同里，那里的气是无法流通的死气、污秽之气。死气加阴气，形成一种恶劣的气场，在死角里发散不出去，这种负面的气息存在于住宅里，是消耗生气的黑洞，对办公室里工作人员的健康非常不利。但是因为建筑成本的关系，现在办公室的设计，很难做到十全十美，尤其是对洗手间的布局上。如果办公室的洗手间设在走廊尽头的话，一定要注意不宜冲着走廊开门。

忌 洗手间忌设在办公室的中心点

洗手间不宜设在办公室的中心，因为房屋的中部是心脏，极为重要，而洗手间是聚集秽气的地方，心脏部位藏污纳垢，会对整个办公室的运势产生不利的影响。有些开发商不重视户型设计，为了增加建筑面积，将洗手间设在办公室的中央，其实这种做法是十分不科学的。将洗手间设在办公室的中央，供水和排水系统可能均要通过其他房间，维修非常困难，而如果排污管道也通过其他房间，那就更加不好了。

忌 办公室采光不足忌用冷色调装饰

阳光充足的办公室会让人心情愉快。但因某些条件的限制，有些办公室采光不足，甚至没有窗户，让进入里面的人会觉得很阴森。这种办公室最好不要用冷色调来装修，可以采用大红、印度红、橘红等颜色，让人觉得温暖。注意墙壁一定不要使用反光能力强的颜色，否则会使员工因光线刺激而导致眼睛疲劳，没有精神，无形中降低了工作效率。

忌 办公室忌受夕阳照射

在风水上，西方属金，火克金，夕阳西下时凡受到夕阳照射的办公室，代表金受制；不能发挥其本有的威力，也就是屋内的人不能采纳正常的宇宙磁场，除非所有成员也忌金，才可减低西斜的凶险。从整体而论，西斜屋是很难带来兴旺气运的。日落的太阳，是一天的终结，是由光明转入黑暗的光线与气场，虽然不猛烈但具杀伤力，不能衍生万物。

假如办公室处在西斜屋，又无法搬迁的话，唯一的解决方法，就是在西方加装百叶窗帘，尽量减少夕阳的照射，同时要放置生旺金和水五行的风水物，以平衡西斜的影响力。

忌 办公桌忌天花过低

办公室的天花板若是过低，在风水上属于不吉之兆，象征此处的员工备受压迫，难有出头之日；除了易造成压迫感外，由于通风不良，氧气不足，还会降低工作效率，影响到工作人员的身体健康。天花板高，则楼内的空气流通会较为舒畅，对事业的气运也会大有裨益。

忌 办公室照明忌直射办公桌

办公室灯光能给工作人员提供照明，为工作带来方便。但是，如果照明灯直射在办公桌上，特别是日光灯，会产生一定的热量，而光线过于强烈，会给视力带来不良影响。从风水的角度来分析，强光直射，容易造成员工精力不集中，甚至出现头痛的现象。在安排办公座位的时候，一定要注意选择。

忌 办公室忌摆"五匹马"的饰品

办公室最忌摆放五匹马的饰物，因为会有"五马分尸"之忌，会对人产生不利影响。在风水摆设上，马虽然有生旺的作用，但对生肖属"鼠"的人有冲克；所以生肖属鼠的人不宜在办公室摆"马"的饰物，也不宜挂"马"的挂画。

忌 办公室忌摆放干花

办公室需要安置一些装饰品，不但可减少办公室的严肃气氛，同时还有助运的作用。但在办公室里最好不要使用干花，因为其象征着死亡与没落。干花实际上是已经死掉了的花，它们的气是凝滞不变的，尤其是那些已经褪色的花，不仅不能给房间带来生机，还容易积聚阴气。可以用画有鲜花的画、颜色亮丽的木制品来替代，这些都象征了生机，能刺激办公室中能量的流动。丝带花和塑胶花也可放于办公室内，因为这些假花其实并没有生命，对室内风水的影响不大。但要注意的是，如果用假山去衬托植物，千万不要选择嶙峋的假山，因为凡是嶙峋的假山也是煞的一种，放在室内于风水不利。

忌 办公室忌设大镜子

镜子的主要功能是整容打扮，在风水中用途极大，是一种用来避煞的工具，也有化煞之功效；但是若摆放不当会招引阴邪、促虚耗，使人心神不宁，以致生暗疾、增惊恐、生疑悸。很多的办公室内都设置有一面大的整容镜，一些爱美的人士也爱放张镜子在办公桌上；爱美是人的天性，但如果每天都照着镜子，久而久之就会出现头晕眼花、决策失误、睡眠不好等毛病。城市里的高楼经常会有整片的玻璃幕墙，这就是最严重的光煞，被这种光反射以后会出现很多不吉之事，严重的光煞还会招致血光之灾、是非及破财。所以镜子应放在洗手间内，以应其金水，其余地方不宜设置。

忌 办公室忌挂宗教画

在办公室里，某些有信仰的人会挂些与宗教有关的画。宗教画与山水画一样会产生五行效果。比如有的人喜欢摆阿弥陀佛的佛画，甚至写一个"佛"字。阿弥陀佛代表金水，而佛即是水，所以忌水的人不宜张挂；家中若摆设有心经，因心经代表火，忌火的人也不宜挂心经。佛画太多，会影响到处事决断的能力。如果对宗教过于狂热，则会影响与客户及同事的关系。所以宗教画还是要点到为止，千万别张挂得太多。至于画框的颜色，亦最好配合五行。譬如五行缺金的话，框边不妨用金色或银色；缺木的话用绿色；缺火用红色、紫色；缺水则用蓝色、灰色等。

忌 办公室忌摆放过多植物

上班族一天中有三分之一以上的时间是待在办公室里的，所以调整出对个人最有利的风水格局是很重要的。花草有灵，放置花草的地方，自然会有灵气产生，树木长得旺盛的地方，代表气运也旺；但是办公室内摆放的花草不宜过多，绿色可以多一点，占一半即可。其他的花色如粉红色系可占15%、灰色系占15%、黄色系占15%。只有比例分配适宜，办公室的人运、财运才可发挥到极致。

忌 办公室植物忌枯萎

无论是居家还是办公室，摆设盆栽都有开运、吸收秽气等作用，摆放的盆景植物一定要健

康美观，不可出现枯萎的状况。因为植物象征着人的生命力，植物越是欣欣向荣，人的运势就会跟着发达；相反的，若植物开始枯萎衰败的时候，也象征着人的运势开始走下坡路。此时应该尽力护养，如果已经枯萎，应立刻丢掉，否则会影响整个公司的事业。

忌 办公桌右边忌摆太多东西

在办公桌的右手旁不要摆太多东西。一般人都习惯用右手写字，在办公桌的右手边放太多东西，会影响活动的顺畅性，所以茶杯、档案夹、书等最好摆在左边，以免影响办公人员的加薪、升职以及业务量等。从风水的角度来分析，右手的方向是个人的白虎位所在，要是把繁杂的东西都堆在右边，当然不容易拿到钱。所以，为了你的"钱"途，办公桌的右手边一定要收拾得整齐，不要摆放太多的东西。

忌 办公座位周边忌摆放大型电器

随着科技的发达，各种电器电子产品为生活带来许多便利。空调、电视机、复印机、变压器、电冰箱、电脑等大型电器早已走进了办公空间，但这些电器同电脑一样在使用的过程中会产生强大的电磁波和声波，这对人的身体健康和思绪都有很大的影响。同时，这些磁场也会干扰人的思维，影响办公效率，甚至令领导人做出错误的决策。所以应尽量避免靠得太近，也不要坐在荧光屏的后方，因为这是电磁波最强的位置。如果因为工作需要不得不坐在附近，可摆设盆栽或水晶来化解辐射。

忌 办公室忌摆放过多的石头

在中国的历史上，曾经活跃着一批玩石、赏石、藏石的知识分子。现代许多人也喜欢在办公

桌上摆一些装饰的石头，用来欣赏或开运。如果石头体积很小，对于人体并没有什么影响。但石头是属于阴的磁场，如果体积过于庞大，则会在无形中吸取人的能量，导致人精神不振。　化解方法：可以在比较笨重的石头上面作彩绘，以阴代阳，再写上"石来运转"，这样的话就会起到开运的作用。

忌 办公桌忌摆尖锐物品

办公桌上最好不要摆尖锐的物品，特别是金属器物，比如：钥匙、刀、剪或炊具等，以免产生"防卫"作用，无形中需要花很多能量来武装自己。金属的尖锐部分还会让人产生很大的压迫感，在不知不觉当中，让人情绪紧绷，导致工作出现状况。另外，尖锐物品还存在安全隐患，所以应该避免。

忌 办公桌忌摆攀藤类的盆栽

绿萝类的攀藤类植物，虽然可以有效吸收空气内有害的化学物质，化解装修后残留的气味，但是若要在办公桌上摆设盆栽，还是应以阔叶常青的植物为主，因为攀藤类的植物属于阴性的植物，无法提供人们正面的能量，反而有阴湿之气，如果办公室内有人生病，则不易痊愈，应该尽量少用。

忌 办公桌面忌杂乱

办公桌是办公最主要的空间，为了提高工作效率，办公的桌面应尽量避免将公文堆成一堆，

这会令人还没开始工作就已经感到疲劳。所以应养成良好的办公习惯，将不必要的东西收进抽屉内，保持桌面的整洁。另外，将文件放在青龙（左）方向，有增强能量的作用。

忌 办公室的灯忌布置成三角形

有些人在装修时喜欢把数盏筒灯或射灯安装在房顶上来照明，这是不错的布置；但如把三盏灯布成三角形，那便会弄巧成拙，形成"三枝倒插香"的局面，对办公风水很不利。倘若将其排列成方形或圆形，则不成问题，因为圆形象征团圆，而方形则象征方正平稳。

忌 办公室玄关忌堆放东西

整理、整顿的概念在风水上也十分重要。尤其要避免在玄关和入口处堆放东西。

办公室经常可见这种情况——把快递送来的东西在门口"暂放一下"，不知不觉中门口就堆起了一大堆纸箱，然后又把准备送货出去的纸箱也堆放在门口。这种情况极不理想。虽然收货和交货不得不在玄关进行，但绝对不能在门口堆放东西。

因为入口（玄关）是气的入口，也是导线经过的位置。如果杂乱无章，气就无法进入室内。

忌 办公室正前方不宜有冲煞

办公室正前方不宜有各种冲煞：路冲煞、电杆煞、大树煞、尖角煞等。否则单位内的员工或主管容易诸事不顺，阻碍频生，疾病不断，怪事连连，是非口舌多，甚至容易人事异动频繁，向心力不足，留不住员工。

忌 办公桌忌"田"字或"岛"字排列

人无法用眼睛看到自己的背后，当你在工作的时候有人不停的在你背后走动，会让你很不安，总担心有人从背后攻击你，直接影响你的工作专注程度。

从风水学的角度来说，在办公室内，如果经常有人在背后来回走动，就会变成一种气枯的场所，而造成这种现象的直接原因，就是办公室内办公桌的布局不好。

很多办公室的桌椅经常排列成"田"字形，这种排列方式很容易和旁边及对面的人沟通，向来是办公室最常见的排列方法，能很好地提高办公效率。

但很多公司并不是排成一长排的"田"字形，而是排成四个或六个"田"字形，这就是所谓的"岛"形配置。

这种排列方式不会造成电源和灯光的问题，也可以使办公室有更多的活动空间，但是用这种排列方式时，只要在办公室内走动，就会经常经过其他人的背后。因此会使办公室的气衰竭。

人对自己的背后都会有一种本能的强烈警戒心，即使想把注意力集中在工作上，但当有人在自己背后走动时，还是会无意识地分散注意力。

忌 忌座后有窗

现在很多高级办公室有明亮的落地窗，俯视群楼，有一种高高在上的惬意感。有的人喜欢将办公桌与窗平行摆放，将座设于办公桌与落地窗之间。将窗作为靠山这样摆放的办公桌位置也是错误的。座后有窗就如同座后有门一样不可用。

窗是光和气的入口，理论与忌座后靠门一样。

化解方法：一是调整办公桌位置；二是选择一张有高靠背的坐椅。

忌 忌背门而坐

如果办公桌靠近门摆放，人背门而坐，这是办公桌摆放第一要避免的基本点。门是人进入的必经之处，是办公室的气口，也是纳气之所，包括生气和煞气。人如果背着门口而坐，座后没有依靠，背后有人来人往的杂气冲击，长期如此，坐于此位的办公室人员会时常都处在一种潜意识的紧张状态之中，总觉得似乎有人窥视，导致思绪杂乱，决策失误，不能安定地做好每件事，总觉得浮躁，甚至会出现肾功能不好，腰疼，工作上遇小人、是非等等。这种情况在风水上叫"冷风吹背"。

化解方法：调整办公桌的摆放位置，换到不是背门而坐的方位；但对于办公室的小职员就不太容易调整办公桌的位置了，因为很多办公桌的位置是因为工作的需要而摆放的，那么我们可以选择一张有靠背的椅子来坐，这样背后不但有靠了，还能阻断杂气的冲击。

忌 办公室座位不宜空荡

办公室座位宜有靠山；因靠山好，主贵人多，支持力大，行事稳当，后继力足；如果座后空荡，则形成实力不足、身体虚弱、人事稳定度不够、员工向心力欠缺、贵人不显的状态，严重地影响到公司的立足空间。